北京理工大学"双一流"建设精品出版工程

Chemical Analysis Laboratory
(2nd Edition)

化学分析实验
（第2版）

张小玲　敬　静　龙海涛　耿俊明　等 ◎ 编著

北京理工大学出版社
BEIJING INSTITUTE OF TECHNOLOGY PRESS

内 容 简 介

本书共十三章，依"基础—综合—探究设计"三层次构建。前三章介绍定量分析仪器与基本操作，第四章至第十章为酸碱滴定、配位滴定、氧化还原滴定、沉淀滴定、重量分析、分光光度法、分离方法等基础分析实验，第十一章至第十三章分别为综合实验、设计实验和文献实验。为提升实验操作的直观性，本书附带多个基础操作视频，展示实验过程与关键步骤，助力学生掌握实验技巧。

图书在版编目（CIP）数据

化学分析实验／张小玲等编著．--2版．--北京：
北京理工大学出版社，2025.5.
ISBN 978-7-5763-5363-1

Ⅰ.O652.1

中国国家版本馆 CIP 数据核字第 2025MF9900 号

责任编辑：王玲玲　　文案编辑：王玲玲
责任校对：刘亚男　　责任印制：李志强

出版发行 ／ 北京理工大学出版社有限责任公司

社　　址 ／ 北京市丰台区四合庄路 6 号

邮　　编 ／ 100070

电　　话 ／ （010）68944439（学术售后服务热线）

网　　址 ／ http://www.bitpress.com.cn

版 印 次 ／ 2025 年 5 月第 2 版第 1 次印刷

印　　刷 ／ 三河市华骏印务包装有限公司

开　　本 ／ 787 mm×1092 mm　1/16

印　　张 ／ 12.75

字　　数 ／ 297 千字

定　　价 ／ 42.00 元

前　言

　　《化学分析实验》教材于 2007 年出版，承蒙广大师生的厚爱，有幸收获了诸多的肯定与赞誉。随着教学理念更新和前沿科学发展，我们深切意识到现有教材在内容的广度与深度以及呈现形式的创新性方面已渐显不足，亟须与时俱进。因此对其进行全面且深入的补充与修订，以更好地契合新时代教育教学的多元需求与高标准要求。

　　此次教材修订，在教材内容方面着力构建"基础—综合—探究设计"三层次实验教学体系。从面向化学类拔尖创新人才培养的知识结构、能力结构和基本素质的要求出发，梳理了培养基本操作技能及基础训练实验，加强了食品科学、生命科学、环境科学在分析化学中的应用实验，增加了环境试样、生物与药物试样、有机试样的实验比重，更加注重学科间相互渗透性。综合设计型实验的素材来源于学科的特色经典实验项目、各类化学实验竞赛项目、期刊杂志上发表的有关实验项目、前沿科技成果转化的教学实验项目等。设计性实验阶段，通过让学生广泛查阅相关文献资料，独立自主地设计实验方案并付诸实践，来培育学生独立思考与解决问题的能力。此外，增设了若干个英文文献实验，构建成了一个层次分明、循序渐进、由浅入深、由低到高的多层次实验项目群，并保证资源内涵质量，满足各个阶层实验教学需求。

　　在教材呈现形式上，我们在传统纸质教材基础上附带数字资源，将信息技术与教育教学深度融合、多种介质综合运用、数字资源共同出版。教材将化学定量分析仪器构造、实验基本操作、终点突变现象观察等以视频形式呈现给学生，师生扫描二维码，即可获得满足其实验"教和学"需求的信息。不仅适应了时代的发展需要，也符合用户需求的方便快捷、随时随地在线阅读和手机阅读，将极大改善学生课前预习、课中参考及课后复习巩固等学习体验。

　　由于编著者水平有限，书中不妥之处在所难免，诚恳希望读者批评指正，以便再版时修订。

编著者

目　录

第一章

分析化学实验基本知识

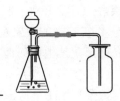

1.1 化学分析实验课的任务和要求

分析化学包括化学分析和仪器分析两个部分。化学分析实验是与分析化学理论课中化学分析部分密切配合但又独立开设的一门实验课程。相对理论课来说，其占有更多的学时和学分比例，主要包括滴定分析、重量分析、分光光度法和常用分离方法等，是高等学校化学类专业和涉及化学学科专业本科生的重要基础课之一。

本课程的任务和目的：

（1）正确、熟练地掌握化学分析实验的基本操作技能，学习并掌握典型的化学分析方法和实验数据处理方法。充分运用所学的理论知识指导实验，培养手脑并用能力和统筹安排能力。

（2）树立"量""误差"和"有效数字"的概念，学会正确、合理地选择实验条件和实验仪器，正确记录、处理实验数据，以保证实验结果的准确可靠。

（3）通过综合、设计实验训练，掌握科学研究方法，培养科学研究综合能力。如信息资料的获取与整理、实验方案的设计与实施、数据的记录与分析、问题的提出与证明、观点的表达与讨论；树立敢于质疑、勇于探究的创新意识。

（4）培养实事求是的科学态度、严谨的科学作风、认真细致整洁的科学习惯、坚韧不拔的意志、与人合作的良好品格等科学工作者应有的基本素质，为后续课程的学习和未来从事生产和科学研究打下良好的基础。

为达到上述目的，对学生提出如下要求：

（1）实验前必须认真预习，做到心中有数，并拟定实验计划。

① 认真阅读实验教材，并复习与实验有关的理论，理解实验原理，明确实验的目的与要求。

② 了解实验的内容、步骤、操作方法及实验过程的注意事项。

③ 写出预习报告，简明扼要地写出实验原理和步骤，做好实验前的必要计算（如算好试剂和试样的称取量、基准物的称量范围等）。

（2）在实验过程中要注意：

① 自觉遵守实验室规则，保持室内整洁安静、台面清洁有序。树立节约、环保、公德意识，注意节约，爱护仪器，废液按规定处理或排放。

② 严格遵守操作规程及有关注意事项。在使用不熟悉的仪器和试剂之前，应查阅有关书籍或请教指导教师，以免损坏仪器或发生意外。

③ 实验时，严格按照规范操作进行，仔细观察，及时记录，手脑并用，勤于思考，勇于探索，不能只是"照方配药"。

④ 实验中的现象及所有原始实验数据必须随时如实、准确地记录在专用的记录本上，不允许记在其他任何地方，不得随意涂改数据。

（3）实验完毕后，及时洗涤、清理仪器，切断（或关闭）电源、水阀和气路。对实验所得数据和结果，应及时进行整理、计算和分析，并重视总结实验中的经验教训，认真写好实验报告，按时交给指导教师批阅。

在作记录和报告时，应注意以下几个问题：

（1）一个实验报告包括以下的内容：实验名称，实验日期，实验目的，简要原理，主要试剂和仪器，实验主要步骤的简要描述（可用箭头流程式表示），测量所得数据，各种观察与注解，计算和分析结果，问题和讨论。

其中，前六项及记录表格应在实验预习时写好，其余内容则应在实验过程中以及实验结束后填写。

这几项内容的取舍、繁简，应视各个实验的具体需要而定，只要能符合实验报告的要求，能简化的应当简化，需保留的必须保留。

（2）记录和计算必须准确、简明（但必要的数据和现象应记全）、清楚，使别人容易看懂。

（3）实验记录本的篇页不要随便撕去，严禁在单页纸上记录实验数据和现象。

（4）实验记录和计算若有错误，应划掉重写，不得涂改。每次实验结束时，应将所得数据交教师审阅，然后进行计算，绝对不允许私自凑数据。

（5）在记录或处理分析数据时，一切数字的准确度都应做到与分析的准确度相适应，即记录或计算到第一位可疑数字止。一般滴定分析的准确度是千分之一至千分之几的相对误差，所以记录或计算到第四位有效数字即可。

学生实验成绩的评定：

（1）预习（10%）：根据学生对每次实验的预习情况，实验中所涉及药品的物性、用量及使用安全的查阅，仪器的使用方法，实验的操作流程，做好预习并书写预习报告。

（2）实验记录（10%）：根据学生实验操作过程中对实验过程、实验现象、实验数据的记录是否全面、合理、整洁进行评分。

（3）实验操作、课堂纪律及卫生等综合表现（40%）：实验基本操作正确，能够统筹安排实验，讲究效率，实验过程井然有序，有良好的实验习惯，仔细观察实验现象，思路清晰，积极思考，敢于质疑，勇于探究，努力以自己的行动带动实验室的学习气氛。其中，课堂提问、课堂纪律、实验过程中对废弃物的处理、完成实验后实验台的整理等占10%。

（4）实验报告（40%）：字迹清楚，书写规范，根据学生撰写的实验报告中对实验过程和实验现象的总结、对实验数据的处理、实验结果的分析讨论及本次实验的心得体会等进行评分。

1.2　实验室注意事项

（1）遵守实验室各项制度。

（2）经常保持实验室整洁和安静，注意桌面和仪器的整洁。

（3）保持水槽清洁，切勿把固体物品投入水槽中。废纸和废屑应投入废纸箱内，废酸和废碱应小心倒入废液缸内，切勿倒入水槽，以免腐蚀下水道。

（4）爱护仪器，节约试剂、水和电。

（5）避免浓酸、浓碱等腐蚀性试剂溅在皮肤、衣服或袜子上。用 HNO_3、HCl、$HClO_4$、H_2SO_4 等溶样时，操作应在通风橱内进行。通常应把浓酸加入水中，而不要把水加入浓酸中。

（6）汞盐、氰化物、As_2O_3、钡盐、重铬酸盐等试剂有毒，使用时要特别小心。氰化物与酸作用放出剧毒的 HCN，因此严禁在酸性介质中加入氰化物。

（7）使用 CCl_4、乙醚、苯、丙酮、三氯甲烷等有毒或易燃的有机溶剂时，要远离火源和热源。用过的试剂倒入回收瓶中，不要倒入水槽中。

（8）一切化学试剂切勿入口。实验器皿切勿用作食具，离开实验室时，要仔细洗手，如曾使用过有毒物品，还应漱口。

（9）每个实验人员都必须知道实验室内电闸、水阀和煤气阀的位置，实验完毕离开实验室时，应把这些闸、阀关闭。

1.3 分析实验室用水

纯水是分析化学实验中最常用的纯净溶剂和洗涤剂。根据分析任务和要求的不同，对水的纯度要求也有所不同，一般的分析工作使用蒸馏水或去离子水即可，而对超纯物质的分析，则需使用纯度较高的"高纯水"（一级水）。分析化学实验中的离子选择性电极法、配位滴定法和银量法要求用纯度较高的水。

1.3.1 纯水的规格

我国已颁布了《分析实验室用水规格和实验方法》国家标准（GB 6682—2008），表1.3.1 为实验室用水的级别及主要指标。在实际工作中，有些实验对水还有特殊的要求，有时还要对 Fe^{3+}、Ca^{2+}、Cl^- 及细菌等进行检验。

表 1.3.1　分析实验室用水的级别及主要指标

指标名称	一级	二级	三级
pH 范围（25 ℃）	—	—	5.0~7.5
电导率（25 ℃）/($mS \cdot m^{-1}$)	≤0.01	≤0.10	≤0.50
电阻率/($M\Omega \cdot cm$)	10	1	0.2
可氧化物质（以 O 计）/($mg \cdot L^{-1}$)	—	<0.08	<0.4
蒸发残渣 [（105±2）℃]/($mg \cdot L^{-1}$)	—	≤1.0	≤2.0
吸光度（254 nm，1 cm 光程）	≤0.001	≤0.01	—
可溶性硅（以 SiO_2 计）/($mg \cdot L^{-1}$)	<0.01	<0.02	—

1.3.2 纯水的制备

纯水常用以下三种方法制备。

1. 蒸馏法

自来水在蒸馏器中加热汽化，水蒸气冷凝即得蒸馏水。蒸馏法能除去水中非挥发性杂质，而溶解在水中的气体并不能完全除去。同是蒸馏得到的纯水，由于蒸馏器的材料不同，所带的杂质也不同，目前使用的蒸馏器的材料有玻璃、铜和石英等，其中，石英蒸馏器制备的蒸馏水含杂质最少。不同蒸馏器制备蒸馏水的杂质含量见表 1.3.2。

表 1.3.2　不同蒸馏器制备蒸馏水的杂质含量

蒸馏器材料名称	杂质含量/$(\mu g \cdot L^{-1})$				
	Mn^{2+}	Cu^{2+}	Zn^{2+}	Fe^{3+}	Mo（Ⅵ）
铜	1	10	2	2	2
石英	0.1	0.5	0.04	0.02	0.001

2. 离子交换法

通过离子交换树脂分离出水中杂质离子而制备的水称为离子交换水或去离子水。目前多采用阴、阳离子交换树脂的混合床来制备。此法制备水量大、成本低、去离子能力强，但不能除去非电解质杂质，而且会有微量树脂溶在水中，设备及操作也较复杂。去离子水中杂质含量见表 1.3.3。

表 1.3.3　去离子水中杂质含量

杂质项目	Cu^{2+}	Zn^{2+}	Mn^{2+}	Fe^{3+}	Mo（Ⅵ）	Mg^{2+}	Ca^{2+}	Sr^{2+}
含量/$(\mu g \cdot L^{-1})$	< 0.002	0.05	< 0.02	0.02	< 0.02	2	0.2	< 0.06
杂质项目	Ba^{2+}	Pb^{2+}	Cr^{3+}	Co^{2+}	Ni^{2+}	B、Sn、Si、Ag		
含量/$(\mu g \cdot L^{-1})$	0.006	0.02	0.02	< 0.002	0.002	可检出		

3. 电渗析法

此法是在离子交换技术的基础上发展起来的。它是在外电场的作用下，利用阴、阳离子交换膜对溶液中离子的选择性透过而使杂质离子自水中分离出来的方法。此法不能除去非离子型杂质，而且去离子效率不如离子交换法，仅适用于要求不高的分析工作。但再生处理比离子交换柱简单，使用周期也比离子交换柱长。好的电渗析器制备的纯水质量可达三级水的标准。

总之，纯水并不是绝对不含杂质，只是杂质的含量极微而已。随制备方法和所用仪器的材料不同，其杂质的种类和含量也有所不同。用玻璃蒸馏器蒸馏所得的水，含有较多的 Na^+、SiO_3^{2-} 等离子，用铜蒸馏器制得的则含有较多的 Cu^{2+} 等。用离子交换法或电渗析法制备的水，则含有微生物和某些有机物等。

三级水是最常使用的纯水，可用上述三种方法制取。除用于一般的化学分析实验外，还可用于制取二级水、一级水。

二级水可用多次蒸馏或离子交换法制取，主要用于仪器分析实验或无机痕量分析。

一级水可用二级水经石英蒸馏器蒸馏或阴、阳离子混合床处理后，再经 0.2 μm 微孔滤膜过滤制取。主要用于超痕量分析及对微粒有要求的实验如高效液相色谱分析用水。一级水应存放在聚乙烯瓶中，临用前制备。

1.3.3　纯水的检验

纯水的检验有物理方法（测定水的电阻率）和化学方法两类，检验项目很多，现仅结合一般分析实验室的要求，简略介绍主要的检查项目。

1. 电阻率

利用电导仪或兆欧表测定水的电阻率是最简便且实用的方法。水的电阻率越高，表示水中所含杂质离子越少，水的纯度越高。室温 25 ℃时，电阻率为 $(1.0 \sim 10) \times 10^6$ Ω·cm 的水为纯水，大于 10×10^6 Ω·cm 的水为高纯水。

2. pH

要求 pH 为 6 或 7。取两支试管，各加被检查的水 10 mL，一管加甲基红（变色范围 pH = 4.2 ~ 6.2）指示剂 2 滴，不得显红色；另一管加 0.1% 溴麝香草酚蓝（溴百里酚蓝）（变色范围 pH = 6.0 ~ 7.6）指示剂 5 滴，不得显蓝色。更准确的方法是采用酸度计测量纯水的 pH。

3. Cu^{2+}、Pb^{2+}、Zn^{2+}、Fe^{3+}、Ca^{2+}、Mg^{2+} 等金属离子

取 25 mL 水样于一小烧杯中，加 pH ≈ 10 氨 – 氯化铵缓冲溶液 5 mL，加入 0.2% 铬黑 T 指示剂 1 滴，若呈现蓝色，说明上述离子含量甚微，水质合格；如呈红色，则说明水质不合格。

4. 氯离子

取 10 mL 被检查的水于试管中，用 1 滴 4 mol·L^{-1} HNO$_3$ 酸化，加入 0.1 mol·L^{-1} AgNO$_3$ 溶液 1 滴或 2 滴，无白色浑浊为合格。

5. 可溶性硅酸盐

取 30 mL 水样于一小烧杯中，加入 4 mol·L^{-1} HNO$_3$ 5 mL、5% 钼酸铵 5 mL，室温放置 5 min 后，再加入 10% 亚硫酸钠 5 mL，观察是否出现蓝色，如显蓝色，则不合格。

分析用的纯水必须严格保持纯净，防止污染。聚乙烯容器是储存纯水的理想容器之一。

1.4　化学试剂的一般知识

1.4.1　化学试剂的规格

化学试剂种类繁多，有无机试剂和有机试剂两大类，又可按用途分为一般试剂、标准试剂、高纯试剂、专用试剂等。世界各国对化学试剂的分类和分级及标准不尽相同。我国化学试剂产品有国家标准（GB）、专业标准（ZB）及企业标准（QB）等。国际标准化组织

（International Organization for Standardization，ISO）和国际纯粹与应用化学联合会（International Union of Pure and Applied Chemistry，IUPAC）也都有许多相应的标准和规定。IUPAC 将化学标准物质依次分为 A～E 五级，其中，A 级为相对原子质量标准，B 级为与 A 级最接近的基准物质，C 级和 D 级为滴定分析标准试剂，含量分别为（100 ± 0.02）% 和（100 ± 0.05）%，而 E 级为以 C 级或 D 级试剂为标准进行对比测定所得的纯度或相当于这种纯度的试剂。

我国的化学试剂一般分为四个等级，其规格和适用范围见表 1.4.1。

表 1.4.1　试剂规格和适用范围

等级	中文名称	英文名称	符号	适用范围	标签标志
一级	优级纯（保证试剂）	Guarantee reagent	GR	精密分析	绿色
二级	分析纯（分析试剂）	Analytical reagent	AR	一般分析实验	红色
三级	化学纯	Chemical pure	CP	一般化学实验	蓝色
四级	实验试剂	Laboratory reagent	LR	纯度较低，适用做实验辅助试剂	棕色或其他色
	生物试剂	Biological reagent	BR 或 CR	生物化学实验	黄色或其他色

化学试剂中，指示剂的纯度往往不太明确。除少数标明"分析纯""试剂四级"外，经常遇到只写明"化学试剂""企业标准"或"生化染色素"等。常用的有机溶剂、掩蔽剂等，也经常见到级别不明的情况，平常只可作为"化学纯"试剂使用，必要时需进行提纯。

生物化学中使用的特殊试剂，纯度表示也和化学中一般试剂表示不同。如酶的量一般用酶活性单位（Activity Unit）或酶活力（Enzyme Activity）来表示，IUPAC 推荐的酶国际单位 IU（International Unit）的定义为：在特定条件下，1 min 内将 1 μmol 的底物转化为产物所需酶的量，叫 1 IU 的酶。酶制剂常用每毫升或每升溶液中酶的活性单位数（IU/mL、IU/L），或每毫克酶蛋白所具有的催化活性（IU/（mg 蛋白质））来表示。

此外，还有一些特殊用途的高纯试剂，如色谱纯试剂、光谱纯试剂、基准试剂等。色谱纯试剂，是在仪器最高灵敏度（10^{-10} g）条件下进样分析不会产生额外的色谱峰的试剂，纯度通常≥99.9%；光谱纯试剂（符号 SP），则是以光谱分析时出现的干扰谱线的数目和强度大小来衡量，杂质含量低于某一限度，但往往含有该试剂各种氧化物，这种试剂主要用作光谱分析中的标准物质，但不能作为化学分析中的基准试剂；基准试剂的纯度相当于或高于优级纯（保证试剂），主要用作滴定分析中的基准物或直接法配制标准溶液；放射化学纯试剂是以放射性测定时出现干扰的核辐射强度来衡量的；"MOS"级试剂，是"金属 - 氧化物 - 半导体"试剂的简称，是电子工业专用的化学试剂。

总之，一般试剂就是实验室中最普遍使用的试剂，包括表 1.4.1 所述一、二、三、四级及生物试剂；标准试剂也即基准试剂，是用于衡量其他待测物质化学量的标准物质，其特点是主体含量高而且准确可靠，我国规定容量分析第一基准和工作基准的主体含量分别为 100% ±0.02% 和 100% ±0.05%，相当于 IUPAC 的 C 级和 D 级；高纯试剂中的杂质含量低于优级纯或基准试剂，其主体含量与优级纯试剂相当，而且规定检测的杂质项目多于同种的优级纯或基准试剂，它主要用于痕量分析中试样的分解与制备，如测定试样中的超痕量铅就须用高纯盐酸溶样，因为优级纯盐酸引入的铅可能比试样中的铅还多；专用试剂是指具有专门用途的试剂，如上述色谱纯、光谱纯等仪器分析专用试剂，以及电子工业或食品工业专用试剂等，其特点是主体含量较高，针对其特殊用途的干扰杂质含量很低。

分析工作者应该对化学试剂的等级有明确的认识，做到科学合理使用化学试剂，既不超规格造成浪费，又不随意降低规格而影响分析结果的准确度。

1.4.2 化学试剂的合理使用

1. 试剂的选用

在分析工作中，所选用试剂的纯度、级别要与所用的分析方法相当。要结合具体情况，根据分析对象的组成、含量，以及对分析结果准确度的要求和分析方法的灵敏度，合理选用相应级别的试剂。在满足实验要求的前提下，坚持节约原则，就低不就高。化学分析实验通常使用分析纯试剂；仪器分析实验一般使用优级纯、分析纯或专用试剂。如实验对主体含量要求高，宜选用分析纯试剂；若对杂质含量要求高，则选用优级纯或专用试剂。

实验用水和操作器皿等要与试剂的等级相适应，若试剂都选用 GR 级的优级纯，则不宜使用普通蒸馏水或去离子水，而应使用经两次蒸馏制得的重蒸水。所用器皿的质地也要求较高，使用过程中不应有物质溶出，以免影响测定的准确度。

应当注意的是，优级纯和分析纯试剂虽然是市售试剂中的纯品，但有时由于包装或取用不慎而混入杂质，或运输过程中可能发生变化，或储存日久而变质，所以还应具体情况具体分析，对所用试剂的规格有所怀疑时，应进行鉴定。在特殊情况下，市售试剂的纯度不能满足要求时，分析者应自己动手精制。

2. 试剂的取用

（1）取用试剂时，应注意保持清洁。瓶塞不许任意放置，取用后应立即盖好，以防试剂被其他物质沾污或变质。

（2）固体试剂应用洁净干燥的小勺取用。取用强碱性试剂后的小勺应立即洗净，以免腐蚀。

（3）用吸管吸取试剂溶液时，绝不能用未经洗净的同一吸管插入不同的试剂瓶中吸取试剂。

（4）所有盛装试剂的瓶上都应贴有明显的标签，写明试剂的名称、规格及配制日期。千万不能在试剂瓶中装入不是标签上所写的试剂。没有标签标明名称和规格的试剂，在未查明前不能随便使用。书写标签时，最好用绘图墨汁，以免日久褪色。

（5）在分析工作中，试剂的浓度及用量应按要求适当使用，如过浓、过多，不仅造成浪费，而且还可能产生副反应，甚至得不到正确的结果。

3. 试剂的保管

试剂的保管在实验室中也是一项十分重要的工作。有的试剂因保管不好而变质失效，这不仅是一种浪费，而且会使分析工作失败，甚至会引起事故。一般的化学试剂应保存在通风良好、干净、干燥的房子里，防止被水分、灰尘和其他物质沾污。同时，根据试剂性质，应有不同的保管方法。

（1）容易侵蚀玻璃而影响试剂纯度的，如氢氟酸、氟化物（氟化钾、氟化钠、氟化铵）、苛性碱（氢氧化钾、氢氧化钠）等，应保存在塑料瓶或涂有石蜡的玻璃瓶中。

（2）见光会逐渐分解的试剂，如过氧化氢（双氧水）、硝酸银、焦性没食子酸、高锰酸钾、草酸、铋酸钠等，与空气接触易逐渐被氧化的试剂，如氯化亚锡、硫酸亚铁、亚硫酸钠等，以及易挥发的试剂，如溴、氨水及乙醇等，应放在棕色瓶内，置冷暗处。

（3）吸水性强的试剂，如无水碳酸钠、氢氧化钠、过氧化钠等，应严格密封（蜡封）。

（4）易相互作用的试剂，如挥发性的酸与氨、氧化剂与还原剂，应分开存放。易燃的试剂，如乙醇、乙醚、苯、丙酮，易爆炸的试剂，如高氯酸、过氧化氢、硝基化合物，应分开储存在阴凉通风、不受阳光直接照射的地方。最好使用带通风设施的试剂柜，并定时通风，以防挥发出的溶剂蒸气聚集而发生危险。

（5）剧毒试剂，如氰化钾、氰化钠、氢氟酸、二氯化汞、三氧化二砷（砒霜）等，应特别妥善保管，经一定手续取用，以免发生事故。

1.5　玻璃器皿的洗涤与干燥

玻璃器皿的洗涤是化学分析实验中一项极为重要的工作，这是因为器皿洁净与否直接关系到整个实验的成败。洗净的玻璃器皿应洁净透明，其内外壁能被水均匀地润湿而无水的条纹，且不挂水珠。

1.5.1　仪器的洗涤

分析化学实验室中常用的洁净剂有肥皂、肥皂液、洗洁精、洗衣粉、去污粉、各种洗涤液和有机溶剂等。

一般器皿如烧杯、锥形瓶、试剂瓶、表皿等，可用刷子蘸取去污粉或合成洗涤剂直接刷洗内外壁，再用自来水冲洗干净，然后用纯水润洗三次。

滴定管、移液管、容量瓶等具有精密刻度的量器则不能用刷子刷洗，以免容器内壁受机械磨损而影响容积的准确性，也不宜用强碱性洗涤剂洗涤。洗涤时，需视其被污染的程度选择适宜的洗涤剂。如酸性（或碱性）污垢用碱性（或酸性）洗涤剂；氧化性（或还原性）污垢用还原性（或氧化性）洗涤剂；有机污垢用有机溶液洗涤。洗涤的方法是将少量的 $0.1\% \sim 0.5\%$ 浓度的洗涤剂倒入容器中（必要时可用热的洗涤剂浸泡一段时间），摇动几分钟后，倾入原瓶，然后用自来水冲洗干净，再用纯水润洗三次。若此法仍不能洗净，可用铬酸洗液洗涤。铬酸洗液，因其具有很强的氧化能力且对玻璃的腐蚀作用极小，过去使用很广泛，但考虑到六价铬对人体有害，在可能情况下不宜多用。必须使用时，应尽量沥干容器内壁的水后再将洗液倒入（因经水稀释后去污能力降低），转动或摇动仪器，让洗液布满容器内壁淌洗，待与污物充分作用后，将用过的洗液仍倒回原瓶，淌洗过的器皿用自来水冲洗，第一次冲洗的废水应倒入废液缸中，以免腐蚀水槽和下水道，并减少环境污染。

称量瓶、容量瓶、碘量瓶、干燥器等具有磨口塞、盖的器皿，在洗涤时应注意各自的配套，切勿"张冠李戴"，破坏磨口处的密封性。

光度法的比色皿由光学玻璃制成，不能用毛刷刷洗，通常用合成洗涤剂或 HCl - 乙醇混合液浸泡内外壁数分钟后，依次用自来水和纯水洗净。

洗涤过程中，要注意节约，无论是自来水还是纯水，都应遵循少量多次的原则，每次用水量约为总容积的 $10\% \sim 20\%$。冲洗时，应顺壁冲洗。

1.5.2 常用洗涤剂

分析化学实验室中常用的洗涤剂有以下几种：

1. 合成洗涤剂

这类洗涤剂主要是洗衣粉、洗洁精等，适合洗涤被油脂或某些有机物玷污的器皿。

2. 碱性高锰酸钾洗涤液

适用于洗涤油污及有机物。其配制方法是，将 4 g $KMnO_4$ 溶于少量水中，慢慢加入 100 mL 10% NaOH 溶液。用此洗涤液洗涤后的器皿上若残留 $MnO_2 \cdot nH_2O$ 沉淀，可用 $HCl + NaNO_2$ 混合液洗涤。

3. 酸性草酸或盐酸羟胺洗涤液

适于洗涤氧化性物质，如沾有高锰酸钾、二氧化锰、铁锈斑等的器皿。其配制方法是，称取 10 g 草酸或 1 g 盐酸羟胺溶于 100 mL 20% 的 HCl 溶液中。一般用草酸较为经济。

4. 有机溶剂洗涤液

适于洗涤被油脂或某些有机物玷污的器皿。可直接取丙酮、乙醚、苯等使用，也可配成 NaOH 的饱和乙醇溶液使用。

5. 硝酸－乙醇溶液

适于洗涤被油脂或有机物玷污的酸式滴定管。使用时先在滴定管中加入 3 mL 乙醇，沿壁加入 4 mL 浓硝酸，用小滴帽盖住滴定管，让溶液在管中保留一段时间，即可除去油污。

6. 盐酸－乙醇溶液

将化学纯盐酸和乙醇按 1∶2 体积比混合即可，适于洗涤被有色物玷污的比色皿、容量瓶和吸量管。

7. 铬酸洗液

铬酸洗液是含有饱和 $K_2Cr_2O_7$ 的浓硫酸溶液，具有很强的氧化性，适合洗涤无机物、油污和部分有机物。其配制方法是，称取 10 g 工业级 $K_2Cr_2O_7$ 于 400 mL 烧杯中，加入 30 mL 水加热溶解后，冷却，在不断搅拌下缓慢加入 170 mL 工业级浓硫酸，溶液呈棕褐色，冷却后转入玻璃瓶中备用。铬酸洗液可反复使用，当溶液呈绿色时，表明已失效，须重新配制，已失效洗液应当倒入废液桶另行处理。铬酸洗液腐蚀性很强，易烫伤皮肤，烧坏衣物，六价铬有毒，使用时要注意安全和环境保护。

1.5.3 仪器的干燥

当实验中需使用干燥的器皿时，应根据不同情况，采用下列方法将洗涤干净的器皿干燥：

（1）晾干。将洗净的器皿置于实验柜或器皿架上晾干。

（2）烘干。将洗净的器皿器壁上的水尽量沥干后，放入干燥箱中烘干；也可将器皿套在气流烘干机的杆上进行烘干，但容量瓶、量筒、移液管、滴定管等量器切不可采用烘干的方法。

（3）吹干。用少量乙醇、丙酮润洗器皿内壁后，用电吹风吹干或用气流烘干机烘干。

1.6 溶液的浓度及其配制

分析工作所用的溶液可分为两类：一类溶液只具有大致的浓度，称为一般溶液，如一般的酸、碱、盐溶液，指示剂溶液，缓冲溶液，沉淀剂，洗涤剂和显色剂等；另一类溶液具有准确的浓度，如各种标准溶液等。

1.6.1 溶液浓度的表示方法

在分析实验室中，溶液的浓度常用下列几种表示方法：

1. 物质的量浓度 c_B

其定义是物质 B 的物质的量 n_B 除以溶液的体积 V，符号为 c_B，即

$$c_B = \frac{n_B}{V}$$

分析化学中常用单位为 $mol \cdot L^{-1}$。

2. 物质的质量浓度 ρ_B

其定义是物质 B 的质量 m_B 除以溶液的体积 V，符号为 ρ_B，即

$$\rho_B = \frac{m_B}{V}$$

单位为 $g \cdot L^{-1}$、$mg \cdot L^{-1}$、$\mu g \cdot L^{-1}$、$g \cdot mL^{-1}$、$mg \cdot mL^{-1}$、$\mu g \cdot mL^{-1}$ 等。光度法中的标准溶液、滴定分析的一般试剂溶液常用这种表示方法。

3. 质量分数 w_B

符号为 w_B，单位为%。含义为 100 g 溶液中所含溶质 B 的克数。各种原装酸或氨水以及元素的分析结果常以此形式表示，如30%的氨水等。

4. 体积分数 φ_B

符号为 φ_B，单位为%。溶质为液体时可用此形式来表示。含义为 100 mL 溶液中所含溶质 B 的毫升数。如50%的乙醇溶液表示 100 mL 乙醇溶液含 50 mL 乙醇。

5. 质量体积分数

溶质为固体时可用此形式来表示。含义为 100 mL 溶液中所含溶质 B 的克数。如1%的硝酸银溶液，是以 1 g 硝酸盐溶于 100 mL 水中。

6. 体积比浓度

以（A + B）或（A：B）表示，是指 A 体积的液体试剂（溶质）与 B 体积的溶剂混合所得溶液的浓度。如（1 + 3）或（1：3）的盐酸，是指 1 体积的盐酸与 3 体积的水配制所得的盐酸溶液。

7. 滴定度

滴定度 T 是用每毫升标准溶液（滴定剂）相当的待测组分的质量 g 来表示的，单位为 $g \cdot mL^{-1}$。如 $T_{Fe/KMnO_4} = 0.007\,590\ g \cdot mL^{-1}$，表示 1 mL $KMnO_4$ 标准溶液相当于 0.007 590 g Fe。实际工作中，特别是在常规分析某一固定的组分时，采用滴定度表示标准溶液的浓度，对测定结果的计算极为方便。

1.6.2　溶液的配制

分析实验中所使用的试剂品种繁多，正确地配制和保存试剂溶液，是做好实验的关键。配制及保存溶液应注意以下原则：

首先，合理选择试剂级别，不许超规格使用试剂，以免造成浪费。

其次，配制溶液时，要牢固树立"量"的观念，应根据溶液浓度准确度的要求，合理选择适宜的称量方法、量器及记录数据应保留的有效数字位数，并妥善保存配好的溶液。做到"粗、细要分清，严、松要有限"。

一些易水解的盐，配制成溶液时，需加入适量酸，再用水或稀酸稀释。一些易氧化或还原的试剂，常在使用前临时配制，或采取措施防止氧化或分解。

易侵蚀或腐蚀玻璃的溶液，如含氟的盐类及苛性碱等应保存在聚乙烯瓶中。

1. 一般溶液的配制

一般溶液的浓度不需要十分准确，配制时固体试剂用台秤称量，称量器皿通常用表面皿或烧杯；液体试剂用量筒量取，少量液体也可用吸量管量取。

配制溶液时，称取或量取一定量固体或液体试剂，用适量水或其他试剂溶解，然后稀释至所需体积。若溶解过程中有放热现象或以加热促进溶解，应待冷却后，转入试剂瓶中，贴好标签，注明溶液名称、浓度和配制日期即可。

配制指示剂溶液时，需称量的指示剂量往往很少，这时可用分析天平称量，但读取两位有效数字即可；要根据指示剂的性质选择合适的溶剂，必要时加入稳定剂，并注意其保存期；配好的指示剂一般储存于棕色瓶中。

2. 标准溶液的配制

所谓标准溶液，是已确定其主体物质浓度或其他特性量值的溶液。分析化学中常用的标准溶液主要有三类，即滴定分析用标准溶液、仪器分析用标准溶液和 pH 测量用标准溶液。

1）滴定分析用标准溶液

滴定分析用标准溶液用于测定试样中的常量组分，其浓度值保留四位有效数字，其不确定度为 ±0.2% 左右。配制方法主要有两种：

（1）直接配制法。用分析天平准确称取一定量的工作基准试剂或相当纯度的其他标准物质（如纯金属）于小烧杯中，用适量水或其他试剂溶解，然后定量转移至容量瓶中，用水稀释至刻度定容，摇匀。然后根据称取试剂的质量和容量瓶的体积计算其准确浓度。这种配制方法简单但成本高，不宜大批量使用，而且很多标准溶液无合适的标准物质（如 NaOH、HCl、$KMnO_4$、EDTA 等）。能用于直接配制标准溶液的物质（基准物质）应符合下列条件：

①试剂的组成应与其化学式完全相符（若含结晶水，其含量也应与化学式相符）；

②试剂的纯度应足够高（至少在 99.9% 以上），而杂质的含量应少到不至于影响分析的准确度；

③试剂在通常情况下应稳定（见光不分解，不氧化，不易吸湿）；

④试剂参加反应时，应按反应式定量进行，无副反应；

⑤试剂最好具有较大摩尔质量。

滴定分析常用基准物质见表 1.6.1。

表 1.6.1 常用基准物质及其干燥条件和应用

基准物质	化学式	干燥条件/℃	优缺点	标定对象
无水碳酸钠	Na_2CO_3	270~300	便宜，易得纯品，易吸湿	酸
硼砂	$Na_2B_4O_7 \cdot 10H_2O$	放在含 NaCl 和蔗糖饱和溶液的干燥器中	易得纯品，不易吸湿，摩尔质量大，湿度小时会失结晶水	酸
邻苯二甲酸氢钾	$C_6H_4 \cdot COOH \cdot COOK$	105~110	易得纯品，不吸湿，摩尔质量大	碱
草酸	$H_2C_2O_4 \cdot 2H_2O$	室温空气干燥	便宜，结晶水不稳定，纯度不理想	碱或 $KMnO_4$
锌	Zn	室温干燥器中保存	纯度高，稳定，既可在 pH=5~6 又可在 pH=9~10 中应用	EDTA
氧化锌	ZnO	900~1 000	同上	EDTA
碳酸钙	$CaCO_3$	110	—	EDTA
草酸钠	$Na_2C_2O_4$	105~110	易得纯品，稳定，无显著吸湿	$KMnO_4$
重铬酸钾	$K_2Cr_2O_7$	140~150	易得纯品，非常稳定，可直接配制标准溶液	还原剂
三氧化二砷	As_2O_3	室温干燥器中保存	能得纯品，产品不吸湿，剧毒	还原剂
溴酸钾	$KBrO_3$	130	易得纯品，稳定	还原剂
碘酸钾	KIO_3	130	易得纯品，稳定	还原剂
铜	Cu	室温干燥器中保存	纯度高，稳定	还原剂
硝酸银	$AgNO_3$	280~290	易得纯品，防止光照及被有机物玷污	氯化物或硫氰酸盐
氯化钠	NaCl	500~550	易得纯品，易吸湿	$AgNO_3$
氯化钾	KCl	500~550	易得纯品，易吸湿	$AgNO_3$

（2）间接配制法（标定法）。即先用分析纯试剂配成接近所需浓度的溶液（用台秤和量筒），然后用基准物质或另一种已知准确浓度的标准溶液来标定其准确浓度。

标准溶液应密闭保存，避免阳光直接照射或完全避光，见光易分解的标准溶液用棕色瓶储存。储存的标准溶液，由于水分蒸发，水珠凝于瓶壁，使用前应将溶液摇匀。如果溶液浓度有变化，必须重新标定。对于不稳定的溶液，应定期标定。

2）仪器分析用标准溶液

仪器分析种类繁多，不同的仪器分析实验对试剂的要求不同。配制仪器分析用标准溶液时，可能用到专用试剂、高纯试剂、纯金属及其他标准物质、优级纯及分析纯试剂。同种仪器分析方法，当分析对象不同时，所用试剂的级别也可能不同。配制仪器分析用标准溶液应使用二级水。仪器分析标准溶液的浓度都比较低，除用物质的量浓度表示外，常用质量浓度 $\mu g \cdot mL^{-1}$ 或 $g \cdot L^{-1}$ 表示。稀溶液的保质期较短，通常配成比使用的溶液高 1～3 个数量级的浓溶液作为储备液，临用时稀释至所需浓度。当稀释倍数高时，应采取逐级稀释的方法。

为防止存放过程中容器对标准溶液的污染和吸附，有些金属离子的标准溶液宜储存于聚乙烯瓶中。

3）pH 测量用标准溶液

用酸度计测量溶液的 pH 时，必须先用 pH 基准试剂配制的 pH 标准缓冲溶液对仪器进行定位校准。pH 标准缓冲溶液的 pH 是在一定温度下经过实验精确测定的。配制 pH 标准缓冲溶液纯水的电导率应小于 $0.02\ mS \cdot m^{-1}$，配制碱性溶液所用纯水应预先煮沸 15 min 以上，除去其中 CO_2。

常用的 pH 基准试剂有袋装产品，使用时直接将袋内试剂全部溶解并稀释至规定体积即可。缓冲溶液一般可保存 2～3 个月，若发现浑浊、沉淀或发霉，则须重新配制。

1.7 实验室数据的记录、处理和实验报告

1.7.1 实验数据的记录

实验应有专门的记录本，标上页码，不得撕去任何一页。绝不允许将数据记录在单页纸或小纸片上，或随便记录在什么地方。实验记录本应与实验报告分开。

实验过程中，要及时将主要操作、发生的现象、结果及各种测量数据准确且清晰地记录下来。记录实验数据时，要有严谨的科学态度，要实事求是。切忌夹杂主观因素，更不能随意拼凑和伪造数据。

记录测量数据时，应注意有效数字的位数。用分析天平称量时，应记录至 0.000 1 g；滴定管和吸量管的读数应记录至 0.01 mL；光度计测量溶液的吸光度时，应记录至 0.001。总之，要记录至所用仪器最小刻度的下一位。

进行记录时，文字记录应整齐清洁、简明扼要，数据记录宜用列表法，使其更为简洁。若发现数据记录或计算有错，不得涂改，应将错误数据用线划去，在旁边写上正确数字。

实验结束后，应将实验数据仔细复核并报指导教师后方可离开实验室。

1.7.2 实验数据的处理

数据处理的任务是通过对有限次测量数据的统计分析，从而对总体作出科学的判断。

在化学分析实验中，一般平行测定 3～5 次。因此，常用相对平均偏差来表示分析结果的精密度，以有限次测量结果的算术平均值来对总体平均值进行估计。三次结果的算术平均值为：

$$\bar{x} = \frac{1}{3} \sum_{i=1}^{3} x_i = \frac{x_1 + x_2 + x_3}{3}$$

平均偏差为：

$$\overline{d} = \frac{1}{3} \sum_{i=1}^{3} |x_i - \overline{x}|$$

相对平均偏差为：

$$d_r = \frac{\overline{d}}{\overline{x}} \times 100\%$$

1.7.3　实验报告

写好实验报告是化学分析实验课程重要的基本训练之一，是培养学生分析归纳能力、严谨细致工作作风的有效途径。

定量分析实验报告一般包括：

（1）实验（编号）、实验名称（题目）。

（2）实验原理。用文字和化学反应方程式简要说明。对使用特殊仪器装置的实验，应画出实验装置示意图。

（3）主要试剂和仪器。

（4）实验步骤。简明扼要写出实验步骤流程，切记禁止抄教材。

（5）实验数据及处理。应用文字、表格将数据表示出来。根据要求计算出分析结果并进行有关数据的误差处理。

（6）问题讨论。包括教材上的思考题和对实验中观察到的现象、产生的结果和误差进行分析讨论，以提高自己分析问题、解决问题的能力，也为以后的科学研究论文的撰写打下一定的基础。

第二章

定量分析仪器及基本操作

2.1 分析天平

2.1.1 分析天平的分类

分析天平是分析化学实验中最重要的称量仪器。常用分析天平有阻尼电光天平和电子分析天平两大类。

在常用的阻尼电光天平中，按结构特点，可分为双盘和单盘两类。双盘为等臂天平；单盘有等臂和不等臂之分。目前常用的为双盘（等臂）半机械加码电光天平和单盘（不等臂）电光天平。目前，阻尼电光天平已经基本淘汰。

电子天平按结构，可分为上皿式和下皿式两种。秤盘在支架上面为上皿式，秤盘吊挂在支架下面为下皿式。目前广泛使用的是上皿式电子天平。

天平按精度，通常分为 10 级。一级天平精度最好，十级最差。在常量分析中，使用最多的是最大载荷为 $100 \sim 200$ g、感量为 0.000 1 g 的分析天平，属于三、四级。在微量分析中，常用最大载荷为 $20 \sim 30$ g。

2.1.2 电子天平

电子天平是最新一代的天平，是基于用电磁力平衡被称物体重力的原理，直接称量，全量程不需要砝码，放上被称物后，在几秒钟内即达到平衡，显示读数，称量速度快，精度高。它的支承点用重力电磁传感簧片取代机械天平的玛瑙刀口，用差动变压器取代升降枢装置，用数字显示代替指针刻度式。因而具有使用寿命长、性能稳定、操作简便和灵敏度高的优点。此外，电子天平还具有自动检测、自动校准、自动去皮、超载保护等功能以及质量电信号输出功能，且可与打印机、计算机联用，进一步扩展其功能。由于电子天平具有机械天平无法比拟的优点，尽管价格较高，但已在许多领域获得越来越广泛的应用，并呈现出逐步取代机械天平的趋势。

电子天平按精度，可分为超微量电子天平（最大称量 $2 \sim 5$ g，其标尺分度值小于（最大）称量的 10^{-6}）、微量天平（最大称量 $3 \sim 50$ g，其分度值小于（最大）称量的 10^{-5}）、半微量天平（最大称量一般在 $20 \sim 100$ g，其分度值小于（最大）称量的 10^{-5}）和常量电子天平（最大称量一般在 $100 \sim 200$ g，其分度值小于（最大）称量的 10^{-5}）。所谓精密电子天平，是准确度级别为 Ⅱ 级的电子天平的统称。按结构，可分为顶部承载式（下皿式）和底部承载式（上皿式）两种结构。目前广泛使用的是上皿式，图 2.1.1 所示的 BP221S 型电子天平即为上皿式，其称量精度 0.000 1 g，最大称量（包括皮重）220 g，响应时间≤2 s。

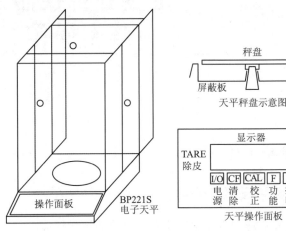

图 2.1.1　BP221S 型电子天平

2.1.3　称量的一般程序和方法

1. 电子天平的称量程序

电子天平种类繁多，但其使用方法大同小异，一般的称量程序是：通电预热；调整水平；待零点显示稳定后，即可进行称量。

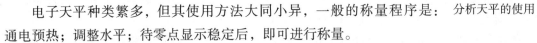

下面以 BP221S 型电子天平为例，说明电子天平的使用方法，使用时要严格遵守操作规程。

（1）取下天平罩，叠好后平放在天平箱右后方的台面上或天平箱的顶上。

（2）称量开始前，应做如下检查和调整：

检查水平：查看水平仪，如水平仪气泡偏移，则调整水平调节地脚螺栓，使水泡位于中间位置。

查看天平秤盘和底板是否清洁。秤盘上如有粉尘，可用软毛刷轻轻扫净；如有斑痕脏物，可用浸有无水酒精的鹿皮轻轻擦拭；底板如不干净，可用软毛刷拂扫或用细布擦拭。

开机：接通天平电源，按开关键，仪器自动运行自检程序，当显示器显示 "0.000 0 g" 时，自检过程结束。

预热：为了达到理想的称量效果，电子天平在初次接通电源或者在长时间断电之后，应开机通电预热 30 min 后，再开始称量。

了解待称物体的温度与天平箱里的温度是否相同。如果待称物体曾经加热或冷却过，必须将该物体放置在天平箱旁边相当的时间，待该物体的温度与天平箱里的温度相同后，再进行称量。盛放称量物的器皿应保持清洁干燥。

尽量避免把潮湿的物品带入天平室中，如刚清洗过的烧杯、锥形瓶等，应用干燥毛巾擦干外壁水分后，再放在托盘上带入天平室。

（3）称量时，操作者面对天平端坐，记录本放在右侧台面上，存放和接收称量物的器皿放在天平箱左侧。

（4）清零：关闭天平全部箱门，按去皮（TARE）键清零。

（5）称量：天平左右两侧及上部均可打开放置称量物品，在秤盘中心小心放好待称物品，关好天平门，待显示屏读数稳定后即可读数。注意，秤盘上放置的物品总质量不可超过天平最大量程，以免损坏天平。

（6）读数与记录：称量的数据应立即用钢笔或圆珠笔记录在原始数据记录本上，不能用铅书写，也不得记录在零星纸片上和其他物品上。

（7）全部称量操作完成后，应使天平恢复原状，检查有无物品遗留在秤盘上或天平箱里。如称量过程中不小心撒落化学药品，应立即用软毛刷清扫。然后关好所有天平门，按开关键使天平处于待机状态，断开天平电源（短时间内暂不使用天平，可不断开天平电源，以免再使用时重新通电预热），用天平罩罩好天平，将坐凳放回原位，方可离开天平室。

（8）由于电子天平自重较轻，使用中容易因碰撞而发生位移，进而可能导致水平改变，应尽量避免之。

2. 电子天平的称样方法

在分析化学实验中，称取试样经常用到的方法有指定质量称样法、递减（差减）称样法及直接称样法。

1）指定质量称样法

在分析化学实验中，当需要用直接配制法配制指定浓度的标准溶液时，常常用指定质量称量法来称取基准物。此法只能用来称取不易吸湿的，且不与空气中各种组分发生作用的、性质稳定的粉末状物质。不适用于块状物质的称量。

具体操作方法如下：天平开机预热后，用金属镊子或戴细纱手套将清洁干燥的容器（小烧杯、瓷坩埚、深凹型小表面皿）放到秤盘中心，关上天平门，待显示数字稳定后，按"TARE"键去皮，显示即恢复为零。然后打开天平门，用小牛角匙逐渐加入试样，直到所加试样质量与所需质量差很小时，极其小心地以右手持盛有试样的牛角匙，伸向容器中心部位上方约 2～3 cm 处，用拇指、中指及掌心拿稳牛角匙柄，让匙里的试样以非常缓慢的速度抖入容器中，如图 2.1.2 所示。这时眼睛既要注意牛角匙，同时也要注视显示屏，待显示为所需的质量时，立即停止抖入试样。关闭所有天平门，此时显示的数据便是实际所称取样品的质量。

图 2.1.2　直接加样操作

此步操作必须十分仔细，若不慎多加了试样，只能用牛角匙取出多余的试样，再重复上述操作，直到合乎要求为止。操作时应注意，加样或取出牛角匙时，试样绝不能失落在秤盘上。

2）差减（递减）称样法

差减称样法

又称减量法，此法用于称量一定质量范围的样品或试剂。递减称样法比较简便、快速、准确，在分析化学实验中常用来称取待测样品和基准物，是最常用的一种称量方法。在称量过程中，样品易吸水、易氧化或易与 CO_2 等反应时，应选择此法。由于称取试样的质量是由两次称量之差求得，故也称差减法。

操作方法如下：如图 2.1.3 所示，用纸带（或纸片）夹住称量瓶后（注意：不要让手指直接触及称量瓶和瓶盖），用纸片夹住称量瓶盖柄，打开瓶盖，用牛角匙加入适量试样（一般为称一份试样量的整数倍，可用台秤进行粗称），盖上瓶盖。称出称量瓶加试样后的准确质量。将称量瓶从天平上取出，在接收器的上方打开瓶盖，缓慢倾斜瓶身，用称量瓶盖轻敲瓶

图 2.1.3 差减称样法操作

口上部，使试样慢慢落入容器中，瓶盖始终不要离开接收器上方。当倾出的试样接近所需量（可从体积上估计或试重得知）时，一边继续用瓶盖轻敲瓶口，一边逐渐将瓶身竖直，使黏附在瓶口上的试样落回称量瓶，然后盖好瓶盖，准确称其质量。两次质量之差，即为试样的质量。按上述方法连续递减，可称量多份试样。有时一次很难得到合乎质量范围要求的试样，可重复上述称量操作 1~2 次。

也可以采取如下操作：按照上述操作方法，在秤盘上放置好装有试样的称量瓶后，关上天平门，待显示数字稳定后，按"TARE"键去皮，显示即恢复为零。然后打开天平门，从称量瓶中倾出的试样至接收器中后，将称量瓶重新放回秤盘中央，关上天平门，此时显示的数据便是倾出的试样的质量，只是显示的数字为负值。

操作时应注意：

①若倒入的试样量不够时，可重复上述操作，如倒入的试样量远远超过所需量，则只能弃去重称。

②盛有试样的称量瓶除放在秤盘上或拿在手中外，不得放在其他地方，以免沾污。

③黏在瓶口上的试样尽量用瓶盖轻敲瓶口上方，使其落入容器或者回到称量瓶中，以免黏到瓶盖上或丢失。

④要在接收器的上方打开瓶盖，以免可能黏附在瓶盖上的试样丢失。

3）直接称样法

此法是将称量物放在天平盘上直接称量质量。例如，称量小烧杯的质量，容量器皿校正中称量某容量瓶的质量，重量分析实验中称量某坩埚的质量等，都使用这种称量法。此外，某些在空气中没有吸湿性的试样或试剂，如金属、合金等，也常使用直接称量法称样，即用牛角匙取

直接称样法

试样放在已知质量的清洁且干燥的表面皿或小烧杯中，一次称取一定量的试样。

放在空气中的试样通常都含有湿存水，其含量随试样的性质和条件而变化。因此，无论用上面哪种方法称取试样，在称量前均必须采用适当的干燥方法将其除去。

①对于性质稳定不易吸湿的试样，可将试样薄薄地铺在表面皿或蒸发皿上，然后放入烘箱，在指定温度下干燥一定时间，取出后放在干燥器里冷却，最后转移至磨口试剂瓶里备用。盛样试剂瓶通常存放在干燥器里。经过干燥处理的试样在使用时，从干燥器中取出，放入称量瓶，用递减法称量。

②对于易潮解的试样，可将试样直接放在称量瓶里干燥，干燥时应把瓶盖打开，干燥后

把瓶盖松松地盖住，放入干燥器中，放在天平箱近旁冷却。称量前，应将瓶盖稍微打开一下立即盖严，然后称量。需要特别指出的是，由于这类试样容易吸收空气中的水分，故不宜采用递减称样法连续称量，一个称量瓶一次只能称取一份试样。此外，倒出试样时，应尽量把瓶中的试样倒净，以免剩余试样再次吸湿而影响准确性。因此，要求最初加入称量瓶里的试样量尽可能接近需要量。整个称量过程进行要快。如果需要称取两份试样，则应用两个称量瓶盛试样进行干燥。

这种"一个称量瓶一次只称取一份试样"的方法在要求较高的情况下才采取。

③对于含结晶水的试样，如果在除去湿存水的同时，也会失去结晶水，则不宜进行烘干。此时所得分析结果就以"湿样品"表示。受热易分解的试样也应如此。

3. 电子天平的校准

电子天平在首次使用、工作环境（特别是温度）变化、仪器被移动后，都要进行校正。电子天平分为内校和外校两种型号，校准方法如下：

（1）自校：内校型号的电子天平，校准砝码在电子天平内部，可用电动机驱动内置砝码升降装置进行自动校正。校准应在预热执行完毕后进行，当秤盘空载，关闭所有箱门，显示器显示"0.000 0"时，按校正键（CAL）激活校正功能，耐心等候，待显示器再次显示"0.000 0"后，自校程序执行完毕，校准完成。注意：在仪器执行自校程序时，不允许在秤盘上放置物品，也不允许打开箱门。

（2）外校：外校型号的电子天平，需采用外置砝码进行手动校准。校准应在预热执行完毕后进行，当秤盘空载，关闭所有箱门，显示器显示"0.000 0"时，按校正键（CAL）激活校正功能后，戴细纱手套，把标准砝码放到电子天平秤盘中心，关闭所有箱门，耐心等候，待显示器显示砝码质量后，自校程序执行完毕，校准完成。砝码应用单独的砝码盒保存。

2.2　滴定分析仪器及基本操作

定量分析常用仪器中的大部分属玻璃制品。玻璃仪器按玻璃性能，可分为可加热的（如各类烧杯、烧瓶、试管等）和不宜加热的（如试剂瓶、量筒、容量瓶等）。按用途，可分为容器类（如烧杯、试剂瓶等）、量器类（如滴定管、移液管、容量瓶等）和特殊用途类（如干燥器、漏斗等）。

在滴定分析中常用的玻璃量器可分为量出式和量入式两类。量出式（量器上标有 Ex）如滴定管、移液管、吸量管等，用于测量从量器中排出液体的体积。量入式（量器上标有 In）如容量瓶、量筒和量杯等，用于测量量器中所容纳液体的体积。

量器按准确度和流出时间，分成 A、A_2、B 三种等级（量器上标有"A""A_2""B"），A 级的准确度比 B 级一般高 1 倍，A_2 级的准确度介于 A、B 级之间，见表 2.2.1。量器的级别标志，也曾用"一等""二等""Ⅰ""Ⅱ"或"＜1＞""＜2＞"等表示，无上述字样符号的量器，则表示无级别的，如量筒、量杯等。

表 2.2.1　量器的型式、规格和允差

量器名称	标称容量/mL	容量允差/mL			水的流出时间/s	
		A 级	A$_2$ 级	B 级	A、A$_2$ 级	B 级
滴定管	25	±0.040	±0.060	±0.080	45~70	35~70
移液管	20	±0.030		±0.060	25~35	20~35
吸量管	10	±0.050		±0.10	7~17	
容量瓶	500	±0.25		±0.50		

2.2.1　滴定管及其使用

酸式滴定管的
使用

滴定管是滴定时用来准确测量流出的操作溶液体积的量器。常量分析最常用的是容积为 50 mL 的滴定管，其最小刻度为 0.1 mL，最小刻度间可估计到 0.01 mL，因此，读数可达小数点后第二位，一般读数误差为 ±0.02 mL。另外，还有容积为 10 mL、5 mL、2 mL 和 1 mL 的微量滴定管。滴定管一般分为两种：一种是具塞滴定管，常称为酸式滴定管；另一种是无塞滴定管，常称为碱式滴定管。酸式滴定管用来装酸性及氧化性溶液，但不适于装碱性溶液，因为碱性溶液会腐蚀玻璃，时间长一些，旋塞便不能转动。碱式滴定管在管的下端连接一个橡皮管或乳胶管，管内装有玻璃珠，以控制溶液的流出，橡皮管或乳胶管下面接一个尖嘴玻璃管。碱式滴定管用来装碱性及无氧化性溶液，凡是能与橡皮起反应的溶液，如高锰酸钾、碘和硝酸银等溶液，都不能装入碱式滴定管。滴定管除无色的外，还有棕色的，用于装见光易分解的溶液，如 $AgNO_3$、$KMnO_4$ 等溶液。

目前有一种新型滴定管，外形与酸式滴定管相同，但其旋塞用聚四氟乙烯材料制作，是一种同时适用于酸、碱、氧化性等各种性质溶液的通用滴定管（图 2.2.1）；同时，由于聚四氟乙烯旋塞富有弹性，通过调节旋塞尾部的螺帽即可调节旋塞的紧密度，因此，此类通用滴定管无须涂敷凡士林。

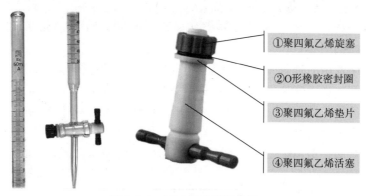

　　①聚四氟乙烯旋塞
　　②O形橡胶密封圈
　　③聚四氟乙烯垫片
　　④聚四氟乙烯活塞

图 2.2.1　聚四氟乙烯滴定管

1. 滴定管的准备

酸式滴定管是滴定分析中经常使用的一种滴定管。除了强碱溶液外，其他溶液作为滴定液时，一般均采用酸式滴定管。

使用酸式滴定管前，应检查旋塞转动是否灵活，然后检查是否漏水。试漏的方法是：往滴定管中加水至零刻度附近，将其垂直夹在滴定管架上静置约 2 min，观察滴定管口是否滴水，活塞与塞槽间隙处是否渗水；将活塞旋转 180° 后，再如前检查。若前后两次均不漏水，旋塞转动也灵活，即可使用，否则将旋塞取出，重新涂上凡士林（起密封和润滑作用）后再使用。

涂凡士林操作（图 2.2.2）如下：将滴定管中的水倒掉，平放在实验台上，抽出旋塞，用滤纸擦干，然后擦干旋塞套（滴定管保持平放，以防止管壁上的水再次进入旋塞套）；用手指蘸少许凡士林，在旋塞的两头涂上薄薄的一层（切勿涂多，否则会堵塞小孔）；或者分别在旋塞的粗端和旋塞套的细端内壁各均

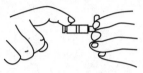

图 2.2.2　涂凡士林操作

匀地涂一薄层凡士林。然后将旋塞插入旋塞套中，按紧，插时旋塞孔应与滴定管平行，径直插入旋塞套，此时不要转动旋塞，这样可以避免将油脂挤到旋塞孔中去。向同一方向旋转旋塞柄，直到旋塞和旋塞套接触处的油脂层呈透明状态且旋塞转动灵活为止。如发现转动不灵活，或油脂层不透明或出现纹路，表示凡士林涂得不够；若有凡士林从旋塞内挤出或旋塞孔被堵，表示凡士林涂得太多。遇到这些情况，应拔出旋塞，用滤纸将旋塞和旋塞套擦干净后重新涂油。凡士林涂好后，应在旋塞末端套上小橡皮圈，防止旋塞脱落打碎。套小橡皮圈时，要用手抵住旋塞柄，防止其松动。

若出口管尖被油脂堵塞，可将它插入热水中温热片刻，然后打开活塞，使管内的水突然流下，将软化的油脂冲出。油脂排除后，即可关闭活塞。

使用碱式滴定管前，应检查乳胶管和玻璃珠是否完好匹配。若胶管已老化，玻璃珠过大（放出液体时，手指吃力且不易操作）或过小（漏水或使用时上下滑动），应予更换。

最后是滴定管的洗涤。用铬酸洗液洗涤时，可将滴定管内的水尽量沥干，倒入 10 mL 洗液，将滴定管逐渐向管口倾斜，使洗液布满全管，然后打开旋塞，将洗液放回原瓶。如果内壁玷污严重，则需用洗液充满滴定管（包括旋塞下部尖嘴出口），浸泡 10 min 至数小时或用温热洗液浸泡 20 ~ 30 min。先用自来水冲洗干净，再用纯水洗三次，每次用水约 10 mL。最后，将管的外壁擦干。

碱管的洗涤方法和酸管相同。在需要用洗液洗涤时，可除去乳胶管，用塑料吸头堵住碱管下口进行洗涤。如必须用洗液浸泡，则将碱管倒夹在滴定管架上，管口插入洗液瓶中，乳胶管处连接抽气泵，用手捏玻璃珠处的乳胶管，吸取洗液，直到充满全管但不接触乳胶管，然后放开手，任其浸泡。浸泡完毕，轻轻捏乳胶管，将洗液缓慢放出。

碱式滴定管的
使用

在用自来水冲洗或用纯水清洗碱管时，应特别注意玻璃珠下方死角处的清洗。为此，在捏乳胶管时，应不断改变方位，使玻璃珠的四周都洗到。

2. 操作溶液的装入

装入操作溶液前，应将试剂瓶中的溶液摇匀，使凝结在瓶内壁上的水珠混入溶液，这在天气比较热、室温变化较大时更为必要。混匀后，将操作溶液直接倒入滴定管中，不得用其他容器（如烧杯、漏斗等）来转移。此时，左手前三指持滴定管上部无刻度处，并可稍微倾斜，右手拿住细口瓶往滴定管中倒溶液。小瓶可以手握瓶身（瓶签向手心），大瓶则仍放

在桌上，手拿瓶颈使瓶慢慢倾斜，让溶液慢慢沿滴定管内壁流下。

为了避免装入后的标准溶液被稀释，应用摇匀的操作溶液将滴定管润洗三次（第 1 次 10 mL，大部分可由上口放出，第 2、3 次各 5 mL，从出口放出）。操作时，双手拿滴定管身两端无刻度处，边转动边倾斜滴定管，使操作溶液洗遍全管内壁，并使溶液接触管壁 1 ~ 2 min，以便与原来残留的溶液混合均匀。然后直立，打开活塞，使溶液从管下端流出，并尽量放出残流液。对于碱管，仍应注意玻璃球下方的洗涤。最后，将操作溶液装入。

装好溶液后，要注意检查滴定管的尖嘴内是否有气泡，否则，在滴定过程中，气泡将逸出，影响溶液体积的准确测量。酸管出口管及活塞透明，容易查看（有时活塞孔暗藏着的气泡，需要从出口管快速放出溶液时才能看见）；碱管则需对光检查乳胶管内及出口管内是否有气泡或有未充满的地方。为使溶液充满出口管，在使用酸管时，右手拿滴定管上部无刻度处，并使滴定管倾斜约 30°，左手迅速打开活塞，使溶液冲出（下面用烧杯承接溶液，或到水池边使溶液放到水池中），这时出口管中应不再留有气泡。若气泡仍未能排出，可重复上述操作。如仍不能使溶液充满，可能是出口管未洗净，必须重洗。在使用碱管时，装满溶液后，右手拿滴定管上部无刻度处稍倾斜，左手拇指和食指拿住玻璃珠所在的位置并使乳胶管向上弯曲，出口管斜向上，然后在玻璃珠部位往一旁轻轻捏橡皮管，使溶液从出口管喷出（图 2.2.3）（下面用烧杯接溶液，同酸管排气泡），再一边捏乳胶管一边将乳胶管放直。注意，当乳胶管放直后，再松开拇指和食指，否则出口管仍会有气泡。最后，将滴定管的外壁擦干。

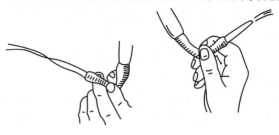

图 2.2.3　赶气泡操作

3. 滴定管的读数

滴定管读数不准确，是滴定分析误差的主要来源之一，因此，读数是一个非常重要的操作。读数时，应遵循下列原则：

（1）装满或放出溶液后，必须等 1 ~ 2 min，使附着在内壁的溶液流下来，再进行读数。如果放出溶液的速度较慢（例如，滴定到最后阶段，每次只加半滴溶液时），等 0.5 ~ 1 min 即可读数。每次读数前，要检查一下管壁是否挂水珠，管尖是否有气泡。

（2）读数时，应将滴定管从滴定管架上取下，用右手拇指和食指捏住滴定管上部无刻度处，使滴定管保持垂直，然后读数。

（3）对于无色或浅色溶液，应读取弯月面下缘最低点，读数时，视线在弯月面下缘最低点处，且与液面呈水平（图 2.2.4（a））；溶液颜色太深时，可读液面两侧的最高点。此时视线应与该点呈水平。注意，初读数与终读数采用同一标准。目前还有一种"蓝带"滴定管，即滴定管内有一整条白色不透明玻璃，中间有一条蓝线，则液体有两个弯月面相交于滴定管蓝线的某一点。读数时，视线应与此点处于同一水平面上。如为有色溶液，应使视线与液面两侧的最高点相切。

（4）滴定时，最好每次都从 0.00 mL 开始，或接近 0.00 mL 的某一刻度开始，这样可减小滴定管刻度不均匀带来的误差。

（5）必须读到小数点后第二位，即要求估计到 0.01 mL。注意，估计读数时，应该考虑到刻度线本身的宽度。

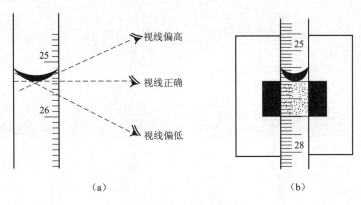

（a）　　　　　　　　　　　　（b）

图 2.2.4　滴定管读数

（6）为了便于读数，可在滴定管后衬一张黑白两色的读数卡。读数时，将读数卡衬在滴定管背后，使黑色部分在弯月面下约 1 mm 处，弯月面的反射层即全部成为黑色（图 2.2.4（b）），读此黑色弯月下缘的最低点。但对深色溶液而需读两侧最高点时，可以用白色卡作为背景。

（7）读取初读数前，应将管尖悬挂着的溶液除去。滴定至终点时，应立即关闭活塞，并注意不要使滴定管中的溶液有稍许流出，否则终读数便包括流出的半滴液。因此，在读取终读数前，应注意检查出口管尖是否悬挂溶液，如有，则此次读数不能取用。

4. 滴定操作

进行滴定时，应将滴定管垂直地夹在滴定管架上，并以白瓷板作背景，以便观察滴定过程中溶液颜色的变化。滴定最好在锥形瓶中进行，必要时可在烧杯内进行。滴定操作如图 2.2.5 所示。

使用酸式滴定管时，左手握滴定管，无名指和小指向手心弯曲，轻轻贴着出口管，其余三个手指控制旋塞的转动，手心内凹（图 2.2.5（a）），并注意不要向外拉旋塞，以免推出旋塞造成漏液；也不要过分往里扣，以免造成旋塞转动困难，不能操作自如。

使用碱管时，左手无名指及小指夹住出口管，拇指与食指在玻璃球所在部位往一旁（左右均可）捏乳胶管，使胶管与玻璃珠之间形成一个小缝隙，溶液即可流出（图 2.2.5（b））。应当注意：

（1）不要用力捏玻璃球，也不能使玻璃球上下移动。

（2）不要捏到玻璃球下部的乳胶管。

（3）停止加液时，应先松开拇指和食指，最后才松开无名指与小指。

无论使用哪种滴定管，都必须掌握下面三种加液方法：

（1）逐滴连续滴加。

（2）只加一滴。

（3）使液滴悬而未落，即加半滴。

在锥形瓶中进行滴定时，用右手拇指、食指和中指拿住锥形瓶，其余两指辅助在下侧，使瓶底离滴定台高约 2～3 cm，滴定管下端伸入瓶口内约 1 cm，左手握滴定管，边滴加溶液边用右手摇动锥形瓶，使滴下去的溶液尽快混匀。摇瓶时，应微动腕关节，使溶液向同一方向旋转（图 2.2.5（c））。滴定操作中应注意以下几点：

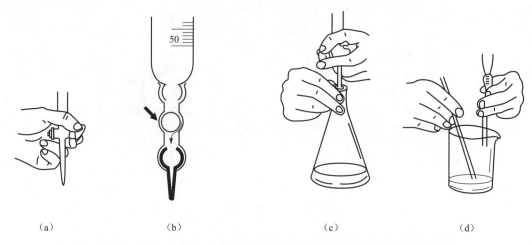

（a）　　　　　　（b）　　　　　　（c）　　　　　　（d）

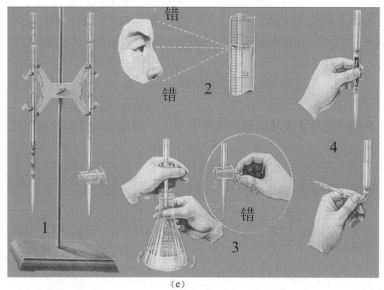

（e）

图 2.2.5　滴定操作

（a）酸管活塞操作；（b）碱管操作；（c）锥形瓶滴定；（d）烧杯中滴定；（e）操作示意

（1）摇瓶时，应使溶液向同一方向做圆周运动（左右旋转均可），但勿使瓶口接触滴定管，溶液也不得溅出。

（2）滴定时，左手不能离开活塞任其自流。

（3）注意观察溶液落点周围溶液颜色的变化。

（4）开始时，应边摇边滴，滴定速度可稍快，但不能流成"水线"。接近终点时，应改为加一滴摇几下。最后，每加半滴溶液就摇动锥形瓶，直至溶液出现明显的颜色变化。加半滴溶液的方法如下：微微转动活塞，使溶液悬挂在出口管嘴上，形成半滴，用锥形瓶内壁将其沾落，再用洗瓶以少量蒸馏水吹洗瓶壁。

用碱管滴加半滴溶液时，应先松开拇指和食指，将悬挂的半滴溶液沾在锥形瓶内壁上，再放开无名指与小指。这样可以避免出口管尖出现气泡，使读数造成误差。

有些样品宜于在烧杯中滴定，在烧杯中滴定时，将烧杯放在滴定台上，滴定管尖嘴伸入烧杯左后约 1 cm，不可靠壁，左手滴加溶液，右手拿玻璃棒搅拌溶液。玻璃棒做圆周搅动，不要碰到烧杯壁和底部。滴定接近终点时，所加的半滴溶液可用玻璃棒下端轻轻落下，再浸入溶液中搅拌。注意，玻璃棒不要接触管尖（图 2.2.5（d））。

滴定结束后，滴定管内剩余的溶液应弃去，不得将其倒回原瓶，以免玷污整瓶操作溶液。随即洗净滴定管，并用蒸馏水充满全管，备用。

移液管和吸量管
的使用

2.2.2　移液管和吸量管及其使用

移液管是用于准确移取一定体积溶液的量出式玻璃量器，正规名称为"单标线吸量管"。它是一根细长而中腰膨大的玻璃管，管颈上部有一环形标线，膨大部分标有它的容积和标定时的温度。在标明的温度下，吸取溶液至弯月面与管颈标线相切，再让溶液按一定方式自由流出，则流出溶液的体积就等于管上标示的容积。由于读数部分管径小，其准确性较高。常用的移液管有 5 mL、10 mL、20 mL、25 mL 和 50 mL 等规格。

吸量管是用于移取非固定量体积溶液的量器，全称"分度吸量管"。它是具有分刻度的玻璃管。将溶液吸入，读取与弯月面相切的刻度（一般在零），然后将溶液放出至适当刻度，两刻度之差即为放出溶液的体积。吸量管一般只用于量取小体积的溶液，其准确度不如移液管。常用的吸量管有 1 mL、2 mL、5 mL、10 mL 等规格。

洗涤：使用前，移液管和吸量管都应该洗净，使整个内壁和下部的外壁不挂水珠，为此，可先用自来水冲洗一次，再用铬酸洗液洗涤。以左手持洗耳球，将食指或拇指放在洗耳球的上方，右手手指拿住移液管或吸量管管径标线以上的地方，将洗耳球紧接在移液管口上（图 2.2.6（a））。管尖贴在吸水纸上，用洗耳球打气，吹去残留水。然后排除耳球中空气，将移液管插入洗液瓶中，左手拇指或食指慢慢放松，洗液缓缓吸入移液管球部或吸量管约 1/4 处。移去洗耳球，再用右手食指按住管口，把管横过来，左手扶助管的下端，慢慢开启右手食指，一边转动移液管，一边使管口降低，让洗液布满全管。洗液从上口放回原瓶，然后用自来水充分冲洗，再用洗耳球吸取蒸馏水，将整个内壁洗三次，洗涤方法同前。但洗过的水应从下口放出。对于每次用水量，移液管以液面上升到球部或吸量管全长约 1/5 为度。也可用洗瓶从上口进行吹洗，最后用洗瓶吹洗管的下部外壁。

（a）

（b）

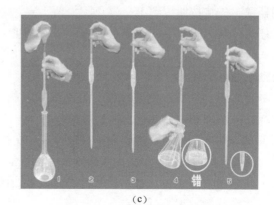

（c）

图 2.2.6　移液操作

润洗：移取溶液前，必须用吸水纸将尖端内外的水除去，然后用待吸溶液洗三次。方法是：将待吸溶液吸至球部（尽量勿使溶液流回，以免稀释溶液）。以后的操作，按铬酸洗液洗涤移液管的方法进行，但用过的溶液应从下口放出弃去。

移液：移取溶液时，将移液管直接插入待吸溶液液面下 1 ~ 2 cm 深处，不要插入太浅，以免液面下降后造成吸空；也不要插入太深，以免移液管外壁附有过多的溶液。移液时，将洗耳球紧接在移液管口上，并注意容器液面和移液管尖的位置，应使移液管随液面下降而下降，当液面上升至标线以上时，迅速移去洗耳球，并用右手食指按住管口，左手改拿盛待吸液的容器。将移液管向上提，使其离开液面，并将管的下部伸入溶液的部分沿待吸液容器内壁转两圈，以除去管外壁上的溶液。然后使容器倾斜成约 45°，其内壁与移液管尖紧贴，移液管垂直，此时微微松动右手食指，使液面缓慢下降，直到视线平视时弯月面与标线相切，立即按紧食指。左手改拿接收溶液的容器。将接收器倾斜，使内壁紧贴移液管尖呈 45° 倾斜。松开右手食指，使溶液自由地沿壁流下（图 2.2.6（b））。待液面下降到管尖后，再等 15 s 取出移液管。注意，除非特别注明需要"吹"的以外，管尖最后留有的少量溶液不能吹入接收器中，因为在测定移液管体积时，就没有把这部分溶液算进去。

吸管用毕，应洗净放在吸管架上。

此外，目前还有一种自动取液器，这种取液器在生化分析、仪器分析中大量地使用，它们主要用于多次重复地快速定量移取溶液，可以只用一只手操作，十分方便。移液的准确度（即容量误差）为 ±（0.5% ~ 1.5%），移液的精密度（即重复性误差）更小些，≤0.5%。取液器可分为两种：一种是固定容量的，常用的有 100 μL、1 000 μL 等多种规格。每种取液器都有其专用的聚丙烯塑料吸头，吸头通常是一次性使用，当然，也可以超声清洗后重复使用，而且此种吸头还可以进行 120 ℃ 高压灭菌；另一种是可调容量的取液器，常用的有 200 μL、500 μL 和 1 000 μL 等几种。

可调式自动取液器的操作方法是用拇指和食指旋转取液器上部的旋钮，使数字窗口出现所需容量体积的数字，在取液器下端插上一个塑料吸头，并旋紧以保证气密，然后四指并拢握住取液器上部，用拇指按住柱塞杆顶端的按钮，向下按到第一停点，将取液器的吸头插入待取的溶液中，缓慢松开按钮，吸上液体，并停留 1 ~ 2 s（黏性大的溶液可延长停留时间），将吸头沿器壁滑出容器，用吸水纸擦去吸头表面可能附着的液体，排液时，吸头接触倾斜的器壁，先将按钮按到第一停点，停留 1 s（黏性大的液体要延长停留时间），再按压到第二停点，吹出吸头尖部的剩余溶液，如果不便于用手取下吸头，可按下除吸头推杆，将吸头推入废物缸，如图 2.2.7 所示。

自动取液器的使用注意事项：

（1）吸取液体时，一定要缓慢、平稳地松开拇指，绝不允许突然松开，以防将溶液吸入过快而冲入取液器内腐蚀柱塞而造成漏气。

（2）为获得较高的精度，吸头需预先吸取一次样品溶液，然后正式移液，因为吸取血清蛋白质溶液或有机溶剂时，吸头内壁会残留一层"液膜"，造成排液量偏小而产生误差。

（3）浓度和黏度大的液体，会产生误差，为消除其误差的补偿量，补偿量可用调节旋钮改变读数窗的读数来进行设定。

（4）可用分析天平称量所取纯水的质量并进行计算的方法，来校正取液器。

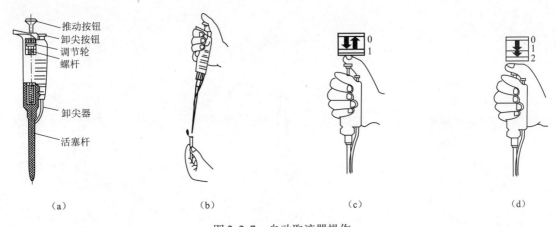

（a）　　　　　　　　　（b）　　　　　　　　　（c）　　　　　　　　　（d）

图 2.2.7　自动取液器操作

（a）自动取液器的构造；（b）自动取液器的使用；（c）吸入溶液；（d）排出溶液

2.2.3　容量瓶及其使用

容量瓶是常用的测量容纳液体体积的一种量器，主要用途是配制准确浓度的标准溶液或定量地稀释溶液。它常与移液管配合，把配成溶液的物质分成若干等份。

容量瓶的使用

容量瓶是一种细颈梨形的平底玻璃瓶，具有磨口玻璃塞或塑料塞，瓶颈上刻有标线。瓶上标有它的容积和标定时的温度。大多数容量瓶只有一条标线，当液体充满至标线时，瓶内所装液体的体积和瓶上标示的容积相同，但也有刻有两条标线的，上面一条表示量出的容积。量入式的符号为 In（或 E），量出式的符号为 Ex（或 A）。常用的容量瓶有 50 mL、100 mL、250 mL、500 mL、1 000 mL 等多种规格。

容量瓶使用前要检查瓶口是否漏水，标线位置是否离瓶口太近，漏水或标线太近则不宜使用。检漏时，加自来水至标线附近，盖好瓶塞，左手用食指按住塞子，其余手指拿住瓶颈标线以上部分，右手用指尖托住瓶底（图 2.2.8（c）），将瓶倒立 2 min，如不漏水，将瓶直立，转动瓶塞 180° 后，再倒立 2 min 检查，如不漏水，即可使用。使用容量瓶时，用橡皮筋或细绳将塞子系在瓶颈上（图 2.2.8（a）），防止玻璃磨口塞玷污或搞错。

容量瓶使用前也要洗净，洗涤原则和方法同前。

如果用固体物质（基准物质或被测试样）配制准确浓度的溶液（图 2.2.8（d）），通常将固体物质准确称量后放入烧杯中，加少量纯水（或适当溶剂）使它溶解，然后定量地转移到容量瓶中。转移时，玻璃棒下端要靠住瓶颈内壁，使溶液沿瓶壁流下（图 2.2.8（b））。溶液流尽后，将烧杯轻轻顺玻璃棒上提，使附在玻璃棒、烧杯嘴之间的液滴回到烧杯中。再用洗瓶挤出的水流冲洗烧杯数次，每次按上法将洗涤液完全转移到容量瓶中，然后用纯水稀释。当水加至容积的 2/3 处时，旋摇容量瓶，使溶液混合（注意，不能倒转容量瓶）。在加水至接近标线时，可以用滴管逐滴加水，至弯月面最低点恰好与标线相切。盖紧瓶塞，一手食指压住瓶塞，另一手的大、中、食三指指头托住瓶底，倒转容量瓶，使瓶内气泡上升到顶部，摇动数次，溶液充分混合均匀。为了使容量瓶倒转时溶液不渗出，瓶塞与瓶必须配套。

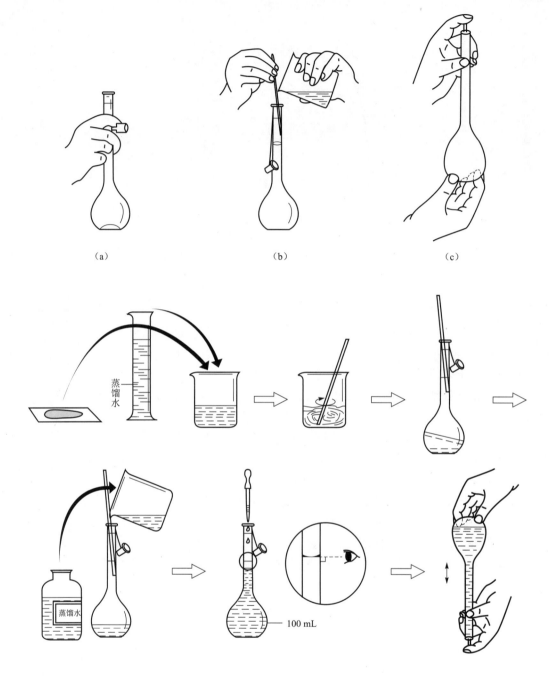

（d）

图 2.2.8　容量瓶操作

（a）瓶塞的拿法；（b）转移溶液；（c）检漏和混匀；（d）标准溶液配制操作过程

　　不宜在容量瓶内长期存放溶液。如溶液需使用较长时间，应将它移入试剂瓶中，该试剂瓶应预先经过干燥或用少量该溶液淌洗三次。

　　由于温度对量器的容积有影响，所以，使用时，要注意溶液的温度、室温以及量器本身的温度。

2.2.4 量器的校准

由于温度的变化、试剂的侵蚀等原因，容量器皿的实际容积与其所标示的容积往往不完全相符，甚至其误差可以超过分析所允许的误差范围。因此，在准确度要求较高的分析工作中，必须对所用容量器皿进行校准。

由于玻璃具有热胀冷缩的特性，因此，校准玻璃量器时，必须规定一个共用的温度值，这一规定的温度值称为标准温度，国际上规定玻璃容量器皿的标准温度为 20 ℃。

容积的单位是立方分米，1 立方分米（dm^3）又称 1 升（L），本书统一用升（L）作单位。千分之一升为 1 毫升（mL）。

实际工作中，容量器皿的校准常用绝对校准法（称量法）和相对校准法两种方法。

1. 绝对校准法（称量法）

绝对校准法是用于测量容量器皿实际容积的方法，又称称量法或衡量法。它是用天平称量容量器皿某一刻度内放出或纳入的纯水的质量 w（同时记录水的温度），除以该温度下纯水的密度 d_t，而得到量器的实际容积 V_t。

$$V_t = \frac{w}{d_t}$$

在这种方法中，纯水的质量是用天平在空气中以黄铜砝码称得的，由于纯水与砝码的体积不同，所受到的空气浮力也就不同，因此需要做空气浮力差的校正；又由于纯水的密度、玻璃量器的体积都随温度而变化，所以必须对温度的影响进行校正。为了方便计算，将上述三项因素的校正合并得到一个总校准值，见表 2.2.2。

表 2.2.2　不同温度下纯水的密度值

温度/℃	密度/（g·mL^{-1}）	温度/℃	密度/（g·mL^{-1}）	温度/℃	密度/（g·mL^{-1}）
10	0.998 39	17	0.997 65	24	0.996 34
11	0.998 33	18	0.997 49	25	0.996 12
12	0.998 24	19	0.997 33	26	0.995 88
13	0.998 15	20	0.997 15	27	0.995 64
14	0.998 04	21	0.996 95	28	0.995 39
15	0.997 92	22	0.996 76	29	0.995 12
16	0.997 78	23	0.996 56	30	0.994 85

应用表 2.2.2 来校准量器的容积是很方便的。实际应用时，只要称得任意温度下被校准的容量器皿容纳或放出纯水的质量，再除以该温度时水的密度值，便可得到该量器在 20 ℃时的实际容积。

例 1　在 15 ℃，以黄铜砝码称量某 250 mL 容量瓶所容纳的水的质量为 249.52 g，该容量瓶在 20 ℃的容积是多少？

解　由表 2.2.1 查得 15 ℃时纯水的密度（已做容器校正）为 0.997 92 g·mL^{-1}。量瓶在 20 ℃的真正容积为：

$$V_{20} = \frac{249.52}{0.997\,92} = 250.04 \quad (\text{mL})$$

值得指出的是，上述玻璃量器校准，容积是以 20 ℃为标准的，即只有在 20 ℃时使用才是正确的。但随着温度的变化，容器和溶液的体积膨胀系数不同，因此，如果不是在 20 ℃时使用，则量取的溶液体积就会与 20 ℃时量器的容积不相同，此时，量取溶液的体积也需要进行校正。

例 2 在 10 ℃时，量取 1 000 mL 纯水，问在 20 ℃时，其体积应为多少毫升？

解 查表 2.2.1 知，1 000 mL 纯水在 10 ℃时的质量为 998.39 g，在 20 ℃时，每毫升水的质量为 0.997 15 g，故 20 ℃时的体积为：

$$\frac{998.39}{0.997\,15} = 1\,001.2 \quad (\text{mL})$$

即在 10 ℃时使用，每 1 000 mL 水的体积校正值应为 + 1.2 mL。

例 3 在 10 ℃时滴定，用去 25.00 mL 0.1 mol·L^{-1}的 HCl 标准溶液，在 20 ℃时，其体积应相当于：

$$25.00 + \frac{1.2 \times 25.00}{1\,000} = 25.03 \quad (\text{mL})$$

2. 相对校准

用称量法校准仪器是一项细致的工作，操作比较麻烦。在滴定分析实际工作中，有时并不需要知道量器的准确体积，而只需知道平行配合使用的两种容量仪器之间的比例关系，此时可采用相对校准方法进行校准。例如，移液管和容量瓶经常平行配合使用，则 25 mL 移液管量取液体的体积应等于 250 mL 容量瓶的 1/10。

量器进行容量校准时，应注意以下几点：

（1）被检量器必须用热的铬酸洗液、发烟硫酸或盐酸等充分清洗，当水面下降（或上升）时，与器壁接触处形成正常弯月面，水面上部器壁不应有挂水珠等玷污现象。

（2）严格按照容量器皿使用方法读取体积读数。

（3）水和被检量器的温度尽可能接近室温，温度测量精确至 ±0.1 ℃。

（4）校准滴定管时，充水至最高标线以上约 5 mm 处，然后慢慢地将液面准确地调至零位，全开旋塞，按规定的流出时间让水流出，当液面流至距被检分度线上约 5 mm 处时，等待 30 s，然后在 10 s 内将液面准确地调至被检分度线上。

（5）校准移液管时，水自标线流至口端不流时再等待 15 s，此时管口还保留一定的残留液。

（6）校准完全流出式吸量管时同上。

（7）校准不完全流出式吸量管时，水自最高标线流至最低线上约 5 mm 处，等待 15 s，然后调至最低标线。

2.3 重量分析基本操作

重量分析的基本操作包括试样的分解，沉淀的进行，沉淀的过滤、洗涤、烘干或灼烧、称量等手续。对于每一步操作，都应细心地进行，防止操作过程中沉淀的损失或其他杂质的引入，以保证分析结果的准确性。

2.3.1 试样的分解

首先，备好洁净的烧杯、合适的搅拌棒（搅拌棒的长度应高出烧杯 5～7 cm）和表面皿（表面皿的大小应大于烧杯口）。烧杯内壁和底不应有划痕。

对于液体试样，一般可量取一定体积，置于烧杯中进行分析，如果被测组分浓度太小，或固体试样用酸溶解后需蒸发，则可在烧杯口上放一个玻璃三角或在烧杯沿上挂三个玻璃钩，再盖上表面皿（凸面向下），小火进行蒸发。蒸发溶液最好在水浴锅上进行，也可以在垫有石棉网的电炉上进行。在电热板或电炉上蒸发时要很小心，注意控制温度，切勿剧烈沸腾，以免溅失。

固体试样的分解可分为水溶、酸溶、碱溶和熔融等方法。对于能溶于水的试样，称取一定量的试样，置于大小适宜的烧杯中，将适量体积的纯水沿着紧靠杯壁的玻璃棒加入杯中，再用玻璃棒搅拌使试样溶解。溶解后将玻璃棒放在烧杯嘴处（注意，在沉淀全部转移到滤纸上之前，不允许将玻璃棒取出；平行做的几份试样不能共用一根玻璃棒），盖上表面皿。溶于酸或碱的试样，若在样品溶解时无气体产生，可按用水溶解的方法处理。如果溶解时有气体产生（如碳酸盐加盐酸），应先加少量水润湿试样，盖上表面皿，由烧杯嘴与表面皿的间隙处滴加溶剂，待剧烈作用后，用手自上面拿住表面皿和烧杯轻轻摇动，使试样完全溶解。然后用洗瓶吹洗表面皿的凸面，流下来的水应沿杯壁流入烧杯（图 2.3.1），并吹洗烧杯壁（吹洗时，注意勿使溶液溅出烧杯）。

图 2.3.1 吹洗表面皿

如果试样不能用溶解法分解，则采用熔融法。根据所用熔剂和被测组分的性质，选用适宜坩埚，洗净烘干。放入一部分熔剂和称取的试样，混匀，再将剩余的熔剂盖在试样上面，盖上坩埚盖，在电炉或高温炉中熔融。若用银坩埚或铂坩埚，则最好将其放在瓷坩埚中，再一起放入高温炉内。高温熔融后，冷却至室温，放于烧杯中，加适量的水或酸浸提（如有气体产生，应盖上表面皿，待剧烈作用后，再冲洗表面皿），浸提完毕，用玻璃棒或洁净坩埚钳取出坩埚，用洗瓶吹洗坩埚内外壁，洗水流入烧杯中。然后冲洗杯壁，盖上表面皿。

2.3.2 沉淀的进行

将试样溶解制成溶液后，在适宜的条件下，加入适当的沉淀剂以进行沉淀。

沉淀进行的条件，即沉淀时溶液的温度，试剂加入的次序、浓度、数量和速度，以及沉淀的时间等，应按规定进行。沉淀所需的试剂溶液，其浓度准确到 1% 就足够了。固体试剂一般只需用台秤称取，溶液用量筒量取。

对于不同类型的沉淀，应采取不同的操作方法。

1. 晶形沉淀

晶形沉淀的沉淀条件是"稀、热、慢、搅、陈"，即：

（1）沉淀的溶液要适当稀释；在热溶液中进行沉淀。

（2）沉淀速度要慢，操作时，应注意边沉淀边搅拌，以免沉淀剂局部过浓。即在加沉淀剂时，右手持搅拌棒不断搅拌，左手拿滴管逐滴加入沉淀剂溶液，滴管口应接近液面，以免溶液溅出。搅拌时，在尽可能充分的搅拌下，勿使搅拌棒敲打和刻划烧杯壁或底，以免划损烧杯，使沉淀附着在划痕处。

（3）沉淀剂加完后，应检查沉淀是否完全。方法是：将溶液静置，待沉淀下沉后，于上层清液液面上加一滴沉淀剂，观察滴落处是否还有浑浊出现，若未出现浑浊，则表示已沉淀完全，否则应再补加沉淀剂直至沉淀完全为止。

（4）沉淀完全后，盖上表面皿，放置过夜或在水浴上加热搅拌 1 h 左右，进行陈化。

2. 非晶形沉淀

此类沉淀，应当在热的较浓的溶液中进行沉淀，较快地加入沉淀剂，搅拌方法同上。沉淀完全后，立即用热蒸馏水冲稀，以减少杂质吸附。不必放置陈化，待沉淀下沉后，立即趁热过滤洗涤。必要时进行再沉淀。

2.3.3 沉淀的过滤

沉淀的过滤是使沉淀与母液分离的过程，应根据沉淀的性质选择适当的过滤器。

1. 过滤器的选择

根据沉淀在灼烧时是否会被纸灰还原以及称量形式的性质，选择滤纸或玻璃过滤器过滤。对于需要灼烧的沉淀，要用定量滤纸过滤；对于过滤后只要烘干即可进行称量的沉淀，则可采用微孔玻璃坩埚过滤。

在质量分析中过滤沉淀，应当选择定量滤纸，这种滤纸的纸浆经过盐酸及氢氟酸处理，每张滤纸灼烧后的灰分在0.1 mg 以下，小于天平的称量误差（0.2 mg），可以忽略不计，故称为无灰滤纸。常用国产定量滤纸规格见表2.3.1。

表2.3.1　国产定量滤纸规格

项　　目	快速（白带）	中速（蓝带）	慢速（红带）
质量/$(g \cdot m^{-2})$	75	75	80
过滤示范	氢氧化物	碳酸锌	硫酸钡
孔度	大	中	小
水分/%	≤7	≤7	≤7
灰分/%	≤0.01	≤0.01	≤0.01
含铁量/%	—	—	—
水溶性氯化物/%			

定量滤纸一般为圆形，按其孔隙大小分为快速、中速、慢速三种；按直径大小，分为7 cm、9 cm、11 cm、12.5 cm、15 cm 等。使用时，根据沉淀的性质和多少选择滤纸的类型和大小，如对 $BaSO_4$、CaC_2O_4 等微粒晶形沉淀，应选用较小且紧密的慢速滤纸；对 $Fe_2O_3 \cdot nH_2O$ 等蓬松的胶状沉淀，则需选用较大而疏松的快速滤纸；滤纸的大小除了要与沉淀量的多少相适应外，即过滤后，漏斗中的沉淀一般不超过滤纸圆锥高度的1/3，最多不得超过1/2，还应与漏斗的大小相适应，一般情况下，滤纸的上缘应低于漏斗上沿0.5～1 cm。

选择漏斗时，应选用锥体角度为60°、颈口倾斜角度为45°的长颈漏斗。颈长一般为15～20 cm，颈的内径不要太粗，以3～5 mm 左右为宜。

2. 滤纸的折叠和安放

滤纸的折叠
与安放

用干燥洁净的手将滤纸按图 2.3.2 所示先对折，再对折成圆锥体（每次折时，均不能手压中心，以免使中心有清晰折痕，否则中心可能会有小孔而发生穿漏，折时应用手指由近中心处向外两方压折），放入漏斗中，使滤纸与漏斗密合。

如果滤纸与漏斗不十分密合，则稍稍改变滤纸的折叠角度，直到与漏斗密合为止。此时将三层厚滤纸的外层折角撕下一点，这样可以使该处内层滤纸更好地贴在漏斗上。撕下来的纸角保存在干燥的表面皿上，供以后擦烧杯用。注意，漏斗边缘要比滤纸上边高出 0.5~1 cm。

图 2.3.2 滤纸折叠

将滤纸放入漏斗中，三层的一边放在漏斗出口短的一边，用手指按住滤纸三层的一边，由洗瓶吹出细水流以湿润滤纸，然后轻压滤纸边缘，使滤纸锥体上部与漏斗之间没有空隙。接好后，在其中加水达到滤纸边缘，这时漏斗颈内应全部被水充满，形成水柱。若颈内不能形成水柱（主要是因为颈径太大），可以用手指堵住漏斗下口，稍稍掀起滤纸的一边，用洗瓶向滤纸和漏斗之间的空隙加水，直到漏斗颈及锥体的一部分全被水充满，但必须把颈内的气泡完全排除。然后把纸边按紧，再放开手指，此时水柱即或形成。如果水柱仍不能保留，则滤纸与漏斗之间不密合。如果水柱虽然形成，但是其中有气泡，则纸边可能有微小空隙，可以再将纸边按紧。水柱准备好后，用纯水洗 1~2 次。

将准备好的漏斗放在漏斗架上，漏斗位置的高低，以漏斗颈末端不接触滤液为度。漏斗必须放置端正，否则滤纸一边较高，在洗涤沉淀时，这部分较高的地方就不能经常被洗涤液浸没，从而滞留下一部分杂质。

3. 沉淀的过滤和洗涤

1）滤纸过滤和洗涤

沉淀的过滤
与洗涤

过滤：过滤时，放在漏斗下面用于承接滤液的烧杯应该是洁净的，因为万一滤纸破裂或沉淀漏进滤液里，滤液还可重新过滤。过滤时，溶液最多加到滤纸边缘下 5~6 mm 的地方，如果液面过高，沉淀会因毛细作用而越过滤纸边缘。

过滤时，漏斗的颈应贴着烧杯内壁，使滤液沿杯壁流下，不致溅出。过滤过程中，应经常注意勿使滤液淹没或触及漏斗末端。

过滤一般采用倾注法（或称倾泻法），即待沉淀下沉到烧杯底部后，把上层清液先倒至漏斗上，尽可能不搅起沉淀。然后将洗涤液加在带有沉淀的烧杯中，搅起沉淀以进行洗涤，待沉淀下沉，再倒出上层清液。这样，一方面可避免沉淀堵塞滤纸，从而加速过滤；另一方面可使沉淀洗涤得更充分。具体操作（图 2.3.3）如下。

待沉淀下沉，一手拿搅拌棒，垂直地持于滤纸三层部分上方（防止过滤时液流冲破滤纸），搅拌棒下端尽可能接近滤纸，但勿接触滤纸，另一手将盛着沉淀的烧杯拿起，使杯嘴贴着搅拌棒，

图 2.3.3 过滤

慢慢将烧杯倾斜，尽量不搅起沉淀，将上层清液慢慢沿搅拌棒倒入漏斗中。停止倾注溶液时，将烧杯沿搅拌棒往上提，并逐渐扶正烧杯，保持搅拌棒位置不动。倾注完成后，将搅拌棒放回烧杯，用洗瓶将 20 ~ 30 mL 洗涤液沿杯壁吹至沉淀上，搅动沉淀，充分洗涤，待沉淀下沉后，再倾出上层清液。如此反复洗涤、过滤多次。洗涤的次数视沉淀性质而定，一般晶形沉淀洗 2 ~ 3 次，胶状沉淀需洗 5 ~ 6 次。

为了把沉淀转移到滤纸上，先在盛有沉淀的烧杯中加入少量洗涤液（加入洗涤液的量，应该是滤纸上一次能容纳的）并搅动，然后立即按上述方法将悬浮液转移到滤纸上（此时大部分沉淀可从烧杯中移出。这一步最易引起沉淀的损失，必须严格遵守操作中有关规定）。再自洗瓶中挤出洗涤液，把烧杯壁和搅拌棒上的沉淀冲下，再次搅起沉淀，按上述方法把沉淀转移到滤纸上。这样重复几次，一般可以将沉淀全部转移到漏斗中的滤纸上。如果仍有

沉淀的定量
转移

少量沉淀很难转移，则可按图 2.3.4 所示的方法，把烧杯倾斜着拿在漏斗上方，烧杯嘴向着漏斗，用食指将搅拌棒架在烧杯口上，搅拌棒下端向着滤纸的三层部分，用洗瓶挤出的洗涤液冲洗烧杯内壁，以冲出沉淀，转移到滤纸上。如还有少量沉淀黏在烧杯壁上，则可用前面撕下的一小块洁净无灰滤纸将其擦下，放在漏斗内，搅拌棒上黏着的沉淀，也应用前面撕下的滤纸角将它擦净，与沉淀合并。也可用沉淀帚（图 2.3.5）擦净烧杯的内壁，再用洗瓶吹洗沉淀帚和杯壁，然后仔细检查烧杯内壁、搅拌棒、沉淀帚、表皿是否彻底洗净，若有沉淀痕迹，要再行擦拭、转移，直到沉淀完全转移为止。

图 2.3.4　沉淀转移

图 2.3.5　沉淀帚

洗涤：沉淀全部转移到滤纸上后，需在滤纸上洗涤沉淀，以除去沉淀表面吸附的杂质和残留的母液。洗涤的方法是自洗瓶中先挤出洗涤液，使其充满洗瓶的导出管，然后挤出洗涤液在滤纸三层部分离边缘稍下的地方，再盘旋地自上而下洗涤，并借此将沉淀集中到滤纸圆锥体的下部（图 2.3.6），切勿使洗涤液突然冲在沉淀上。

图 2.3.6　洗涤沉淀

为了提高洗涤效率，每次使用少量洗涤液，洗后尽量沥干，然后在漏斗上加洗涤液进行下一次洗涤，如此洗涤几次。

沉淀洗涤至最后，用一支洁净的小试管（表面皿也可以）承接少量漏斗中流出的洗涤液（注意，不要使漏斗下端触及下面的滤液），选择灵敏而又迅速显示结果的定性反应来检验洗涤是否完成。

过滤与洗涤沉淀的操作必须不间断地一次完成。若间隔较久，沉淀就会干涸，黏成一团，这样就几乎无法洗净。

盛沉淀或滤液的烧杯，都应该用表面皿盖好。过滤时倾注完溶液后，也应将漏斗盖好，以防尘埃落入。

2）微孔玻璃坩埚（玻璃砂芯坩埚）过滤

对于烘干即可称重或热稳定性差的沉淀，可用玻璃过滤器过滤。分析化学常用玻璃过滤器的规格及使用见表2.3.2。

表 2.3.2　玻璃过滤器的规格及使用

滤片号	滤片平均孔径/μm	一般用途
1	80～120	过滤粗颗粒沉淀
2	40～80	过滤较粗颗粒沉淀
3	15～40	过滤化学分析中一般结晶沉淀和含杂质的水银
4	5～15	过滤细颗粒沉淀
5	2～5	过滤极细颗粒沉淀
6	<2	过滤细菌

化学分析中常用3号、4号过滤器，如丁二酮肟－Ni沉淀可用3号砂芯坩埚过滤，在105 ℃烘干、称量。

玻璃砂芯坩埚只能在低温下干燥和烘烤。最高温度不得超过500 ℃。适用于只需在150 ℃以下烘干的沉淀。

凡沉淀呈浆状，不宜用玻璃砂芯坩埚过滤，因为沉淀会堵塞滤片细孔。

玻璃坩埚滤片耐酸性强、耐碱性差，因此不能过滤碱性较强的溶液。

由于过滤器的滤片容易吸附沉淀物和杂质，使用后清洗过滤器是很重要的。表2.3.3列出某些沉淀物的清洗方法。

表 2.3.3　某些沉淀物的清洗方法

沉淀物	清洗液
脂肪等	四氯化碳或适当的有机溶剂
氯化亚铜、铁斑	含 $KClO_4$ 的热浓 HCl
$BaSO_4$	100 ℃的浓 H_2SO_4
汞渣	热浓 HNO_3

续表

沉淀物	清 洗 液
AgCl	氨水或 $Na_2S_2O_3$ 溶液
铝质、硅质残渣	先用 2% HF，继用浓 H_2SO_4 洗涤，随即用蒸馏水、丙酮反复漂洗几次
各种有机物	铬酸洗液

微孔玻璃坩埚的准备：选择合适孔径的玻璃坩埚，用稀盐酸或稀硝酸浸洗，然后用自来水冲洗，再把玻璃坩埚安置在具有橡皮垫圈的吸滤瓶上（图2.3.7），用抽水泵抽滤，在抽气下用蒸馏水冲洗坩埚。冲洗干净后，然后在与干燥沉淀相同的条件下，在烘箱中烘至恒重。

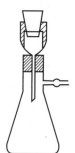

过滤与洗涤：过滤与洗涤的方法和用滤纸过滤相同。只是应注意：开始过滤前，先倒溶液于玻璃坩埚中，然后打开水泵。每次倒入溶液不要等吸干，以免沉淀被吸紧，影响过滤速度。过滤结束时，先要松开吸滤瓶上的橡皮管，最后关闭水泵以免倒吸；擦净搅拌棒和烧杯内壁上的沉淀时，只能用沉淀帚，不能用滤纸；微孔玻璃坩埚耐酸力强，耐碱力弱，因此不能过滤碱性较强的溶液。

图2.3.7　抽滤瓶

4. 沉淀的干燥和灼烧

1）干燥器的准备和使用

① 擦净干燥器的内壁及外壁，将多孔瓷板洗净烘干，把干燥剂筛去粉尘后，借助纸筒放入干燥器（图2.3.8），再放上多孔瓷板。在干燥器的磨口上涂上一层薄且均匀的凡士林油。

② 开启干燥器时，左手按住干燥器的下部（图2.3.9），右手按住盖子上的圆顶，向左前方推开盖子。盖子取下后，将其倒置在安全的地方，也可拿在手中，用左手放入（或取出）坩埚或称量瓶，及时盖上干燥器盖。加盖时，也应拿住盖上圆顶推着盖好。

③ 将坩埚或称量瓶等放入干燥器时，应放在瓷板圆孔内，当放入热的坩埚时，应稍稍打开干燥器盖1次或2次。

④ 干燥器内不准存放湿的器皿或沉淀。

⑤ 挪动干燥器时，双手上下握住干燥器盖，以防止滑落打碎（图2.3.10）。

图2.3.8　干燥剂加入

图2.3.9　打开干燥器

图2.3.10　挪动干燥器

2）坩埚的准备

沉淀的灼烧是在洁净并预先经过两次以上灼烧至恒重的坩埚中进行的，坩埚用自来水洗净后，置于热的盐酸（去 Al_2O_3、Fe_2O_3）或铬酸洗液（去油脂）中浸泡十几分钟，然后用玻璃棒夹出，洗净并晾干，随即进行编号。将少许氯化钴粉末加入饱和硼砂溶液中，用此溶液在坩埚外壁和盖上编写号码（也可用铅笔），再加热灼烧。将其灼烧至恒重（两次称量相差 0.2 mg 以下，即达恒重）。

灼烧和冷却均应定温定时，灼烧空坩埚的条件必须与以后灼烧沉淀时的条件相同，具体的温度和时间视沉淀的性质而定。通常，第一次灼烧时间约 45 min，第二次灼烧约 20 min。灼烧后的坩埚放在空气中冷却至红热稍退放入干燥器中，冷却 30~60 min。冷却应在天平室中进行，与天平温度相同时，再进行称量。冷却的时间每次必须相同。

3）沉淀的包裹

用洁净的药铲或尖头玻璃棒将滤纸的三层部分掀起，用手拿住三层部分，把滤纸锥体取出（注意，手指不要碰着沉淀），将滤纸打开呈半圆形，自右端 1/3 半径处向左折起，再自上边向下边折，再自右向左卷成小卷（图 2.3.11）。最后把折好的滤纸包放入已恒重的坩埚中，层数较多的一边向上，以便炭化和灰化。

沉淀的包裹与转移

图 2.3.11 晶形沉淀的包裹

也可以按图 2.3.12 所示的方法折叠：把滤纸锥体取出（取法同前）后不打开，而折成四折，撕去一角的地方应在边缘，然后将上边向下折（三层部分在外面），再将左右两边向里折，尖端（即有沉淀的地方）向下，放在已恒重的坩埚内。

图 2.3.12 晶形沉淀滤纸折叠

如果为胶状沉淀，一般体积较大，用上述方法不易包好，这时就不把滤纸取出，可用偏头玻璃棒将纸边挑起，向中间折叠，将沉淀全部盖住，如图 2.3.13 所示，然后转移到已恒重的坩埚中，仍使三层部分向上。

4）沉淀的烘干、灼烧及称量

将装有沉淀的坩埚置于低温电炉上加热，坩埚盖半掩着倚于坩埚口，将滤纸和沉淀烘干至滤纸全部炭化（滤纸变黑）。注意，只能冒烟，不能冒火，以免沉淀颗粒随火飞散而损失。炭化后，可逐渐升高温度，使滤纸灰化。

图 2.3.13 胶状沉淀
的包裹

待滤纸全部呈白色后，将坩埚移入马弗炉中，盖上坩埚盖（稍留有缝隙），在与空坩埚相同的条件下（定温定时）灼烧至恒重。灼烧时，将炉温升至指定温度后保温一段时间（通常第一次灼烧45 min左右，第二次灼烧20 min左右）。灼烧后，切断电源，打开炉门，将坩埚移至炉口，待红热稍退，将坩埚从炉中取出（从炉内取出热坩埚时，坩埚钳应预热，且注意不要触及炉壁），放在洁净的泥三角或洁净的耐火瓷板上，在空气中冷却至红热退去，再将坩埚移入干燥器中（开启1次或2次干燥器盖）冷却30~60 min，待坩埚的温度与天平温度相同时再进行称量。再灼烧、冷却、称量，直至恒重为止。注意，每次冷却条件和时间应一致。

称重时，称量方法与称量空坩埚的方法基本上相同，但尽可能称得快些，特别是对灼烧后吸湿性很强的沉淀更应如此。故称重前，应对坩埚与沉淀总质量有所了解，力求迅速称量。第二次称量时，可以先将砝码、环码按第一次所得称量值放好，然后放上坩埚，以加快称量速度。

带沉淀的坩埚，其连续两次称量的结果之差在0.3 mg以内时，即可认为它已达恒重。

2.4 酸度计

2.4.1 测量原理

酸度计（又称pH计）是对溶液氢离子活度产生选择性响应的一种电化学传感器，由电极系统和高阻抗毫伏计两部分组成。电极用来与待测溶液组成原电池，毫伏计则将电池产生的电动势进行测量、放大，最后由电流表或数码管显示出溶液的pH。多数酸度计还兼有毫伏测量挡，可直接测量电极电位，如果配上合适的离子选择电极，还可以测量溶液中某一种离子的活度。

测定溶液的pH通常用pH玻璃电极作指示电极（负极），甘汞电极作参比电极（正极），与待测溶液组成工作电池，用精密毫伏计测量电池的电动势（图2.4.1）。工作电池可表示为：

$$玻璃电极 \mid 试液 \parallel 甘汞电极$$

或 $\qquad$ Ag，AgCl｜HCl｜玻璃膜｜试液 $\parallel$ KCl(饱和)｜Hg_2Cl_2，Hg

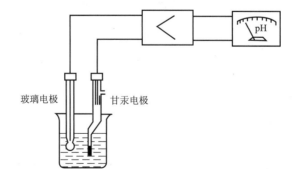

图2.4.1 pH电位法测定示意图

25 ℃时工作电池的电动势为：

$$E_{电池} = \varphi_{SCE} - \varphi_{玻} + \varphi_{不对称} + \varphi_{液接}$$

$$= \varphi_{SCE} - (\varphi_{膜} + \varphi_{AgCl/Ag}) + \varphi_{不对称} + \varphi_{液接}$$

$$= \varphi_{SCE} - (K - 0.059\,2pH_{试液} + \varphi_{AgCl/Ag}) + \varphi_{不对称} + \varphi_{液接}$$

$$= K' + 0.059\,2pH_{试液} \tag{2.4.1}$$

可见，只要测出工作电池电动势，并求出 K' 值，就可以计算试液的 pH。但 K' 是一个十分复杂的项目，它包括了饱和甘汞电极的电位、内参比电极电位、玻璃膜的不对称电位及参比电极与溶液间的接界电位，其中有些电位很难测出。因此，实际工作中不可能采用上式直接计算 pH，而是以已知 pH 标准缓冲溶液为基准，通过比较由标准缓冲溶液参与组成和待测溶液参与组成的两个工作电池的电动势来确定待测溶液的 pH。即测定一标准缓冲溶液（pH_s）的电动势 E_s，然后在同样条件下测定试液（pH_x）的电动势 E_x。25 ℃时，E_s 和 E_x 分别为

$$E_s = K'_s + 0.059\,2pH_s$$

$$E_x = K'_x + 0.059\,2pH_x$$

在同一测量条件下，采用同一支 pH 玻璃电极和 SCE，则上两式中 $K'_s \approx K'_x$，将两式相减得

$$pH_x = pH_s + \frac{E_x - E_s}{0.059\,2}(25\ ℃) \tag{2.4.2}$$

通式可表示为

$$pH_x = pH_s + \frac{E_x - E_s}{2.303RT/F} \tag{2.4.3}$$

通常将式（2.4.3）称为 pH 实用定义或 pH 标度。实际测定中，将 pH 玻璃电极和 SCE 插入 pH_s 标准溶液中，通过调节测量仪器上的"定位"旋钮使仪器显示出测量温度下的 pH_s，就可以达到消除 K' 值，校正仪器的目的，然后将电极对浸入试液中，直接读取溶液 pH。

由式（2.4.3）可知，E_x 和 E_s 的差值与 pH_x 和 pH_s 的差值呈线性关系。在 25 ℃ 时，直线斜率为 0.059 2，直线斜率 $\left(S = \frac{2.303RT}{F}\right)$ 是温度的函数，为保证在不同温度下测量精度符合要求，在测量中要进行温度补偿。酸度计设有此功能。

式（2.4.3）还表明，在 25 ℃ 时，溶液的 pH 每改变 1 个 pH 单位，E_x 与 E_s 差值相应改变 0.059 2 V。测量 pH 的 pH 计仪器表头即按此间隔刻出进行直读，即 pH 计设计为单位 pH 变化 59.2 mV。若玻璃电极在实际测量中响应斜率不符合 59.2 mV 的理论值，这时仍用一个标准 pH 缓冲溶液校准 pH 计，就会因电极响应斜率与仪器的不一致而引入测量误差。为了提高测量的准确度，需用双标准 pH 缓冲溶液，将 pH 计的单位 pH 的电位变化与电极的电位变化校为一致[①]。

---

①　根据 GB 9724—2007 规定，校正酸度计方法有"一点校正法"和"二点校正法"两种。一点校正法的具体方法是：制备两种标准缓冲溶液，使其中一种的 pH 大于并接近试液的 pH，另一种小于并接近试液的 pH。先用其中一种标准缓冲液与电极对组成工作电池，调节温度补偿器至测量温度，调节"定位"调节器，使仪器显示出标准缓冲液在该温度下的 pH。保持定位调节器不动，再用另一标准缓冲液与电极对组成工作电池，调节温度补偿钮至溶液的温度处，此时仪器显示的 pH 应是该缓冲液在此温度下的 pH。两次相对校正误差在不大于 0.1pH 单位时，才可进行试液的测量。

二点校正法则是先用一种接近 pH = 7 的标准缓冲溶液"定位"，再用另一种接近被测溶液 pH 的标准缓冲液调节"斜率"调节器，使仪器显示值与第二种标准缓冲液的 pH 相同（此时不动定位调节器）。经过校正后的仪器就可以直接测量被测试液。

由于式（2.4.3）是在假定 $K_s' \approx K_x'$ 情况下得出的，而实际测量过程中往往因为某些因素的改变（如试液与标准缓冲液的 pH 或成分的变化、温度的变化等），导致 K' 值发生变化。为了减小测量误差，测量过程中应尽可能使溶液的温度保持恒定，并且应选用 pH 与待测溶液相近的标准缓冲溶液（按 GB 9724—2007 规定，所用标准缓冲液的 pH_s 和待测溶液的 pH_x 相差应在 3 个 pH 单位以内）。

　　显然，标准缓冲溶液的 pH 是否准确可靠，是准确测量 pH 的关键。用于对酸度计进行校正的 pH 标准缓冲溶液是具有准确 pH 的缓冲溶液，是 pH 测定的基准。目前，我国所建立的 pH 工作基准，由七种六类标准缓冲物质组成。这七种六类标准缓冲物质分别是四草酸钾、酒石酸氢钾、苯二甲酸氢钾、磷酸氢二钠 – 磷酸二氢钾、四硼酸钠和氢氧化钙。这些标准缓冲物质按 GB 27501—2011《pH 测量用缓冲溶液制备方法》配制出的标准缓冲溶液的 pH 均匀地分布在 0 ~ 13 的 pH 范围内。标准缓冲溶液的 pH 随温度变化而改变。表 2.4.1 列出了六类标准缓冲溶液 10 ~ 35 ℃时相应的 pH，以便使用时查阅。

表 2.4.1　pH 标准缓冲溶液在通常温度下的 pH

试剂	浓度 $c/(\mathrm{mol \cdot L^{-1}})$	pH					
		10 ℃	15 ℃	20 ℃	25 ℃	30 ℃	35 ℃
四草酸钾	0.05	1.67	1.67	1.68	1.68	1.68	1.69
酒石酸氢钾	饱和	—	—	—	3.56	3.55	3.55
邻苯二甲酸氢钾	0.05	4.00	4.00	4.00	4.00	4.01	4.02
磷酸氢二钠	0.25	6.92	6.90	6.88	6.86	6.86	6.84
磷酸二氢钾	0.25						
四硼酸钠	0.01	9.33	9.28	9.23	9.18	9.14	9.11
氢氧化钙	饱和	13.01	12.82	12.64	12.46	12.29	12.13

注：表中数据引自国家标准 GB 11076—2011。

　　一般实验室常用的标准缓冲物质是苯二甲酸氢钾、混合磷酸盐（$KH_2PO_4 – Na_2HPO_4$）及四硼酸钠。目前市场上销售的"成套 pH 缓冲剂"就是上述三种物质的小包装产品，使用很方便。配制时不需要干燥和称量，直接将袋内试剂全部溶解稀释至一定体积（一般为 250 mL）即可使用。三种实验室常用的标准缓冲溶液在不同温度下的 pH 见表 2.4.2。

表 2.4.2　常用 pH 标准缓冲溶液 pH 与温度关系对照表

温度/℃	0.05 mol · L⁻¹ 邻 – 苯二甲酸氢钾	0.02 mol · L⁻¹ 混合磷酸盐	0.01 mol · L⁻¹ 四硼酸钠
0	4.003	6.984	9.464
5	3.999	6.951	9.395
10	3.998	6.923	9.332
15	3.999	6.900	9.276
20	4.002	6.881	9.225

续表

温度/℃	0.05 mol·L⁻¹ 邻－苯二甲酸氢钾	0.02 mol·L⁻¹ 混合磷酸盐	0.01 mol·L⁻¹ 四硼酸钠
25	4.008	6.865	9.180
30	4.015	6.853	9.139
35	4.024	6.844	9.102
40	4.035	6.838	9.068
45	4.047	6.834	9.038
50	4.060	6.833	9.011

配制标准缓冲溶液的实验用水应符合 GB 6682—2008 中三级水的规格。配好的 pH 标准缓冲溶液应储存在玻璃试剂瓶或聚乙烯试剂瓶中，硼酸盐和氢氧化钙标准缓冲溶液存放时，应防止空气中的 CO_2 进入。标准缓冲溶液一般可保存 2~3 个月。若发现溶液中出现浑浊等现象，不能再使用，应重新配制。

2.4.2　测量仪器

测定溶液 pH 的仪器是酸度计（又称 pH 计），是根据 pH 的实用定义设计而成的。一般均由电极系统和高阻抗毫伏计两部分组成。电极（指示电极和参比电极）与待测溶液组成原电池，以毫伏计测量电极间电位差，电位差经放大电路放大后，由电流表或数码管显示。

1. 指示电极

玻璃膜电极是测量 pH 常用的指示电极，其结构如图 2.4.2 所示。电极下端的玻璃球泡（膜厚约 0.1 mm）为能选择性响应氢离子活度的 pH 敏感电极膜。

此外，目前使用渐多的是 pH 复合电极，它实质上是将一个作为指示电极的 pH 玻璃电极与一个作为参比电极的 Ag - AgCl 电极复合而成。其优点是不需要另外的参比电极，使用方便，不受氧化性或还原性物质的影响，且平衡速度较快。同时，复合电极下端外壳较长，起到保护电极玻璃膜的作用，延长了电极的使用寿命。

2. 参比电极

酸度计常用饱和甘汞电极为参比电极，其结构如图 2.4.3 所示。

甘汞电极有两个玻璃套管，内套管封接一根铂丝，铂丝插入纯汞中，汞下装有甘汞和汞（Hg_2Cl_2 - Hg）的糊状物；外套管装入 KCl 溶液，电极下端与待测溶液接触处是熔接陶瓷芯或玻璃砂芯等多孔物质。

甘汞电极可表示为：

$$Hg \mid Hg_2Cl_2(s) \mid KCl(饱和)$$

电极反应为：

$$Hg_2Cl_2 + 2e^- = 2Hg + 2Cl^-$$

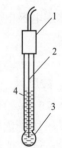

图 2.4.2　pH 玻璃膜电极
1—绝缘套；
2—Ag - AgCl 电极；
3—玻璃膜；
4—内部缓冲液

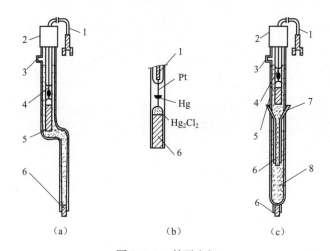

图 2.4.3 甘汞电极

(a) 单盐桥型；(b) 电极内部结构；(c) 双盐桥型

1—导线；2—绝缘帽；3—加液口；4—内电极；5—饱和 KCl 溶液；

6—多孔物质；7—可卸盐桥磨口套管；8—盐桥内充液

其电极电位表示式为：

$$\varphi_{甘} = \varphi^0_{Hg_2Cl_2/Hg} + \frac{0.059\,2}{2} \lg c(Cl^-)$$

甘汞电极电势只与 $c(Cl^-)$ 有关，当管内盛饱和 KCl 溶液时，$c(Cl^-)$ 一定，有

$$\varphi_{甘} = 0.241\,5 \text{ V (25 ℃)}$$

饱和甘汞电极的电位与被测离子的浓度无关，但会因温度变化而有微小的变化。

3. 酸度计

酸度计是一种高阻抗的电子管或晶体管式的直流毫伏计，它既可用于测量溶液的酸度，又可以用作毫伏计测量电池电动势。根据测量要求不同，酸度计分为普通型、精密型和工业型 3 类，读数值精度最低为 0.1pH，最高为 0.001pH，使用者可以根据需要选择不同类型仪器。实验室用酸度计型号很多，目前应用较广的是数显式的 pH_s - 3 系列的精密酸度计。下面以 pH_s - 3F 型酸度计为例简要介绍酸度计各部件调节钮及作用。图 2.4.4 为 pH_s - 3F 型酸度计外形图。

图中的各部件调节钮和开关的作用简要介绍如下：

（1）mV - pH 按键开关：是一个功能选择按钮，当按键在"pH"位置时，仪器用于 pH 的测定；当按键在"mV"位置时，仪器用于测量电池电动势，此时温度调节器、"定位"调节器和"斜率"调节器无作用。

（2）"温度"调节器：是用来补偿溶液温度对斜率所引起的偏差的装置，使用时将调节器调至所测溶液的温度数值（或先用温度计测知）即可。

（3）"斜率"调节器：用它调节电极系数，使仪器能更精确地测量溶液的 pH。

（4）"定位"调节器：它的作用是抵消待测离子活度为零时的电极电位，即抵消 E - pH 曲线在纵坐标上的截距。

（5）电极架座：用于插电极架立杆的装置。

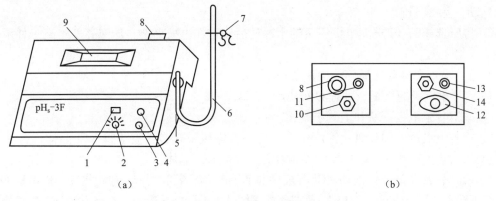

图 2.4.4 pH$_s$ – 3F 酸度计

(a) 正面外形图；(b) 背面示意图

（6）U 形电极架立杆：用于固定电极夹。

（7）电极夹：用于夹持玻璃电极、甘汞电极或复合电极。

（8）玻璃电极输入座。

（9）数字显示屏。

（10）调零电位器：在仪器接通电源后（电极暂不插入输入座），若仪器显示不为"000"，则可调此零电位器，使仪器显示为正或负"000"，然后锁紧电位器。

（11）甘汞电极接线柱。

（12）仪器电源插座。

（13）电源开关。

（14）保险丝座。

仪器型号繁多，不同型号的酸度计，其旋钮、开关的位置会有所不同，但以上介绍的调节器和开关的功能基本一致。

2.4.3 使用方法

以 pH$_s$ – 3F 型酸度计为例来说明酸度计的使用方法。

1. 酸度计使用前准备

（1）把酸度计的三芯电源插头插入 220 V 交流电源座（pHS – 3F 酸度计的电源插口和电源开关位置均在仪器后左角），接通电源开关（向上），预热 20 min。

（2）置选择按键开关于"mV"位置（注意：此时暂不要把玻璃电极插入输入座内），若仪器显示不为"000"，可调节仪器后右角的"调零"电位器，使其显示为正或负"000"，然后锁紧电位器。

2. 检查、处理和安装电极

（1）pH 玻璃电极的检查、处理和安装。

① 根据被测溶液大致的 pH（可使用 pH 试纸实验确定），选择合适型号的 pH 玻璃电极（已在蒸馏水中浸泡 24 h 以上）。

② 仔细检查所选电极的球泡是否有裂纹；内参比电极是否浸入内参比溶液内；参比液内是否有气泡。若有裂纹或内参比电极未浸入内参比液，则不能使用。若参比液内有气泡，

应稍晃动，除去气泡。

③ 将所选择的 pH 玻璃电极用蒸馏水冲洗后固定在电极夹上，球泡高度略高于甘汞电极下端。

注意，玻璃电极球泡易碎，操作要仔细。

（2）甘汞电极的检查、处理和安装。

① 取下甘汞电极下端和上侧小胶帽。

② 检查电极内的饱和氯化钾液位是否合适，电极下端是否有少量 KCl 晶体，若液位低或无晶体，应由上侧小口补加饱和 KCl 溶液和少量 KCl 晶体。

③ 检查甘汞电极外管饱和 KCl 溶液中是否有气泡，若有气泡，应稍晃动，赶走气泡；检查电极下端瓷芯是否堵塞，氯化钾溶液是否能缓缓从下端陶瓷芯渗出。检查方法是：先将瓷芯外部擦干，然后用滤纸贴在瓷芯下端，如有溶液渗出，滤纸上有湿印，则证明瓷芯毛细管未堵塞。

④ 用蒸馏水清洗电极外部，滤纸吸干后，置电极夹上。电极下端略低于玻璃电极球泡下端。

⑤ 将甘汞电极导线接在仪器后右角甘汞电极接线柱上，把玻璃电极引线柱插入仪器后右角玻璃电极输入座。

注意，电极引线插头应干燥、清洁，不能有油污。

3. 校正酸度计（二点校正法）

（1）将选择按键开关置"pH"位置。

（2）取一个洁净塑料试杯（或 100 mL 烧杯），用 pH = 6.86（25 ℃）的标准缓冲溶液荡洗三次，倒入 50 mL 左右的该标准缓冲溶液。

（3）测量标准缓冲溶液温度，调节"温度"调节器，使所指示的温度刻度为标准缓冲溶液的温度。

（4）将电极插入标准缓冲溶液中。小心轻摇几下试杯，以促使电极平衡。

注意，电极不要触及杯底，插入深度以玻璃球泡浸没溶液为限。

（5）将"斜率"调节器顺时针旋足，调节"定位"调节器，使仪器显示值为此温度下该标准缓冲溶液的 pH（可从表 2.4.1 中查到）。

（6）将电极从标准缓冲溶液中取出，移去试杯，用蒸馏水冲洗电极（避免触碰玻璃球泡），并用滤纸轻轻吸干表面水分。

（7）另取一个洁净试杯（或 100 mL 小烧杯），用另一种与待测试液 pH 相接近的标准缓冲溶液荡洗三次后，倒入 50 mL 左右该标准缓冲溶液。

（8）将电极插入溶液中，小心轻摇几下试杯，使电极平衡。

（9）调节"斜率"调节器，使仪器显示值为此温度下该标准缓冲溶液的 pH。

注意，校正后的仪器即可用于测量待测溶液的 pH，但测量过程中不应再动"定位"调节器，若不小心碰动"定位"或"斜率"调节器，应重复（2）~（9）定位步骤，重新校正。

4. 测量待测试液的 pH

（1）移去标准缓冲溶液，清洗电极，并用滤纸吸干。

（2）取一个洁净试杯（或 100 mL 小烧杯），用待测试液荡洗三次后倒入 50 mL 左右试液。

（3）用水银温度计测量试液的温度，并将温度调节器置此温度位置上。

注意，待测试液温度应与标准缓冲溶液温度相同或接近。若温度差别大，则应待温度相近时再测量，千万不可心急。

（4）将电极插入被测试液中，轻摇试杯使溶液均匀，电极平衡。

（5）待数字显示稳定后，读取并记录被测液的 pH。

（6）按上述（4）（5）步骤测量另一未知试液的 pH。

5. 结束工作

（1）关闭电源开关，拔出电源插头。

（2）取出玻璃电极，用蒸馏水清洗干净后浸泡在蒸馏水中。

（3）取出甘汞电极，用蒸馏水清洗，用滤纸吸干，套上小帽存放在盒内。

（4）清洗试杯，晾干后妥善保存。

（5）用干净抹布擦净工作台，罩上仪器罩，填写仪器使用记录。

6. 注意事项

以下几点在测量时要注意：

（1）要保持玻璃电极膜的清洁，必要时可依次用 6 mol·L^{-1} 的 HCl 溶液洗净，用 70% 乙醇浸泡 5 min，最后浸泡在蒸馏水中两天以上。切不可用浓硫酸、铬酸洗液、无水酒精或其他无水或脱水的液体洗涤。

（2）玻璃电极不能在含氟较高的溶液中使用。玻璃电极使用的温度范围是 5~60 ℃。

（3）玻璃电极膜极薄，容易破裂，使用时要小心，切勿触及硬物。

（4）使用复合电极时，应拔去电极前端的电极套，拉下橡皮套。取下套后，应避免使电极的敏感玻璃泡与硬物接触，因为任何破损或擦毛都会使电极失效。测量后，及时将电极保护套套上，套内应放少量补充液，以保持电极球泡的湿润。复合电极的外参比补充液为 3 mol·L^{-1}KCl 溶液，补充液由电极上端小孔加入，溶液量应保持在内腔容量 1/2 以上。电极不用时，小孔用橡皮套盖上。

（5）使用甘汞电极时，应对被测组分有所了解，以防甘汞"中毒"。若电极内管甘汞糊状物出现黑色，说明电极已失效，不宜再使用。

（6）酸度计的输入端（即测量电极插座）必须保持干燥清洁。在环境湿度较高的场所使用时，应将电极插座和电极引线柱用干净纱布擦干。

（7）读数时，电极引入导线和溶液应保持静止，否则会引起仪器读数不稳定。

（8）标准缓冲溶液的配制要准确无误，否则将导致测量结果不准确。

（9）若要测定某样品水溶液的 pH，除特殊说明外，一般应称取 5 g 样品（称准至 0.01 g）用无 CO_2 的水溶解并稀释至 100 mL，配成试样溶液，然后进行测量。

（10）由于待测试样的 pH 常随空气中 CO_2 等因素的改变而改变，因此采集试样后应立即测定，不宜久存。

（11）注意用电安全，合理处理、排放实验废液。

2.5　分光光度计及基本操作

2.5.1　测量原理

分光光度计是利用物质对光的选择性吸收现象，进行物质的定性和定量分析的光电式分析仪器。其定量依据是光吸收基本定律——朗伯－比尔定律：

$$A = -\lg T = \lg(I_0/I) = \varepsilon L c$$

式中，A 为吸光度；I_0 为入射光强度；I 为透过光强度；T 为透光率；ε 为摩尔吸光系数；c 为吸光质点的浓度；L 为吸收层厚度。

即当一束强度为 I_0 的平行单色光（图 2.5.1）垂直通过厚度为 L、吸光物质浓度为 c 的均匀、透明吸光介质时，由于吸收层中吸光物质对光的吸收，透过光强度减弱至 I，且光吸收越大，透光率 $T = I/I_0$ 越小，其吸光度 A 与吸光物质的浓度 c 和吸收层厚度 L 成正比。

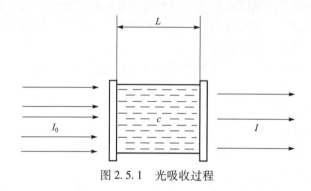

图 2.5.1　光吸收过程

分光光度计即是能从含有各种波长的混合光中将每一单色光分离出来并测量其强度的一类仪器。

2.5.2　仪器结构

分光光度计因使用的波长范围不同而分为紫外光区、可见光区、红外光区以及万用（全波段）分光光度计等；根据仪器结构的不同，又分为单光束、双光束和双波长分光光度计等。无论哪一类分光光度计，都由下列五部分组成，即光源、单色器、样品池、检测器和信号指示系统，见表 2.5.1。

表 2.5.1　分光光度计基本组成

结构框图	复合光光源 $\xrightarrow{复合光}$ 单色器 $\xrightarrow{单色光\ I_0}$ 样品池 $\xrightarrow{I}$ 检测器 $\xrightarrow{i}$ 信号指示系统			
作用	提供所需连续光辐射	复合光中获得所需单色光	盛放溶液	光电转化	检测光电流并记录、处理、显示
要求	波长范围宽，稳定而有足够的强度	光谱纯度高，在工作光谱区任意可调	厚度恒定，本身对辐射吸收小，光学性质一致	对光辐射响应灵敏、快速、线性关系好	—
常用部件	钨灯、卤钨灯（340~2 500 nm）氢灯或氘灯（160~375 nm）	滤光片棱镜光栅	玻璃（可见区）石英（可见紫外区）	光电池 光电管 光电倍增管 光电二极管阵列	电表指针显示、数字显示、荧光屏显示及与计算机联用等

1. 光源

对光源的基本要求是在仪器操作所需的光谱区域内应能够发射连续辐射，有足够的辐射强度和良好的稳定性，而且辐射能量随波长的变化应尽可能小。

分光光度计中常用的光源有热辐射光源和气体放电光源两类。热辐射光源用于可见光区，如钨丝灯和卤钨灯；气体放电光源用于紫外光区，如氢灯和氘灯。

钨灯和碘钨灯可使用的范围为 340~2 500 nm。这类光源的辐射能量与施加的外加电压有关，在可见光区，辐射的能量与工作电压的 4 次方成正比。光电流与灯丝电压的 n 次方（$n>1$）成正比。因此，必须严格控制灯丝电压，仪器必须配有稳压装置。

在近紫外区测定时，常用氢灯和氘灯。它们可在 160~375 nm 范围内产生连续光辐射。氘灯的灯管内充有氢的同位素氘，它是紫外光区应用最广泛的一种光源，其光谱分布与氢灯类似，但光强度比相同功率的氢灯要大 3~5 倍。

2. 单色器

单色器是能从光源辐射的复合光中分出单色光的光学装置，其主要功能：产生光谱纯度高的光辐射且波长在紫外可见区域内任意可调。

单色器一般由入射狭缝、准光器（透镜或凹面反射镜使入射光成为平行光）、色散元件、聚焦元件和出射狭缝等几部分组成。其核心部分是色散元件，起分光的作用。单色器的性能直接影响入射光的单色性，从而也影响到测定的灵敏度、选择性及校准曲线的线性关系等。能起分光作用的色散元件主要是棱镜和光栅。

3. 吸收池

吸收池用于盛放分析试样，一般有石英池和玻璃吸收池两种。石英池适用于可见光区及紫外光区，玻璃吸收池只能用于可见光区。为减少光的损失，吸收池的光学面必须完全垂直于光束方向。在高精度的分析测定中（紫外区尤其重要），吸收池要挑选配对。因为吸收池材料的本身吸光特征以及吸收池的光程长度的精度等对分析结果都有影响。

4. 检测器

检测器是检测信号、测量单色光透过溶液后光强度变化的一种装置。常用的检测器有光电池、光电管和光电倍增管等。

硒光电池对光的敏感范围为 300~800 nm，其中又以 500~600 nm 最为灵敏。这种光电池的特点是能产生可直接推动微安表或检流计的光电流，但由于容易出现疲劳效应而只能用于低挡的分光光度计中。

光电管在紫外-可见分光光度计上应用较为广泛。

光电倍增管是检测微弱光最常用的光电元件，它的灵敏度比一般的光电管要高 200 倍，因此可使用较窄的单色器狭缝，从而对光谱的精细结构有较好的分辨能力。

5. 信号指示系统

它的作用是放大信号并以适当方式指示或记录下来。常用的信号指示装置有直读检流计、电位调节指零装置以及数字显示或自动记录装置等。很多型号的分光光度计装配有微处理机，一方面可对分光光度计进行操作控制，另一方面可进行数据处理。

2.5.3 常用分光光度计简介

➤ 721 型分光光度计

1. 构造原理

721 型分光光度计是在可见光谱区域使用的一种单光束型光度计，工作波长范围在 360～800 nm，以钨丝白炽灯为光源，棱角单色器，采用自准式光路，用 GD－7 型光电管作为光电转换器，以场效应管作为放大器，微电流用微安表显示。其构造比较简单，测定的灵敏度和精密度较高，因此应用广泛。

721 型分光光度计的仪器构造如图 2.5.2 所示。从光源灯发出的连续光投射到聚光透镜上，会聚后，再经过平面镜转 90°角，反射至入射狭缝，由此入射到单色器内。狭缝正好位于球面准直物镜的焦面上，当入射光线经过准直物镜反射后，就以一束平行光射向棱镜。平行复合光经棱镜色散后，经过准直镜反射，就会以平行单色光的形式聚在出射狭缝上，再通过聚光镜后进入比色皿，光线一部分被吸收，透过的光进入光电管，产生相应的光电流，经放大后，在微安表上以透光率 T 和吸光度 A 显示读出。

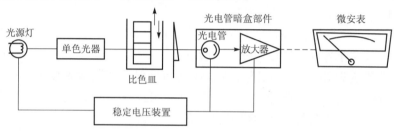

图 2.5.2　721 型分光光度计基本结构示意图

2. 使用方法

721 型分光光度计的仪器面板功能如图 2.5.3 所示。

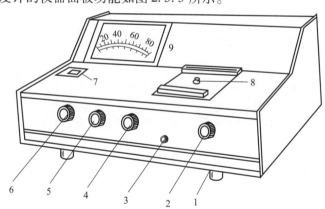

图 2.5.3　721 型分光光度计

1—电源开关；2—灵敏度旋钮；3—比色皿拉杆；4—透光率调节旋钮；
5—零位旋钮；6—波长选择旋钮；7—波长读数盘；8—试样室暗箱盖；9—微安表

（1）检查微安表指针是否指"0"，若不在零位，可调节零点校正螺丝，使指针位于"0"刻度线上。

（2）接通电源开关 1，指示灯亮，立即打开试样室暗箱盖 8，预热 20 min。

（3）调节波长选择旋钮 6，使波长读数盘的刻线对准所需选择的单色光波长；用灵敏度旋钮 2 选择所需的灵敏挡。

（4）将参比溶液和待测溶液分别装入选定的比色皿中，然后将它们依次置于试样室的比色皿架上，通常参比放在第一格，待测溶液放在第二格。

（5）放入比色皿后，保持试样室暗箱盖呈打开状态，即光闸关闭，旋转零位旋钮 5 调零，使微安表指针指在透光率"0"处；将试样室暗箱盖轻轻合上，即打开光闸，推进比色皿拉杆 3，使参比比色皿位于光路上，光线透过参比溶液照射到光电管上。旋转透光率调节旋钮 4，使微安表指针准确处于"100%"处。重复几次，调节透光率"0"和"100%"，直至稳定不变。

（6）将比色皿拉杆轻轻拉出一格，使第二个比色皿内的待测溶液进入光路。此时微安表所指的读数即为该溶液的吸光度和透光率。

（7）仪器使用完毕，即取出比色皿，切断电源，开关拨在"关"的位置。

3. 注意事项

（1）若连续测定时间过长，光电管会疲劳，造成读数漂移。因此，每次读数后，应随手打开试样室暗箱盖，使光闸关闭。

（2）仪器灵敏度从 1 到 5 挡逐挡增加，选择时，只要保证能够使参比溶液的透光率调到 100% 即可，尽可能采用较低挡，使仪器有更高的稳定性。

（3）往比色皿装溶液时，以浓度由稀到浓的顺序，且必须用该溶液反复洗 3 次，以保证溶液浓度不发生变化。

（4）注意保护比色皿的透光面。拿取比色皿时，只能双指捏住毛玻璃面；装好溶液后，要用吸水纸吸干外壁水珠后方能放进比色皿架中；使用完毕后，应洗干净（不能用碱或强氧化剂洗涤），再用吸水纸吸干后放入比色皿盒内。

（5）不得将溶液洒落在暗箱内，否则应擦干净，以免腐蚀仪器。

（6）仪器使用完后，应在暗箱内放置干燥剂袋，同时更换底部两支干燥筒中的干燥剂，最后将仪器罩罩住整台仪器。

➤ 722 型分光光度计

下面以重庆仪器厂生产的 722 型分光光度计为例，说明仪器的基本组成、工作原理及操作方法。

1. 构造原理

仪器由光源、单色器、样品池、光电管、对数转换器、数字显示器及稳压电源等部分组成。仪器结构方框如图 2.5.4 所示。

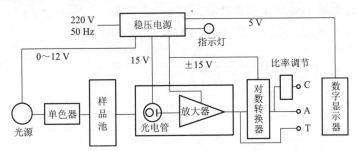

图 2.5.4 722 型分光光度计仪器结构方框图

光源发出白炽光，经单色器色散后，以单色光的形式经狭缝投射到样品池上，再经样品池吸收后入射到光电管转换成光电流，光电流被放大器放大直接送数字电压表进行透光率 T 显示。调节光源供电电压，可以将空白样品的透光率调到100%。仪器内设对数转换器，可以直接将 T 转换为吸光度 A 并以数字显示。更为方便的是，相对于给定浓度的标准试样，对 A 值做比率调节，使表头显示值与浓度值相符合，即通过对仪器进行浓度读数标定，直接读出待测样品的浓度。

仪器的光学系统如图2.5.5所示，采用单光束交叉对称水平成像系统，光源发出的连续谱白炽光经聚光镜1会聚后从入射狭缝投射到准直镜上，被准直后入射到光栅上。光栅将入射光衍射色散为按波长分布的光谱，聚光镜2将所需波长的单色光会聚到出射狭缝，由出射狭缝射出的光再经聚光镜3会聚，进入样品池，被样品选择吸收后进入光电管转换成光电信号。

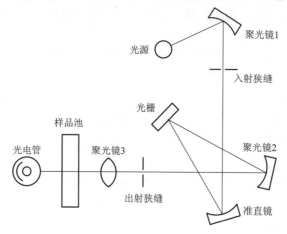

图2.5.5　仪器光路图

仪器的电器系统包括稳压电源、放大器、对数转换器和数字显示器。稳压电源包括两部分：放大器稳压电源，向各运算放大器、对数转换器提供 ±15 V 稳定电压，并对电子系统的其他各部分提供电压基准；光源，12 V 稳压电源向 30 W 卤钨灯供电，输出电压可调节，在不同的波长下调节灯的亮度，可以达到调 T 满量程的目的。稳压器设有过流保护，以防过载而导致损坏。仪器内含 5 V 稳压电源供数字电压表供电使用。

对数转换器由对数放大器及少数外部元件构成，通过调节电位器，可以进行对数调零，实现由 $T=100\%$ 到 $A=0$ 的转换，以及 $T=10\%$ 到 $A=1$ 的转换。

仪器采用三位半数字显示作读数显示，当数字表过载时，显示呈"1"形式。

仪器如图2.5.6所示，面板上各开关、旋钮、按钮的作用如下：

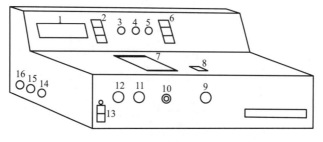

图2.5.6　722型分光光度计

（1）显示框：三位半数字显示，显示透光率、吸光度、浓度。

（2）三种测量方式选择：T，进行透光率测试；A，吸光度测试方式，测试范围 0 ~ 1.999；Conc，浓度测定方式，仪器需用已知浓度的标准样品标定。按下相应键后，即完成测量方式选择。

（3）Conc：浓度 c 调零，在浓度测量方式时，调节本旋钮，可以使表头显示的读数与标准溶液的浓度一致。以后在测试待测样品时，可直接读出浓度数值。

（4）ABS：吸光度 0 调零。在 $T = 100\%$ 时，将 A 值调为零。

（5）T：透光率调零。打开样品室盖，光电管暗盒光门自动关闭，光电管处于无辐照状态。调节此旋钮，可以补偿暗电流，使 T 的读数为"0"。当调零困难或无法调零时，可先调节侧板上的零位粗调旋钮，然后细调本旋钮。

（6）Point：小数点选择按键，在浓度测量方式时，选择显示数据的小数点位置。

（7）样品室。

（8）波长读数窗，以 nm 为单位。

（9）波长选择。

（10）样品转换拉杆。可同时放入 4 个样品，拉动拉杆进行选择。

（11）亮度调节（细）。

（12）亮度调节（粗）。用于调节光源亮度，以实现 $T = 100\%$。

（13）电源开关。

（14）T 零位粗调。对暗电流进行补偿，实现 T 粗调零。

（15）A 零位粗调节。在 $T = 100\%$ 时，实现 A 粗调零。

（16）K 值调节。在对数转换即吸光度测量工作方式下，当 $T = 10.0\%$ 时，A 应为 1。在此关系不能满足时，调节本旋钮，修正转换值，可将 A 修正到"1"。

仪器安装处不得有强烈的振动，尽可能远离强磁场、强电场及高频电场的干扰。避免阳光的直接照射，避免电风扇、空调的气流直接吹向灯室造成温度场不稳而影响仪器的稳定性和噪声。室内相对湿度小于85%，温度为 5 ~ 35 ℃，高温时，仪器技术指标将受到影响。

2. 使用方法

（1）预热：应通电预热 20 min 后再进行测量。

（2）测定透光率 T：① 选择测量波长；② 按下测量选择中的"T"键，打开样品室盖，调节透光率调零旋钮，使显示框 T 的读数为"0"；③ 把空白溶液置于测量位置，关好样品室盖，调节亮度调节旋钮，使 T 的读数为"100.0"；④ 重复调节 T 的读数为"0"和"100.0"；⑤ 将样品溶液置于测量位置，关好样品室盖，读取显示框上的读数，得到样品溶液相对于空白溶液的透光率。

（3）测定吸光度 A：① 选择测量波长；② 按下测量选择中的"T"键，打开样品室盖，调节透光率调零旋钮，使显示框 T 的读数为"0"；③ 把空白溶液置于测量位置，关好样品室盖，调节亮度调节旋钮，使 T 的读数为"100.0"；④ 重复调节 T 的读数为"0"和"100.0"；⑤ 按下测量选择中的"A"键，把空白溶液置于测量位置，关好样品室盖，此时显示框中 A 的读数应为"0.000"，当读数不为"0"时，通过 A 调零旋钮（必要时使用 A 零位粗调节旋钮），将读数调为"0"；⑥ 将样品置于测量位置，关好样品室盖，则可测得它相对于空白溶液的吸光度；⑦ 若样品吸收过大，数据溢出数显表的显示范围，则稀释样品溶液后再做测试，如 K 值不对，应调准 K 值。

（4）测定浓度 c：① 选择测量波长；② 按下测量选择中的 "T" 键，打开样品室盖，调节透光率调零旋钮，使显示框 T 的读数为 "0"；③ 把空白溶液置于测量位置，关好样品室盖，调节亮度调节旋钮，使 T 的读数为 "100.0"；④ 重复调节 T 的读数为 "0" 和 "100.0"；⑤ 按下测量选择中的 "Conc" 键，将已知浓度的标准溶液置于测量位置，关好样品室盖，调节浓度旋钮，使显示框上的读数为标准溶液的浓度值，可以按下相应小数点按键，使显示数据的小数点位置与浓度值小数点位置相同；⑥ 将被测样品置于测量位置，关好样品室盖，即可直接读出待测溶液的浓度。

（5）测量时，盛装空白溶液、标准溶液、待测样品溶液的比色皿应为相同型号规格。如果在测量过程中改变波长从而大幅度调动光源亮度，要稍等几分钟，待仪器稳定后才能进行测试。仪器使用完毕时，应切断电源，将硅胶袋放入样品室。

（6） K 值校正方法：先确认 A 值调零正确性，即当 $T=100\%$ 时，相应的 $A=0.000$；回到 T 测试挡，调节光源亮度，使 $T=10\%$；再选择 A 挡，观察表上读数，正确的读数应当为 1.000，否则用螺丝刀通过侧板孔调节 K 值。K 值不准时，不会影响仪器在浓度测试状态下的使用。

（7）仪器光学件是易损的零部件，使用者不得自行拆动有关光学零件。单色器盖下有两只内装干燥剂的干燥器筒，为保证光学件不受潮霉变，应定期更换干燥剂。仪器左侧暗盒内装光电管及微电流放大器，在其底部有一干燥器，以保证暗盒内干燥，更换干燥剂后，一般数小时后暗盒才能处于干燥状态。当发现仪器电器工作不稳定，噪声增加时，应立即检查暗盒干燥器，一般来说，此时干燥剂受潮的可能性极大。

（8）仪器有电源稳压功能，但是当电源电压急剧变化超出其使用范围时，可使用交流稳压器改善仪器工作条件，仪器应良好接地。

（9）应每隔一年校对一次仪器波长。

➢ 752 型紫外光栅分光光度计

1. 构造原理

752 型紫外光栅分光光度计在构造原理上与 722 型分光光度计非常相似，也是由光源室、单色器、试样室、光电管暗盒、电子系统及数字显示器等部件组成。光源除了钨卤素灯外，还有氢弧灯（或氘灯）。波长范围为 200～850 nm。单色器中的色散元件同 722 型分光光度计一样，都是衍射光栅。其外部结构与 722 型几乎一样，只在电源开关的边上多了一个氢灯开关。752 型分光光度计能在紫外和可见光谱区域内对样品物质进行定性和定量分析，应用的范围比 722 型分光光度计更广。

2. 使用方法

（1）预热仪器。将选择开关置于 "T"，按下 "电源" 开关，钨灯点亮；按下 "氢灯" 开关，氢灯电源接通；再按 "氢灯触发" 按钮，氢灯点亮。仪器预热 30 min。仪器背后有一只 "钨灯" 开关，如不需要用钨灯，可将它关闭。

（2）选定波长。根据实验要求，转动波长手轮，调至所需的单色波长。

（3）固定灵敏度挡。首先调到 "1" 挡，灵敏度不够时，再逐渐升高。但换挡改变灵敏度后，需重新校正 "0%" 和 "100%"。选好的灵敏度，实验过程中不要再变动。

（4）调节 $T=0\%$。轻轻旋动零旋钮，使数字显示为 "00.0"（此时试样室是打开的）。

（5）调节 $T = 100\%$。将盛蒸馏水（或空白溶液，或纯溶剂）的比色皿放入比色皿座架中的第一格内（波长在 360 nm 以上时，可以用玻璃比色皿。波长在 360 nm 以下时，需用石英比色皿），并对准光路，把试样室盖子轻轻盖上，调节透过率"100%"旋钮，使数字显示正好为"100.0"。如果显示不到 100.0，则可适当增加灵敏度的挡数，再重新调节"0%"点与"100%"。

（6）吸光度的测定。将选择开关置于"A"，盖上试样室盖子，将空白液置于光路中，调节吸光度调节旋钮，使数字显示为".000"。将盛有待测溶液的比色皿放入比色皿座架中的其他格内，盖上试样室盖，轻轻拉动试样架拉手，使待测溶液进入光路，此时数字显示值即为该待测溶液的吸光度值。读数后，打开试样室盖，切断光路。

（7）关机。实验完毕，切断电源，将比色皿取出洗净，并将比色皿座架用软纸擦净。

第三章

定量分析基本操作训练

实验前先复习本教材第二章内容，组织观看定量分析基本操作教学录像，包括分析天平及称量、滴定分析基本操作。

实验 3.1 分析天平称量练习

一、目的

（1）了解分析天平的构造，学会正确的称量方法。

（2）训练准确称取一定量的试样。

（3）了解在称量中如何运用有效数字。

二、仪器和试剂

（1）分析天平，并附有砝码一套。

（2）台秤和砝码。

（3）洁净干燥的小烧杯（25 mL 或 50 mL）或瓷坩埚 2 个。

（4）药匙 1 把。

（5）称量瓶 1 个。

（6）石英砂。

三、步骤

分析天平使用的
注意事项

1. 天平的检查

检查天平是否保持水平；检查天平盘是否洁净，若不干净，可用软毛刷刷净；天平各部件是否在原位。

2. 天平零点的检查和调整

启动天平，检查投影屏上标尺的位置，如果零点与投影屏上的标线不重合，可拨动旋钮附近的扳手，挪动投影屏位置，使其重合。

3. 固定质量称量法

称取 0.500 0 g 石英砂两份。

（1）准备两只洁净干燥并标有号码的小烧杯，将1号小烧杯置于天平左盘中央，右盘加砝码，1 g以下圈码用转动指数盘自动加取。待天平平衡后，记下盘中砝码质量、指数盘的圈码质量，并从投影屏上直接读出10 mg以内的质量，即为1号小烧杯的质量 m_0。

（2）在天平右盘加砝码0.500 0 g。

（3）用牛角匙将试样慢慢加入小烧杯内，开始时加入略小于0.5 g的石英砂，然后轻轻振动药匙，使样品慢慢撒入小烧杯中，直到投影屏上的读数与称量小烧杯时的读数一致（误差范围≤0.2 mg）。此时称取石英砂的质量与砝码的质量相等。记录称量数据和试样的实际质量。用2号小烧杯重复一次。

4. 差减法称量

称取0.3～0.4 g试样两份。

（1）取两只洁净干燥并标有号码的小烧杯，在分析天平上准确称重，空器皿1号、2号质量分别记为 m_0 和 m_0'。

（2）取一个洁净干燥的称量瓶（切勿用手拿取，用干净的纸带套在称量瓶上，手拿取纸带），先在台秤上粗称其大致质量，然后加入约1.2 g试样。在分析天平上准确称量其质量，记录为 m_1。

（3）用一干净的纸带，套在称量瓶上，用手拿取，再用一小块纸包住瓶盖，在小烧杯上方打开称量瓶，用盖轻轻敲击称量瓶，转移0.3～0.4 g试样（约占试样总体积的1/3）于1号小烧杯内，然后准确称量称量瓶和剩余试样的质量，记为 m_2。以同样方法再转移0.3～0.4 g试样于2号小烧杯中，再次准确称量称量瓶和剩余试样的质量，记为 m_3。

（4）分别准确称量两个小烧杯加入试样后的质量，分别记为 m_4 和 m_5。

四、称量记录和数据处理及结果检验

1. 称量记录（表3.1.1）

表3.1.1　称量记录

记录项目	小烧杯1号	小烧杯2号
（称量瓶＋试样）质量（倾出前）/g	m_1	m_2
（称量瓶＋试样）质量（倾出后）/g	m_2	m_3
倾出试样质量/g		
空烧杯质量/g	m_0	m_0'
（烧杯＋试样）质量/g	m_4	m_5
称取试样质量/g		

2. 数据处理及结果检验

分别如表3.1.1所示计算称量瓶中倾出试样质量和小烧杯中接收试样质量，然后检验。

（1）称量瓶中倾出试样质量应等于小烧杯中接收试样质量，如不等，求出差值，实验要求称量的绝对差值小于 0.5 mg。若大于此值，实验不符合要求。

（2）称量瓶中倾出试样质量应在所要求的 0.3 ~ 0.4 g 范围内。若称量结果未达到要求，应分析原因，继续反复练习，直到合乎实验要求，并进行计时，检验自己称量操作的正确、熟练程度。

思考题

（1）如何表示分析天平的灵敏度？灵敏度太低或太高有什么不好？

（2）为什么天平梁没有托住之前，绝对不许把任何东西放入盘或从盘上取出？

（3）什么情况下选用固定法称量？

（4）什么情况下选用差减法称量？

（5）在称量时，若标尺投影向左边移动，应加砝码还是减砝码？若标尺投影向右边移动，又应如何？

（6）在称量的记录和计算中，如何正确运用有效数字？

实验 3.2　容量仪器的校准

一、目的

（1）了解并掌握校准容量仪器的原理及方法。

（2）掌握用称量法校准滴定管的方法。

（3）掌握容量瓶和移液管的相对校准方法。

二、原理

容量仪器的校准常采用称量法和相对校准法。

1. 称量法

称量法是指称量容量仪器所"放出"或"容纳"的纯水质量，再根据水的密度（表2.2.1）算出容量仪器在 20 ℃ 标准状态下的容积。

2. 相对校准法

在滴定分析实际工作中，有时并不需要知道量器的准确体积，而只需知道平行配合使用的两种容量仪器之间的比例关系，此时可采用相对校准方法进行校准。例如移液管和容量瓶经常平行配合使用，则 25 mL 移液管量取液体的体积应等于 250 mL 容量瓶的 1/10。

三、仪器

（1）50 mL 滴定管，酸式、碱式各 1 支。

（2）250 mL 容量瓶 1 个。

（3）25 mL 移液管 1 支。

（4）带磨口塞的 50 mL 锥形瓶 1 个。

（5）温度计（0 ~ 50 ℃ 或 0 ~ 100 ℃，公用）。

（6）橡皮膏或透明胶带纸。

四、步骤

1. 滴定管的校准（称量法）

（1）将带磨口塞的 50 mL 锥形瓶洗净①，外部擦干（为什么?），在分析天平上称出其质量，准确至小数点后两位（为什么?）。

移液管的校准
（称量法）

（2）在已洗净的滴定管中加入与室温达到平衡的纯水（可事先用烧杯盛纯水，放在天平室内，并且杯中插有温度计，测量水温，备用）至零线刻度以下附近，记录水温②（t）及滴定管中水的起始读数。按正确操作以每分钟不超过 10 mL 的流速，放出 10 mL 水于上述已称重的磨口锥形瓶中（勿将水滴在磨口上），立即盖上塞子，再称重，两次质量之差即为滴定管放出的水的质量。用同样的方法称量滴定管从 10~20 mL，20~30 mL，…刻度间的水的质量，用实验水温时水的密度来除每次得到的水的质量，即可得到滴定管各部分的实际容积。

重复校准一次，两次相应的校准值之差应小于 0.02 mL。求其平均值。

现将在 25 ℃时校准某一支滴定管的实验数据列于表 3.2.1。

表 3.2.1 50 mL 滴定管校正表（水温 25 ℃，水的密度 $\rho_水 = 0.996\ 1\ \text{g} \cdot \text{mL}^{-1}$）

滴定管读数/mL	（瓶 + 水）的质量/g	读出总容积 V_0/mL	总水质量 $m_水$/g	总实际容积/mL（$V_{20} = m_水/\rho_水$）	校准值/mL（$V_{20} - V_0$）
0.03	29.20（空瓶）				
10.13	39.28	10.10	10.08	10.12	+0.02
20.10	49.19	20.07	19.99	20.07	0.00
30.17	59.27	30.14	30.07	30.19	+0.05
40.20	69.24	40.17	40.04	40.20	+0.03
49.99	79.07	49.96	49.87	50.07	+0.11

2. 移液管的校准（称量法）

洗净一支 25 mL 移液管移取纯水，准确调至刻度，按规定方法将水放入锥形瓶中，立即盖上塞子，准确称量。方法同上。

容量瓶和移液
管的相对校准

注意，从移液管放出纯水时，三次称量结果相差不得超过 20 mg，否则重新校准。根据三次称得水的质量的平均值求出移液管在 20 ℃时放出水的体积。

3. 移液管和容量瓶的相对校准

（1）洗净 250 mL 容量瓶，将它倒放在漏斗架上，放置一天，使其干燥。

（2）用 25 mL 移液管移取纯水，沿壁将纯水放入容量瓶中。操作时注意不让液滴落在容量瓶的磨口处。

---

① 拿取锥形瓶时，应如称量瓶操作，用纸条套取。

② 测量实验水温时，须将温度计插入水中 5~10 min 后读数，读数时，温度计球部应浸在水中。必须使用分度值为 0.1 ℃的温度计。

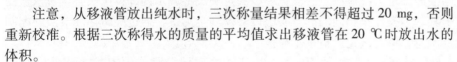

（3）移取 10 次后，观察水的弯月面是否恰好与标线相切，若不相切，则用透明胶纸在瓶颈上另作标记，即将胶纸的上边缘与水的弯月面最低处相切。经校准后的移液管和容量瓶应配套使用。

思考题

（1）容量仪器为什么需要校准？进行容量仪器校准时，应注意哪些问题？

（2）用称重法校准时，为什么要用带有磨口塞的锥形瓶？为什么操作不能把磨口部分沾湿？

（3）容量瓶校准时，为什么需要干燥？是否可以放在烘箱中烘干？为什么？在用容量瓶配制标准溶液时，是否也要干燥？为什么？

（4）移液管和滴定管校准时，是否需要干燥？为什么？

（5）校正时，为什么只需称准至 0.01 g？

实验 3.3   滴定分析基本操作练习

实验前先复习本教材 2.3 节内容并观看滴定分析基本操作录像。主要内容为：滴定管、容量瓶、移液管的基本操作。

一、目的

（1）学习、掌握滴定分析各种常用容量仪器的洗涤及正确使用方法。

（2）练习滴定操作，正确读数，正确观察滴定终点。为容量分析实验做好准备。

（3）练习酸碱标准溶液的配制和浓度的比较。

（4）熟悉甲基橙、酚酞指示剂终点的确定。

二、原理

滴定分析是将一种已知准确浓度的试剂溶液（标准溶液，即滴定剂）从滴定管滴加到一定量的待测物质溶液中（或反之），直到二者化学计量反应为止，然后根据滴定剂的浓度和消耗的体积求出被测物质含量的一种方法。所以，在滴定分析实验中，必须学会标准溶液的配制及标定、滴定管的正确使用和滴定终点的正确判断。

滴定分析包括酸碱滴定、配位滴定、氧化还原滴定和沉淀滴定四种，虽然各自所依据的基本反应不同，但其基本操作是相同的。本实验以酸碱滴定为例，通过酸碱标准溶液的配制及两种溶液的相互滴定，练习滴定分析基本操作。

HCl 和 NaOH 是酸碱滴定中常用的滴定剂，由于浓盐酸易挥发，NaOH 容易吸收空气中的水分和 CO_2，所以无法用它直接配制标准溶液，而只能先配制近似浓度的溶液，然后用基准物质或另一已知准确浓度的标准溶液标定其准确浓度。

$0.1 \ mol \cdot L^{-1} NaOH$ 溶液与 $0.1 \ mol \cdot L^{-1} \ HCl$ 溶液的相互滴定，化学计量点的 pH 为 7.0，滴定的突跃范围为 pH = 4.3 ~ 9.7，可选择甲基橙（变色范围 3.1（红）~ 4.4（黄））、酚酞（8.0（无色）~ 9.6（红））为指示剂来指示终点。为了便于人眼观察，酸滴定碱采用甲基橙（黄 ~ 红），碱滴定酸采用酚酞（无色 ~ 红）。当一定浓度的 NaOH 与 HCl 相互滴定时，所消耗的体积比 V_{NaOH}/V_{HCl} 应是一定的。在使用同一指示剂的情况下，改变被滴定溶液的体积，此体积比应基本不变。借此，可以训练学生的滴定基本操作技能和正确判断终点的能力。

三、试剂

（1）浓盐酸（$\rho = 1.18 \ g \cdot mL^{-1}$，约 12 mol $\cdot L^{-1}$）。

（2）固体 NaOH。

（3）甲基橙 1 g $\cdot L^{-1}$ 水溶液。

（4）酚酞 1 g $\cdot L^{-1}$ 乙醇溶液。

0.1 mol $\cdot L^{-1}$ NaOH
标准溶液的配制

四、步骤

1. 溶液配制

配制 0.1 mol $\cdot L^{-1}$ NaOH 溶液和 0.1 mol $\cdot L^{-1}$ HCl 溶液各 500 mL。

（1）0.1 mol $\cdot L^{-1}$ HCl 溶液的配制。通过计算求出配制 500 mL 0.1 mol $\cdot L^{-1}$ HCl 溶液所需浓盐酸的体积。然后在通风橱内用洁净小量筒量取此量的浓盐酸，倒入 500 mL 试剂瓶中，加水稀释至 500 mL，盖上玻璃塞，摇匀。

（2）0.1 mol $\cdot L^{-1}$ NaOH 溶液的配制[①]。通过计算求出配制 500 mL 0.1 mol $\cdot L^{-1}$ NaOH 溶液所需固体 NaOH 的量，在台秤上迅速称出（NaOH 应置于什么器皿中称？为什么？），置于烧杯中，立即加水使之溶解，稍冷却后转入 500 mL 试剂瓶中，用少量纯水涮洗小烧杯，将涮洗液一并转入试剂瓶中，再加水至总体积约 500 mL，盖上橡皮塞，摇匀。另一种常用的做法是先配制饱和的 NaOH 溶液，浓度约为 19 mol $\cdot L^{-1}$，在试剂瓶上安装虹吸管和钠石灰管，以防止其吸收空气中的 CO_2。使用时，用量筒移取该饱和溶液上清液，加入煮沸并冷却的去离子水稀释至所需浓度。

试剂瓶应贴上标签，注明试剂名称、配制日期、使用者姓名，并留一空位，以备填入此溶液的准确浓度。在配制溶液后，均须立即贴上标签，注意养成此习惯。

2. 滴定操作练习

（1）滴定管准备。按第二章 2.2 节所述方法准备好酸式滴定管和碱式滴定管各一支（检查是否漏水）。先用水将滴定管内壁冲洗 2~3 次。然后分别用 5~10 mL 配制好的 HCl 和 NaOH 标准溶液将酸式滴定管、碱式滴定管润洗 2~3 次。再于管内分别装满 HCl 和 NaOH 标准溶液，排除两滴定管管尖空气泡（为什么要排出空气泡？如何排出？）。

0.1 mol $\cdot L^{-1}$ NaOH
标准溶液的标定

---

① 固体氢氧化钠极易吸收空气中的 CO_2 和水分，所以称量必须迅速。市售固体氢氧化钠常因吸收 CO_2 而混有少量 Na_2CO_3，以致在分析结果中引入误差。因此，在要求严格的情况下，配制 NaOH 溶液时，必须设法除去 CO_3^{2-}，常用的除去 CO_3^{2-} 的方法有以下两种。

方法 1：在台秤上称取一定量固体 NaOH 于烧杯中，用少量水溶解后倒入试剂瓶中，再用水稀释到一定体积（配成所要求浓度的标准溶液），加入 1~2 mL 200 g $\cdot L^{-1}$ $BaCl_2$ 溶液，摇匀后用橡皮塞塞紧，静置过夜，待沉淀完全沉降后，用虹吸管把清液转入另一试剂瓶中，塞紧备用。

方法 2：饱和的 NaOH 溶液（500 g $\cdot L^{-1}$）具有不溶解 Na_2CO_3 的性质，所以用固体 NaOH 配制的饱和溶液，其中的 Na_2CO_3 可以全部沉降下来。在涂蜡的玻璃器皿或塑料容器中先配制饱和的 NaOH 溶液，待溶液澄清后，吸取上层溶液，用新煮沸并冷却的水稀释至一定浓度。

长期使用的 NaOH 溶液最好装入下口瓶中，瓶塞上部最好装一碱石灰管（为什么？）。

分别将两滴定管的液面调节至 0.00 刻度或零点稍下处，静置 1 min 后，精确读取滴定管内液面的位置（应读准至小数点后两位），并立即将读数记录在实验记录本上。

（2）NaOH 滴定 HCl（酚酞指示剂）。取 250 mL 锥形瓶一个，洗净后放在酸式滴定管下，以每分钟约 10 mL 的速度放出约 20 mL HCl 溶液于锥形瓶中，加入 1~2 滴酚酞指示剂，在不断摇动下，用 NaOH 溶液滴定，注意控制滴定速度，当滴加的 NaOH 落点处周围红色褪去较慢时，表明临近终点，用洗瓶吹洗锥形瓶内壁，控制 NaOH 溶液一滴一滴或半滴半滴地滴出。至溶液呈微红色且半分钟不褪色即为终点，读取并记录 NaOH 溶液及 HCl 溶液的精确体积。又由酸式滴定管中放入 1~2 mL HCl，再用 NaOH 溶液滴至终点。如此反复练习碱式滴定管操作、终点判断及读数若干次。

记下读数，分别求出体积比（V_{NaOH}/V_{HCl}）。平行操作三次，直至三次测定结果的相对平均偏差在 0.3% 之内，取其平均值。

（3）HCl 滴定 NaOH（甲基橙指示剂）。由碱式滴定管中放出约 20 mL NaOH 溶液于锥形瓶中，加入 1~2 滴甲基橙指示剂，在不断摇动下，用 HCl 溶液滴定至溶液由黄色恰变橙色为止，读取并记录 NaOH 溶液及 HCl 溶液的精确体积。再由碱式滴定管中放出 1~2 mL NaOH，继续用 HCl 溶液滴定至终点，记录读数。如此反复练习酸式滴定管操作及终点判断若干次。

记下读数，分别求出体积比（V_{NaOH}/V_{HCl}）。平行操作三次，直至三次测定结果的相对平均偏差在 0.3% 之内，取其平均值。

（4）用移液管吸取 25.00 mL 0.1 mol·L^{-1} HCl 溶液于 250 mL 锥形瓶中，加 1~2 滴酚酞指示剂，用 0.1 mol·L^{-1} NaOH 溶液滴定溶液至微红色且 30 s 不褪色即为终点。如此平行测定三份，要求三次之间消耗 NaOH 溶液的体积的最大差值不超过 ±0.04 mL。

五、数据记录及实验报告示例

在预习时，要求在实验记录本上写好下面示例中的一、二、三项和四中的 1、2 两项的计算，并画好 3 中的表格。实验过程中，把数据记录在表格中，实验后完成计算及讨论。

实验3.3　滴定分析基本操作练习

实验日期：　　　　　　　　　　　　　　年　　月　　日

一、目的

（1）练习滴定操作和酸碱标准溶液的配制及浓度的比较。

（2）初步掌握酸碱指示剂的选择方法，熟悉甲基橙、酚酞指示剂的使用和终点颜色的变化。

二、原理

浓盐酸易挥发，固体 NaOH 容易吸收空气中的水分和 CO_2，因此，它们只能用间接法配制。即先配制成接近所需浓度的溶液，然后用基标物标定其准确的浓度。

用 0.1 mol·L^{-1} 的 HCl 溶液滴定 0.1 mol·L^{-1} 的 NaOH 溶液，其滴定的 pH 突跃为 9.70~4.30，应选择在此范围内变色的指示剂，如甲基橙、酚酞。

三、简要步骤

（1）配制 500 mL 0.1 mol·L^{-1} 的 NaOH 溶液。

（2）配制 500 mL 0.1 mol·L^{-1} 的 HCl 溶液。

（3）以甲基橙为指示剂，进行 NaOH 和 HCl 溶液的相互滴定、浓度比较，反复练习。

（4）以酚酞为指示剂，进行 NaOH 和 HCl 溶液的相互滴定、浓度比较，反复练习。

（5）计算 NaOH 溶液与 HCl 溶液的体积比值。

（6）移液管平行移取三份一定量酸或碱标准溶液，进行平行滴定练习，要求平行测定极差 ≤ ±0.04 mL。

四、记录和计算

1. 500 mL 0.1 mol·L^{-1}NaOH 溶液的配制

需称取固体 NaOH 的质量 =（列出算式并算出答案）

2. 500 mL 0.1 mol·L^{-1} HCl 溶液的配制

需量取浓 HCl 的体积 =（列出算式并算出答案）

3. NaOH 溶液与 HCl 溶液浓度的比较（表 3.3.1）

（1）以甲基橙为指示剂。

表 3.3.1　NaOH 溶液与 HCl 溶液浓度的比较

记录项目	1	2	3	4
NaOH 终读数	_____ mL	_____ mL	_____ mL	_____ mL
NaOH 初读数 （V_{NaOH}）	_____ mL	_____ mL	_____ mL	_____ mL
HCl 终读数	_____ mL	_____ mL	_____ mL	_____ mL
HCl 初读数 （V_{HCl}）	_____ mL	_____ mL	_____ mL	_____ mL
V_{NaOH}/V_{HCl}				
$\overline{V_{NaOH}/V_{HCl}}$				
测定值的绝对偏差				
相对平均偏差				

（2）以酚酞为指示剂（同上）。

4. NaOH 滴定 25 mL HCl（表 3.3.2）

表 3.3.2　NaOH 滴定 25 mL HCl

记录项目	1	2	3
$V_{HCl}/$ mL		25.00	
$V_{NaOH}/$mL			
$\bar{V}_{NaOH}/$mL			
测定值的绝对偏差			
相对平均偏差/%			
n 次间 V_{NaOH} 最大绝对差值			

五、讨论（内容可以是实验发现的问题、误差分析、经验教训，以及对指导老师或实验室的建议意见等。）

思考题

（1）滴定管在装入标准溶液前为什么要用此溶液涮洗内壁 2～3 次？用于滴定的锥形瓶或烧杯是否需要用标准溶液涮洗？为什么？

（2）为什么不能用直接法配制 HCl 和 NaOH 标准溶液？

（3）配制 HCl 溶液及 NaOH 溶液所用的水的体积是否需要准确量度？为什么？

（4）用 HCl 溶液滴定 NaOH 标准溶液时，是否能用酚酞作指示剂？为什么？

（5）在每次滴定完成后，为什么要将标准溶液加至滴定管零点或零点附近，然后进行第二次滴定？

第四章

酸碱滴定实验

酸碱滴定法是以酸碱反应为基础的滴定分析方法。在酸碱滴定法中，凡强酸及 $cK_a \geqslant 10^{-8}$ 的弱酸、混合酸、多元酸，都可用碱标准溶液直接滴定；凡强碱及 $cK_b \geqslant 10^{-8}$ 的弱碱、混合碱、多元碱，都可用酸标准溶液直接滴定。某些解离常数 $\leqslant 10^{-7}$ 的弱酸或弱碱（如 NH_4^+、H_3BO_3 等）以及在水中溶解度较小的有机物（如 α - 氨基酸、磺酰胺类等）可采用强化或非水滴定的方法测定，从而扩大了酸碱滴定的应用范围。

在酸碱滴定中，常采用强酸、强碱作为滴定剂。常用的酸为 HCl 和 H_2SO_4，常用的碱为 NaOH。由于浓盐酸易挥发，浓 H_2SO_4 吸湿性强，NaOH 容易吸收空气中的水分和 CO_2，所以它们不能用直接法配制标准溶液，而是先配成近似浓度的溶液（一般为 $0.1\ mol \cdot L^{-1}$），然后用基准物质来标定。常用于酸碱滴定的基准物质有无水 Na_2CO_3、$Na_2B_4O_7 \cdot 10H_2O$、$NaHCO_3$、$KHCO_3$、$H_2C_2O_4 \cdot 2H_2O$ 和 $KHC_8H_4O_4$（邻苯二甲酸氢钾）等。现就实验中最常用的各举两例。

1. 标定酸的基准物质——无水碳酸钠、硼砂

（1）无水碳酸钠（Na_2CO_3），它易吸收空气中的水分，应先将其在 180 ℃ 干燥 2～3 h（或 270～300 ℃ 干燥 1 h），然后置于干燥器内，冷却备用。其标定反应为：

$$Na_2CO_3 + 2HCl = 2NaCl + CO_2 \uparrow + H_2O$$

计量点时，为 H_2CO_3 饱和溶液，pH 为 3.89，可用甲基橙或甲基红作指示剂。标定时应注意 CO_2 的影响，为使 H_2CO_3 的过饱和部分不断分解逸出，降低 CO_2 的影响，临近终点时，应将溶液剧烈摇动或加热；用甲基橙作指示剂时，最好进行指示剂校正。

（2）硼砂（$Na_2B_4O_7 \cdot 10H_2O$），它易于制得纯品，吸湿性小，摩尔质量大，但由于含有结晶水，当空气中相对湿度小于 39% 时，有明显的风化而失水的现象。因此，在准确度较高的分析工作中，常保存在相对湿度为 60% 的恒湿器中。配制 NaCl 和蔗糖的饱和溶液可达到相对湿度 60%。用硼砂标定盐酸的反应为：

$$Na_2B_4O_7 + 2HCl + 5H_2O = 4H_3BO_3 + 2NaCl$$

反应产物为 H_3BO_3（$K_a = 5.7 \times 10^{-10}$），计量点时，pH 为 5.1，可选用甲基红作指示剂。

2. 标定碱的基准物质——邻苯二甲酸氢钾、草酸

（1）邻苯二甲酸氢钾（$KHC_8H_4O_4$ 或简写为 KHP），易制得纯品，在空气中不吸水，容易保存，摩尔质量大，是一种较好的基准物质。标定 NaOH 溶液时反应为：

$$\text{（邻苯二甲酸氢钾）COOK/COOH} + NaOH = \text{（邻苯二甲酸钾钠）COOK/COONa} + H_2O$$

反应产物为邻苯二甲酸钾钠，计量点时溶液 pH 约为 9.1，可选用酚酞作指示剂。

邻苯二甲酸氢钾通常在 100～125 ℃干燥 2 h 后备用。干燥温度不宜太高，否则会脱水变为邻苯二甲酸酸酐，产生误差。

（2）草酸($H_2C_2O_4 \cdot 2H_2O$)，在相对湿度为 5%～95% 时不会风化而失水，故将其保存在磨口玻璃瓶中即可，草酸固体状态比较稳定，但溶液状态稳定性较差，空气能使 $H_2C_2O_4$ 溶液慢慢氧化，光及某些催化剂如 Mn^{2+} 能促进其氧化，因此 $H_2C_2O_4$ 溶液应当置于暗处存放。$H_2C_2O_4$ 溶液久置也会自动分解为 CO_2 和 CO，故 $H_2C_2O_4$ 溶液不能长久保存。用草酸标定 NaOH 时的反应为：

$$H_2C_2O_4 + 2NaOH = Na_2C_2O_4 + 2H_2O$$

计量点时溶液偏碱性，pH 约为 8.4，可选用酚酞作指示剂。

实验 4.1　酸碱标准溶液浓度的标定

一、目的

（1）进一步练习滴定操作。
（2）学习酸碱标准溶液浓度的标定方法。

二、原理

NaOH 和 HCl 标准溶液是采用间接法配制的，因此必须用基准物质标定其准确浓度，一般只需标定其中任何一种溶液的浓度，另一种则可通过实验 3.3 所得的 NaOH 溶液与 HCl 溶液滴定的体积比（V_{NaOH}/V_{HCl}）算出。

标定酸、碱溶液的基准物质有多种，本实验中各采用一种常用的基准物质。

NaOH 标准溶液的标定，用邻苯二甲酸氢钾（$KHC_8H_4O_4$ 或简写为 KHP）为基准物质，酚酞作指示剂。

HCl 标准溶液的标定，用无水 Na_2CO_3 为基准物质，甲基橙作指示剂。

三、试剂

（1）0.1 mol·L^{-1}NaOH 标准溶液。
（2）0.1 mol·L^{-1} HCl 标准溶液。
（3）邻苯二甲酸氢钾（AR 或基准试剂）（在 100～125 ℃干燥 2 h 后备用）。
（4）无水 Na_2CO_3（AR 或 GR）（在 270 ℃干燥 1 h，并保存在干燥器内）。
（5）酚酞指示剂。
（6）甲基橙指示剂。

四、步骤

1. 0.1 mol·L^{-1} NaOH 溶液的标定

用差减法准确称取邻苯二甲酸氢钾（KHP）0.4~0.6 g（为什么?）三份，分别置于三个已编号的 250 mL 锥形瓶中，加入 50 mL 新煮沸并冷却的水，摇动使之溶解。加入 1~2 滴酚酞指示剂，用 NaOH 标准溶液定至呈微红色，30 s 内不褪色，即为终点。平行标定三份，计算 NaOH 标准溶液的浓度，其相对平均偏差应小于 0.2%。

2. 0.1 mol·L^{-1} HCl 溶液的标定

准确称取无水 Na_2CO_3 三份（其质量按消耗 20~30 mL 0.1 mol·L^{-1} HCl 溶液计，请自己计算），分别置于三个 250 mL 锥形瓶中，加水约 30 mL，温热，摇动使之溶解，加入 1~2 滴甲基橙指示剂。用 HCl 标准溶液滴定至溶液由黄色变为橙色，即为终点[①]。平行标定三份，计算 HCl 标准溶液的浓度，其相对平均偏差应小于 0.3%。

以上标定实验只选做其中一个。是标定 NaOH 溶液还是标定 HCl 溶液，需根据后面试样的分析来选定。原则上，应标定试样测定时所需用的那种标准溶液，标定时的条件与测定时的条件（例如指示剂和被测成分等）应尽可能一致。如做混合碱测定，则应标定盐酸，且采用无水 Na_2CO_3 为基准物质。

五、数据记录和计算

1. NaOH 溶液的标定（表 4.1.1）

表 4.1.1　NaOH 溶液的标定

记录项目	1	2	3
$m_{KHP+瓶}$（倾出前）/g $m_{KHP+瓶}$（倾出后）/g			
m_{KHP}/g			
V_{NaOH}终读数/mL V_{NaOH}初读数/mL			
V_{NaOH}/ mL			
$c_{NaOH} = \dfrac{m_{KHP}}{V_{NaOH} \cdot M_{KHP}}/(mol \cdot L^{-1})$			
$\bar{c}_{NaOH}/(mol \cdot L^{-1})$			
d_i			
相对平均偏差/%			

---

① 在 CO_2 存在下，终点变色不敏锐，因此，在接近终点之前，最好将溶液加热近沸，并摇动，以赶走 CO_2，冷却后再滴定。

2. HCl 标准溶液的标定（同上）

HCl 标准溶液的浓度按下式计算：

$$c_{HCl} = c_{NaOH} \times \frac{V_{NaOH}}{V_{HCl}}$$

思考题

（1）如何计算称取基准物质邻苯二甲酸氢钾或 Na_2CO_3 的质量范围？

（2）溶解基准物质 KHP 或 Na_2CO_3 所用水的体积的量度，是否需要准确？为什么？

（3）用于标定的锥形瓶，其内壁是否要预先干燥？为什么？

（4）用 KHP 标定 NaOH 溶液时，为什么用酚酞而不用甲基橙作指示剂？

（5）以 Na_2CO_3 为基准物质标定 HCl 溶液时，为什么不用酚酞作指示剂？

（6）如基准物 $KHC_8H_4O_4$ 中含有少量 $H_2C_8H_4O_4$，对 NaOH 溶液标定结果有什么影响？

（7）如果 NaOH 标准溶液在保存过程中吸收了空气中的 CO_2，用该标准溶液滴定盐酸，以甲基橙为指示剂，对结果有何影响？若用酚酞为指示剂进行滴定，又怎样？

（8）标定 NaOH 溶液，可用 KHP 为基准物质，也可与 HCl 标准溶液作比较。试比较两种方法的优缺点。

实验4.2　食醋中总酸量的测定

一、目的

（1）了解强碱滴定弱酸过程中 pH 的变化和指示剂的选择。

（2）掌握醋酸总酸量的测定方法。

（3）练习移液管的使用方法。

二、原理

食醋的主要成分是醋酸（$K_a = 1.8 \times 10^{-5}$），此外，还含有少量其他弱酸如乳酸（$K'_a = 1.4 \times 10^{-4}$）等。$cK_a \geq 10^{-8}$，但 $K_a / K'_a < 10^5$，故可以用 NaOH 标准溶液滴定，但测得的是酸的总量即总酸量。总酸量仍以醋酸表示，其主要反应式为：

$$NaOH + CH_3COOH = CH_3COONa + H_2O$$

计量点产物为强碱弱酸盐，滴定突跃在碱性范围，故选择酚酞作指示剂。

食醋中醋酸含量较大，一般 $\geq 3.5\%$，且有一定色泽，影响终点颜色观察，因此，必须稀释后再进行滴定。

三、试剂

（1）$0.1 \ mol \cdot L^{-1}$ NaOH 标准溶液。

（2）食醋试液。

（3）甲基橙、酚酞指示剂。

四、步骤

1. 0.1 mol·L^{-1} NaOH 标准溶液的配制和标定

参见实验 4.1 "酸碱标准溶液浓度的标定"。

2. 食醋中总酸量的测定

用移液管移取 50.00 mL 食醋于 250 mL 容量瓶中，用水稀释至刻度，摇匀。

（1）以酚酞为指示剂：用移液管移取 25.00 mL 稀释的食醋试液于 250 mL 锥形瓶中，加水 20 mL 及酚酞指示剂 2~3 滴，用 0.1 mol·L^{-1} NaOH 标准溶液滴定至微红色在 30 s 内不褪为止。平行测定三次，计算食醋的总酸量，用每 100 mL 食醋含 CH$_3$COOH 的克数表示，三次测定结果的相对平均偏差应小于 0.2%。

（2）以甲基橙为指示剂：用移液管移取 25.00 mL 稀释的食醋试液于 250 mL 锥形瓶中，加水 20 mL 及甲基橙指示剂 2~3 滴，用 0.1 mol·L^{-1} NaOH 标准溶液滴定至黄色即为终点。平行测定三次，计算食醋的总酸量。

比较酚酞和以甲基橙两种不同指示剂的测定结果并加以讨论。

思考题

（1）以 NaOH 溶液滴定醋酸溶液，属于哪种类型的滴定？怎样选择指示剂？

（2）NaOH 为标准溶液，酚酞作指示剂，测定醋酸溶液总酸量时，终点怎样掌握？为什么？

（3）食醋中总酸量的测定应如何进行？测定中应注意哪些问题？

实验 4.3　工业纯碱中总碱度的测定

一、目的

（1）掌握纯碱中总碱度测定的原理和方法。

（2）了解强酸滴定二元弱碱过程中 pH 的变化和指示剂的选择。

（3）学习用容量瓶把固体试样制备成试液的操作。

（4）了解大样的取用原则。

二、原理

工业纯碱俗称苏打，其主要成分是碳酸钠，还可能含有少量的 NaCl、Na$_2$SO$_4$、NaOH 或 NaHCO$_3$ 等。常用酸碱滴定法测定总碱量来检定纯碱产品的质量。其反应为：

$$Na_2CO_3 + 2HCl = H_2CO_3 + 2NaCl$$
$$H_2CO_3 = H_2O + CO_2 \uparrow$$
$$NaOH + HCl = NaCl + H_2O$$

反应产物为（NaCl + H$_2$CO$_3$），化学计量点时，pH 为 3.8~3.9，可选用甲基橙为指示剂，用 HCl 标准溶液滴定溶液由黄色转变为橙红色即为终点。也可选用溴甲酚绿为指示剂，此指示剂的颜色变化由蓝色通过淡绿色到黄色。

因为工业纯碱容易吸收空气中的水分和 CO$_2$，因此，要将试样在 270~300 ℃烘干 2 h，除去试样中的水分，并使 NaHCO$_3$ 全部转化为 Na$_2$CO$_3$。另外，工业纯碱均匀性较差，因此，分析时应称取"大样"于容量瓶中配成一定浓度的试液，然后用移液管分取几等份试液进行测定。测定允许误差可适当放宽。

三、试剂

（1）0.1 mol·L^{-1} HCl 标准溶液。

（2）甲基橙指示剂：0.2% 水溶液。

（3）无水 Na$_2$CO$_3$（AR），270 ℃ 干燥 1 h，然后放入干燥器内冷却后备用。

（4）工业纯碱试样：经 270～300 ℃ 烘干 2 h，稍冷后分装在干燥带塞的玻璃广口瓶中，放入干燥器中冷却至室温。

四、步骤

1. 0.1 mol·L^{-1} HCl 溶液的配制和标定

参见实验 4.1 "酸碱标准溶液浓度的标定"。

2. 工业纯碱总碱度的测定

准确称取 1.4～1.7 g 工业纯碱试样于 100 mL 烧杯中，加少量水使其溶解。必要时可稍加温热促进溶解。冷却后，将溶液定量转入 250 mL 容量瓶中，加水稀释至刻度，充分摇匀。

吸取 25.00 mL 上述试液于 250 mL 锥形瓶中，加水 20 mL，甲基橙指示剂 1～2 滴，用 HCl 标准溶液滴定溶液由黄色恰变为橙色即为终点。计算试样总碱度，以 Na$_2$O 或 Na$_2$CO$_3$ 的质量分数表示。平行测定三次，三次测定的相对偏差应小于 ±0.5%。

思考题

（1）标定 HCl 溶液的基准物质有哪些？本实验测定总碱度应选择什么基准物质为好？

（2）无水 Na$_2$CO$_3$ 如保存不当，吸收了空气中少量水分，对标定 HCl 溶液浓度有何影响？

（3）总碱度的测定应选用何种指示剂？终点如何控制？为什么？

（4）本实验中工业纯碱试样是在 270～300 ℃ 烘干 2 h 测定，若将试样在 180 ℃ 烘干后进行测定，则测定结果会如何？为什么？

（5）在用 HCl 滴定 Na$_2$CO$_3$ 时，选用甲基红为指示剂，滴定至终点将溶液煮沸，为什么会增加终点时的清晰度？

实验 4.4　混合碱的分析（双指示剂法）

一、目的

（1）了解双指示剂法混合碱分析的原理。

（2）了解混合指示剂的使用及其优点。

二、原理

混合碱是 Na_2CO_3 与 NaOH 或 Na_2CO_3 与 $NaHCO_3$ 的混合物。欲测定同一份试样中各组分的含量，可用 HCl 标准溶液滴定，根据滴定过程中 pH 变化的情况，选用两种不同的指示剂分别指示第一、第二化学计量点的到达，即常称为"双指示剂法"。此法简便、快速，在生产实际中应用广泛。

常用的两种指示剂是酚酞和甲基橙。在混合碱试液中先加入酚酞指示剂，此时溶液呈现红色。用 HCl 标准溶液滴定至红色恰变为无色，这是第一个计量点，反应式如下：

$$HCl + NaOH = NaCl + H_2O$$

$$HCl + Na_2CO_3 = NaHCO_3 + NaCl$$

设此时用去 HCl 标准溶液的体积为 V_1。

接着加入甲基橙指示剂，此时溶液呈现黄色。继续用 HCl 标准溶液滴定，使溶液由黄色突变为橙色，这是第二个计量点，反应如下：

$$HCl + NaHCO_3 = NaCl + CO_2 + H_2O$$

设此时用去 HCl 标准溶液的体积为 V_2。

由反应式可知：当 $V_1 > V_2$ 时，试样为 Na_2CO_3 与 NaOH 的混合物。中和 Na_2CO_3 所消耗 HCl 的体积为 $2V_2$，NaOH 消耗 HCl 的体积为 $(V_1 - V_2)$，于是可计算出 NaOH 和 Na_2CO_3 组分的质量分数。计算式为：

$$w_{NaOH} = \frac{c_{HCl}(V_1 - V_2) \times M_{NaOH} \times 10^{-3}}{m_s \times \dfrac{25}{100}} \times 100\%$$

$$w_{Na_2CO_3} = \frac{\dfrac{1}{2}c_{HCl} \times 2V_2 \times M_{Na_2CO_3} \times 10^{-3}}{m_s \times \dfrac{25}{100}} \times 100\%$$

当 $V_1 < V_2$ 时，试样为 Na_2CO_3 与 $NaHCO_3$ 的混合物。中和 Na_2CO_3 所消耗 HCl 的体积为 $2V_1$，$NaHCO_3$ 消耗 HCl 的体积为 $(V_2 - V_1)$，于是可计算出 $NaHCO_3$ 和 Na_2CO_3 组分的质量分数。计算式为：

$$w_{NaCO_3} = \frac{\dfrac{1}{2}c_{HCl} \times 2V_1 \times M_{Na_2CO_3} \times 10^{-3}}{m_s \times \dfrac{25}{100}} \times 100\%$$

$$w_{NaHCO_3} = \frac{c_{HCl} \times (V_2 - V_1) \times M_{NaHCO_3} \times 10^{-3}}{m_s \times \dfrac{25}{100}} \times 100\%$$

式中，c_{HCl} 为 HCl 标准溶液的浓度，$mol \cdot L^{-1}$；M 为物质的摩尔质量，$g \cdot mol^{-1}$；V_1、V_2 为消耗 HCl 溶液的体积，mL。

双指示剂中的酚酞指示剂可用甲酚红和百里酚蓝混合指示剂代替。甲酚红的变色范围为6.7（黄）~8.4（红），百里酚蓝的变色范围为 8.0（黄）~9.6（蓝），混合后的变色点是8.3，酸色呈黄色，碱色呈紫色，在 pH = 8.2 时为樱桃色，变色较敏锐。

三、试剂

（1）0.1 mol·L^{-1}HCl 标准溶液。

（2）混合碱试样。

（3）甲基橙指示剂。

（4）酚酞指示剂。

四、步骤

（1）准确称取混合碱试样 2.0~2.5 g 于 100 mL 烧杯中，加水使之溶解，定量转入 100 mL 容量瓶中，用水稀释至刻度，摇匀。

（2）用移液管从容量瓶中移取试液 25.00 mL 于 250 mL 锥形瓶中，加酚酞指示剂 1~2 滴，用 0.1 mol·L^{-1} HCl 标准溶液滴定。边滴边摇动，以免局部 Na$_2$CO$_3$ 直接被滴至 H$_2$CO$_3$。滴定至溶液由红色恰变为无色，记下所消耗 HCl 标准溶液的体积 V_1。

（3）然后加入甲基橙指示剂 1~2 滴，此时溶液呈黄色，继续以 HCl 标准溶液滴定至溶液由黄色恰变为橙色，消耗 HCl 标准溶液的体积记为 V_2。

（4）平行做三份，然后根据滴定过程消耗 HCl 标准溶液的体积 V_1、V_2 判断混合碱组成，计算混合碱中各组分的含量。

思考题

（1）用双指示剂法测定混合碱的原理是什么？

（2）如欲测定混合碱溶液的总碱度，应采用何种指示剂？试拟出测定步骤及以 Na$_2$O 的质量浓度（g·L^{-1}）表示的总碱度的计算公式。

（3）有甲、乙、丙、丁四瓶溶液，是 NaOH、Na$_2$CO$_3$、NaHCO$_3$ 和 Na$_2$CO$_3$ + NaHCO$_3$，用以下方法检验。

溶液甲：加入酚酞指示剂，溶液不显色。

溶液乙：以酚酞为指示剂，用 HCl 标准溶液滴定，用去 V_2 时溶液红色褪去。然后以甲基橙为指示剂，则需要加 HCl 溶液 V_2 使指示剂变色，且 $V_2 > V_1$。

溶液丙：用 HCl 标准溶液滴定至酚酞指示剂的浅红色褪去后，再加入甲基橙指示剂，溶液呈黄色。

溶液丁：取两份等量的溶液，分别以酚酞和甲基橙为指示剂，用 HCl 标准溶液滴定，前者用去 HCl 为 V_2，后者用去 HCl 为 $2V_2$。

问甲、乙、丙、丁四种溶液各是什么？

（4）某固体试样，可能含有 Na$_2$HPO$_4$ 和 NaH$_2$PO$_4$ 及惰性杂质，拟定分析方案，测定其中 Na$_2$HPO$_4$ 和 NaH$_2$PO$_4$ 的含量。注意考虑以下问题：① 用什么标准溶液？② 用什么指示剂？③ 测定结果的计算公式。

实验4.5　硫酸铵中含氮量的测定（甲醛法）

一、目的

（1）了解酸碱滴定法的应用，掌握甲醛法测定铵态氮的原理和方法。
（2）熟悉容量瓶、移液管的使用方法。
（3）熟悉酸碱滴定法选用指示剂的原则。
（4）熟悉大样的取用原则。

二、原理

肥料、土壤及某些有机化合物常常需要测定氮的含量，所以氮的测定在农业分析和有机分析中占据重要的地位。测定时，若以氮的成分划分，主要有总氮、铵态氮、硝态氮、酰胺态氮，以及列为有害成分或限制性成分的如硫氰酸盐、氨基磺酸、亚硝酸态氮等。无论是哪类氮，测定时，通常是将试样进行适当的处理，使各类含氮化合物分解并转变成铵盐，其中的氮都转变成铵态氮，然后进行测定，最后以不同的方式表示分析结果。

由于铵盐中 NH_4^+ 的酸性太弱，$K_a = 5.6 \times 10^{-10}$，不能用标准碱直接滴定，常采用下述两种方法间接测定。

1. 蒸馏法

试样用浓 H_2SO_4 消化分解（有时需加入催化剂），使各种含氮化合物都转化为 NH_4^+，加过量的浓 NaOH，加热将 NH_4^+ 以 NH_3 的形式蒸馏出来，吸收于一定量过量的酸标准溶液中，然后用碱标准溶液返滴过量的酸，即可求出试样中氮的质量分数：

$$w_N = \frac{\left[(cV)_{HCl} - (cV)_{NaOH} \right] M_N}{m_s \times 1\,000} \times 100\%$$

也可将蒸馏出的 NH_3 用过量的 H_3BO_3 溶液吸收，然后用标准酸直接滴定吸收液中生成的 $H_2BO_3^-$，即可算出氮质量分数：

$$w_N = \frac{(cV)_{HCl} M_N}{m_s \times 1\,000} \times 100\%$$

显然后一种方法更为简便。蒸馏法虽较准确，但其蒸馏定氮过程十分烦琐耗时。

2. 甲醛法

NH_4^+ 与甲醛作用，能定量生成等物质的量的酸，H^+ 和质子化的六次甲基四铵（$K_a = 7.1 \times 10^{-6}$）反应如下：

$$4NH_4^+ + 6HCHO = (CH_2)_6N_4H^+ + 3H^+ + 6H_2O$$

所生成的 H^+ 和 $(CH_2)_6N_4H^+$ 以酚酞为指示剂，可用 NaOH 标准溶液滴定。

由上述反应可知，4 mol 的 NH_4^+ 与甲醛作用，生成 4 mol 酸（包括 3 mol H^+ 和 1 mol $(CH_2)_6N_4H^+$），将消耗 4 mol NaOH，即 $n_{NH_4^+}/n_{NaOH} = 1$，则氮的质量分数测定结果可按下式计算：

$$w_N = \frac{c_{NaOH} \cdot V_{NaOH} \times M_N}{m \times 1\,000} \times 100\%$$

甲醛法比较快速、简便，生产上应用较多。

本实验采用甲醛法测定硫酸铵中的铵态氮含量。

如试样中含有游离酸，加甲醛之前，应先以甲基红为指示剂，用 NaOH 标准溶液中和，以免影响测定的结果。

三、试剂

（1）$0.1\ mol \cdot L^{-1}$ NaOH 标准溶液。

（2）酚酞指示剂：0.2% 乙醇溶液。

（3）甲基红指示剂：0.2%。

（4）甲醛溶液①：1 + 1（或 20%）。

（5）邻苯二甲酸氢钾：基准物质（干燥同前）。

（6）酸硫铵试样。

四、步骤

1. $0.1\ mol \cdot L^{-1}$ NaOH 溶液的配制和标定

参见实验 4.1 "酸碱标准溶液浓度的标定"，用邻苯二甲酸氢钾基准物质标定。

2. 甲醛溶液的处理

甲醛中常含有微量酸，使分析结果偏高，应事先中和。处理方法如下：取原瓶装甲醛上层清液于烧杯中，加水稀释一倍，加入 1 滴或 2 滴 0.2% 酚酞指示剂，用 NaOH 标准溶液滴定甲醛溶液呈淡红色。

3. $(NH_4)_2SO_4$ 试样中含氮量的测定②

准确称取 1.5 ~ 2 g $(NH_4)_2SO_4$ 试样置于小烧杯中，加适量蒸馏水溶解，然后定量转移入 250 mL 容量瓶中，加水稀释至刻度，充分摇匀。用移液管平行移取 25.00 mL 试液三份于锥形瓶中，分别加入 10 mL 20% 甲醛溶液，酚酞指示剂 2 ~ 3 滴，摇匀，放置 1 min，用 NaOH 标准溶液滴定至呈微红色为终点。根据消耗 NaOH 溶液的体积，计算试样中氮的质量分数。

五、讨论

（1）为什么铵盐中的氮不能用 NaOH 标准溶液直接测定？

（2）能否用酸碱滴定法直接测定 NH_4HCO_3 中的含氮量？为什么？

（3）中和甲醛及 $(NH_4)_2SO_4$ 试样中的游离酸时，为什么要采用不同的指示剂？

（4）用甲醛法测定 NH_4NO_3 中含氮量时，其结果 w_N 如何表示？此含氮量中是否包括 NO_3^- 中的氮？

---

① 甲醛常以白色聚合状态存在，此白色乳状物为多聚甲醛，可加入少量的浓硫酸加热使之解聚。

② 若试样中含游离酸时，可预作一份，如从 250 mL 容量瓶中移取 25.00 mL 试液，加入甲基红指示剂，用 NaOH 标准溶液滴定至微红色，记录消耗 NaOH 标准溶液的体积。平行移取 25.00 mL 试液，加酚酞指示剂，用 NaOH 溶液滴定至终点，从消耗的 NaOH 溶液总体积中扣除游离酸用去 NaOH 的体积。

实验 4.6 有机酸摩尔质量的测定

一、目的

（1）进一步练习指定重量称量法。

（2）了解以滴定分析法测定酸碱物质摩尔质量的基本方法。

（3）学习用误差理论处理实验数据。

二、原理

有机弱酸与 NaOH 反应方程式为：

$$n\text{NaOH} + \text{H}_n\text{A} = \text{Na}_n\text{A} + n\text{H}_2\text{O}$$

当多元有机酸的逐级解离常数均符合准确滴定的要求时，可以用酸碱滴定法，根据下述公式计算其摩尔质量：

$$M_\text{A} = \frac{m_\text{A}}{\dfrac{1}{n}(cV)_\text{NaOH}}$$

式中，$\dfrac{1}{n}$ 为滴定反应的化学计量数比；c 及 V 分别为 NaOH 的物质的量浓度及滴定所消耗的体积；m_A 为称取的有机酸的质量。测定时，n 值须为已知。

三、试剂

（1）0.1 mol·L^{-1}NaOH 标准溶液。

（2）2 g·L^{-1}酚酞指示剂，乙醇溶液。

（3）邻苯二甲酸氢钾（KHC$_8$H$_4$O$_4$）基准物质，在 105～110 ℃ 干燥 1 h 后，置干燥器中备用。

（4）有机酸试样，如草酸、酒石酸、柠檬酸、乙酰水杨酸、苯甲酸等。

四、步骤

1. 0.1 mol·L^{-1}NaOH 溶液的配制与标定

参见实验 4.1 "酸碱标准溶液浓度的标定"，用邻苯二甲酸氢钾基准物质标定。但平行测 7 份，求得平均值、平均偏差、相对平均偏差、标准偏差、相对标准偏差。

2. 有机酸摩尔质量的测定

用指定质量称量法准确称取有机酸试样[①] 1 份于 50 mL 烧杯中，加水溶解，定量转入 100 mL 容量瓶中，用水稀释至刻度，摇匀。用 25.00 mL 移液管平行移取 3 份，分别放入 250 mL 锥形瓶中，加酚酞指示剂 2 滴，用 NaOH 标准溶液滴定至由无色变为微红色，30 s

---

① 称取多少试样，按不同试样预先估算。

内不褪即为终点。根据公式计算有机酸摩尔质量 $M_{有机酸}$。

思考题

（1）在用 NaOH 滴定有机酸时，能否使用甲基橙作为指示剂？为什么？

（2）草酸、柠檬酸、酒石酸等多元有机酸能否用 NaOH 溶液分步滴定？

（3）$Na_2C_2O_4$ 能否作为酸碱滴定的基准物质？为什么？

（4）称取 0.4 g $KHC_8H_4O_4$ 溶于 50 mL 水中，问此时溶液的 pH 为多少？

（5）分别以 $4\bar{d}$ 法和 Q 检验法对 NaOH 溶液浓度的 7 次标定结果进行检验，剔除离群结果。

实验4.7　蛋壳中碳酸钙含量的测定

一、目的

（1）了解实际试样的处理方法（如粉碎、过筛等）。

（2）掌握返滴定的方法原理。

二、原理

蛋壳的主要成分为 $CaCO_3$，将其研碎并加入已知浓度的过量 HCl 标准溶液，即发生下述反应：

$$CaCO_3 + 2HCl = Ca^{2+} + CO_2\uparrow + H_2O$$

过量的 HCl 溶液用 NaOH 标准溶液返滴定，由加入 HCl 的物质的量与返滴定所消耗的 NaOH 的物质的量之差，即可求得试样中 $CaCO_3$ 的含量[①]。

三、试剂

（1）0.1 mol·L^{-1} HCl 标准溶液。

（2）0.1 mol·L^{-1} NaOH 溶液。

（3）1 g·L^{-1} 甲基橙指示剂。

四、步骤

1. 0.1 mol·L^{-1} HCl 标准溶液和 NaOH 标准溶液的配制与标定

参见实验4.1"酸碱标准溶液浓度的标定"。

2. 样品测定

将蛋壳去内膜并洗净，烘干后研碎，使其通过 80~100 目的标准筛，准确称取 3 份 0.1 g 此试样，分别置于 250 mL 锥形瓶中，用滴定管逐滴加入 HCl 标准溶液 40.00 mL 并放置 30 min，加入甲基橙指示剂，以 NaOH 标准溶液返滴定其中过量的 HCl 至溶液由红色恰变为黄色即为终点。计算蛋壳试样中 $CaCO_3$ 的质量分数。

---

① 蛋壳中含有少量 $MgCO_3$，以酸碱滴定法测得的 $CaCO_3$ 含量为近似值。

思考题

（1）研碎后的蛋壳试样为什么要通过标准筛？通过 80~100 目标准筛后的试样粒度为多少？

（2）为什么向试样中加入 HCl 溶液时要逐滴加入？加入 HCl 溶液后为什么要放置 30 min 后再以 NaOH 返滴定？

（3）本实验能否使用酚酞指示剂？

第五章

配位滴定实验

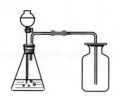

配位滴定法（complexometry）又称络合滴定法，是以生成配位化合物的配位反应为基础的滴定分析方法。由于滴定分析要求反应必须能按一定的化学计量关系定量、快速地进行，且有适当的确定终点的方法，因此，配位反应虽然众多，但多数并不适用于滴定分析。目前已获得实际应用的主要有氰量法、汞量法和氨羧配位剂滴定法，其中，以氨羧配位剂滴定法应用最为广泛。氨羧配位剂有几十种，其中又以乙二胺四乙酸（Ethylene Diamine Tetraacetic Acid，EDTA）应用最为广泛，用 EDTA 可以进行几十种金属离子的滴定分析，故通常所谓的配位滴定法，主要是指以 EDTA 为滴定剂的滴定法。

EDTA 与大多数金属离子 1:1 络合，计量关系简单，计算方便。

乙二胺四乙酸（H_4Y）在水中溶解度较小，室温下，100 g 水仅能溶解 0.02 g，不能满足滴定分析的要求。在实际工作中，通常使用的是其二钠盐 $Na_2H_2Y \cdot 2H_2O(H_2Y^{2-})$，习惯上也称为 EDTA。试剂 $Na_2H_2Y \cdot 2H_2O$ 为白色结晶粉末，无臭、无味、无毒，在 22 ℃ 时，每 100 g 水中可溶解 11.1 g，可配制浓度为 0.3 $mol \cdot L^{-1}$ 的溶液。常用 EDTA 标准溶液的浓度为 0.01 ~ 0.05 $mol \cdot L^{-1}$。EDTA 可以制成基准物质，但提纯方法复杂，故其标准溶液常采用标定法配制。

标定 EDTA 标准溶液的基准物质有纯金属锌、铜、铅、铋，氧化物氧化锌、氧化钙，以及 $CaCO_3$、$MgSO_4 \cdot 7H_2O$ 等。标定 EDTA 时，应尽量保持标定条件与测定条件一致，以减小系统误差。

EDTA 标准溶液如需保存，应装在聚乙烯瓶中。若储存在玻璃瓶中，会不断溶解玻璃中的 Ca^{2+} 而形成 CaY，从而使浓度降低。配位滴定所用纯水应不含 Fe^{3+}、Al^{3+}、Cu^{2+}、Pb^{2+}、Ca^{2+}、Mg^{2+} 等金属离子，以免影响测定结果，必要时可用二次蒸馏水或去离子水。

实验 5.1 水硬度的测定

一、目的

（1）掌握 EDTA 标准溶液的配制和标定方法。

（2）了解水的硬度的表示方法。

（3）掌握 EDTA 法测定水的总硬度的原理和方法。

（4）掌握铬黑 T 指示剂的应用。

二、原理

水的硬度对饮用和工业用水关系极大，是水质分析的常规项目。

水的硬度主要来源于水中所含的钙盐和镁盐。以酸式碳酸盐存在，通过加热即能以碳酸盐形式沉淀下来而被除去的钙、镁离子叫作暂时硬度；以硫酸盐、氯化物、硝酸盐等形式存在，加热后也不能沉淀下来的那部分钙、镁离子称为永久硬度。

暂时硬度和永久硬度的总和称为总硬度，也即水中钙、镁的总量。由 Ca^{2+} 形成的硬度称为钙硬，由 Mg^{2+} 形成的硬度称为镁硬。

水硬度的测定可分为水的总硬度和钙－镁硬度。在 pH = 10 的氨性缓冲溶液中，以铬黑 T 为指示剂，用 EDTA 标准溶液滴定钙、镁总量即得总硬度；调节 pH = 12，此时水样中的镁以氢氧化物的形式沉淀出，以钙指示剂为指示剂，用 EDTA 标准溶液滴定可以测得水样钙硬；总硬度与钙硬之差即为镁硬。

由于 EBT 与 Mg^{2+} 显色灵敏度高，与 Ca^{2+} 显色灵敏度低，故当水中钙含量很高而镁含量很低时，使用 EBT 作指示剂往往得不到敏锐的终点。这时，可在 EDTA 标准溶液中加入适量 Mg^{2+}（标定之前加入，不影响测定结果），或在氨性缓冲溶液中加入一些 Mg – EDTA 络合物，利用置换滴定原理来提高终点变色的敏锐性。

测定时，若水中含有其他干扰离子，可用掩蔽方法消除，如 Fe^{3+}、Al^{3+} 可用三乙醇胺掩蔽，Cu^{2+}、Pb^{2+}、Zn^{2+} 等可用 KCN 或 Na_2S 掩蔽。

水硬度的表示方法，国际、国内尚未统一。通常是将水中钙、镁总量折算为 CaO 或 $CaCO_3$ 的量，以度（°）或 $mg \cdot L^{-1}$ 为单位表示水的硬度。水的硬度为 1°，表示每升水中含 10 mg CaO 或十万份水中含 1 份 CaO。计算水硬度的公式为：

（1）用度表示

$$\text{硬度}(°) = \frac{(cV)_{EDTA} \times M_{CaO}}{V_{水}} \times 100\%$$

（2）用 $CaCO_3$ 的质量浓度 $\rho_{CaCO_3}(g \cdot L^{-1})$ 表示

$$\rho_{CaCO_3} = \frac{(cV)_{EDTA} \times M_{CaCO_3}}{V_{水}}(g \cdot L^{-1})$$

（3）用 CaO 的质量浓度 $\rho_{CaO}(g \cdot L^{-1})$ 表示

$$\rho_{CaO} = \frac{(cV)_{EDTA} \times M_{CaO}}{V_{水}}(g \cdot L^{-1})$$

式中，体积 V_{EDTA}、$V_{水}$ 的单位为 mL；摩尔质量 M_{CaO}、M_{CaCO_3} 的单位为 $g \cdot mol^{-1}$。

三、试剂

（1）乙二胺四乙酸二钠（固体，AR）。

（2）$CaCO_3$：基准试剂或优级纯试剂，在 110 ℃ 干燥 2 h，然后置于干燥器中冷却备用。

（3）HCl：1∶1 水溶液（约 6 $mol \cdot L^{-1}$）。

（4）铬黑 T（EBT）指示剂：1 g 铬黑 T 与 100 g 固体 NaCl 混合、研细，装入广口小试剂瓶，存放于干燥器中。

（5）钙指示剂：0.5 g 钙指示剂与 50 g NaCl 混合研磨，配成固体指示剂，装入广口小试剂瓶，存放于干燥器中。

（6）氨性缓冲溶液（pH = 10）：将 67 g NH_4Cl 溶于 300 mL 二次水中，加入 570 mL 氨水，稀释至 1 L，混匀。

（7）EDTA – Mg 溶液：称取 5.0 g $MgNa_2Y \cdot 2H_2O$ 或 $MgK_2Y \cdot 2H_2O$，溶于 1 L 水中。如无此试剂，可按下述方法配制：将 2.44 g $MgCl_2 \cdot 6H_2O$ 及 4.44 g $Na_2H_2Y \cdot 2H_2O$ 溶于 200 mL 水中，加入 20 mL 氨性缓冲溶液及适量铬黑 T，应显紫红色。如呈蓝色，应加少量 $MgCl_2 \cdot 6H_2O$ 至紫红色，再滴加 0.02 $mol \cdot L^{-1}$ EDTA 溶液至刚刚变为蓝色，然后用二次水稀释至 1 L。

（8）三乙醇胺：1:4 水溶液。

（9）100 $g \cdot L^{-1}$ NaOH。

（10）试样：自来水、矿泉水。

四、步骤

1. 0.02 $mol \cdot L^{-1}$ EDTA 标准溶液的配制

在台秤上称取 4.0 g 乙二胺四乙酸二钠盐（EDTA）于 250 mL 烧杯中，加水 200 mL，微热并搅拌使其完全溶解，冷却后转移至 1 L 细口试剂瓶中，用水稀释至 1 L，摇匀。

2. EDTA 标准溶液的标定

本实验是测定水样中 Ca、Mg，故选用 $CaCO_3$ 标定 EDTA，方法如下：

（1）0.02 $mol \cdot L^{-1}$ Ca^{2+} 标准溶液的配制：准确称取 0.4 ~ 0.5 g 基准 $CaCO_3$ 于 100 mL 烧杯中，用少量水润湿，盖上表面皿，从烧杯嘴处逐滴加入 1:1 HCl 10 ~ 20 mL 使其完全溶解，加 20 mL 水，小火煮沸 2 min，冷却后定量地转移到 250 mL 容量瓶中，用水稀释至刻度，摇匀。

（2）EDTA 溶液的标定：准确移取 25.00 mL Ca^{2+} 标准溶液于 250 mL 锥形瓶中，加 50 mL 水及 3 mL Mg – EDTA 溶液，预加 15 mL EDTA 标准溶液，再加 5 mL 氨性缓冲溶液及少量（约 0.1 g）铬黑 T 指示剂，立即用待标定的 EDTA 溶液滴定至溶液由紫红色变为纯蓝色，即为终点。平行做 3 份，其体积差应小于 0.05 mL，以其平均体积计算 EDTA 标准溶液的浓度。

3. 自来水硬度测定

打开水龙头，放水数分钟，用已洗干净的试剂瓶盛接水样 1 L，盖上瓶盖备用。

（1）总硬度的测定：准确量取水样 100 mL 于 250 mL 锥形瓶中，加 1 ~ 2 滴 1:1 HCl 使之酸化，煮沸数分钟，以除去 CO_2。冷却后，加入 5 mL 氨性缓冲溶液及少量（约 0.1 g）铬黑 T 指示剂，摇匀后立即用 EDTA 标准溶液滴定至溶液由紫红色变为纯蓝色，即为终点。记录所耗的 EDTA 标准溶液体积 V_1。平行滴定 3 份，计算水的总硬度，以 $CaCO_3$ $mg \cdot L^{-1}$ 表示。

（2）钙硬的测定：准确量取水样 100 mL 于 250 mL 锥形瓶中，加入 4 mL 100 $g \cdot L^{-1}$ NaOH 溶液，摇匀，再加入约 0.01 g 钙指示剂，用 EDTA 标准溶液滴定至溶液由酒红色变为纯蓝色，即为终点。记取所耗 EDTA 标准溶液的体积 V_2。平行滴定 3 份，计算水的钙硬，以 $CaCO_3$ $mg \cdot L^{-1}$ 表示。

（3）镁硬的确定：仍以 $CaCO_3$ $mg \cdot L^{-1}$ 表示，则总硬度减去钙硬即为镁硬。

五、说明

（1）如果水样中 HCO_3^-、H_2CO_3 含量较高，终点变色不敏锐。可加入 1 滴 HCl，使水样酸化，加热煮沸去除 CO_2，或采用返滴定法。

（2）水样中若含有 Fe^{3+}、Al^{3+}、Cu^{2+}、Pb^{2+} 等离子，会干扰 Ca^{2+}、Mg^{2+} 的测定，可加入三乙醇胺、KCN、Na_2S 等进行掩蔽。本实验只提供三乙醇胺溶液。所测水样是否要加三乙醇胺及 Mg－EDTA 溶液，应由实验决定。

思考题

（1）在 pH = 10 时，以铬黑 T 为指示剂，为什么测定的是 Ca^{2+}、Mg^{2+} 含量？

（2）用钙标准溶液标定 EDTA 及测定水样硬度时，为何要在加入缓冲溶液后立即滴定？量取 3 份水样时，若在滴定前同时加入氨性缓冲溶液，是否可以？为什么？用钙标定 EDTA 时，为什么在加氨性缓冲溶液前先加一部分 EDTA 标准溶液？

（3）配制 Mg－EDTA 溶液时，为什么二者的比例一定要恰好为 1∶1？若不正好是 1∶1，对实验结果有什么影响？

（4）测定水硬度时，为什么常加入少量 Mg－EDTA？它对测定有无影响？如加 Zn－EDTA，是否可以？

实验 5.2　铅、铋合金中铅和铋的连续配位滴定

一、目的

（1）了解用控制酸度的方法进行铋和铅连续配位滴定的原理。

（2）掌握合金试样的酸溶解技术。

（3）学会通过控制酸度对铋和铅连续配位滴定的分析方法。

二、原理

铋铅合金的主要成分有铋、铅和少量的锡，测定合金中的铋、铅含量时，用 HNO_3 溶解试样，这时锡呈现 H_2SnO_2 沉淀，将 H_2SnO_2 过滤除去，滤液用于铋、铅的测定。Bi^{3+}、Pb^{2+} 均能与 EDTA 形成稳定的配合物，$\lg K$ 值分别为 27.93 和 18.04，BiY 和 PbY 两者稳定常数相差很大，所以可以利用酸效应控制不同的酸度，用 EDTA 分别测定 Bi^{3+}、Pb^{2+} 的含量。通常在 pH≈1 时测定 Bi^{3+}；测定 Bi^{3+} 后，加入六次甲基四胺溶液，调节试液 pH≈5~6，再测定 Pb^{2+}。二甲酚橙在 pH < 6 时显黄色，能与 Bi^{3+} 和 Pb^{2+} 形成紫红色配合物，只是 Bi^{3+} 的配合物更稳定，因此，它可作为 Bi^{3+} 与 Pb^{2+} 连续滴定的指示剂。

首先调节试液酸度为 pH≈1，加入二甲酚橙指示剂后，呈现 Bi^{3+} 与二甲酚橙配合物的紫红色，用 EDTA 标准溶液滴定至溶液呈亮黄色，即可测得铋的含量。

然后加入六次甲基四胺溶液使溶液 pH≈5，此时，Pb^{2+} 与二甲酚橙形成紫红色配合物，再用 EDTA 标准溶液滴定至溶液呈亮黄色，由此可测得铅的含量。

铅铋合金试样用 HNO_3 溶解，滴定 Bi^{3+} 时，溶液的酸度是由加入 HNO_3 的量来控制的。

滴定 Pb^{2+} 时的酸度是由滴定 Bi^{3+} 后的溶液中加入适量的六次甲基四胺形成的缓冲溶液决定的。

三、试剂

（1）$0.02 \text{ mol} \cdot \text{L}^{-1}$ EDTA 标准溶液。

（2）金属锌：≥99.9%，片状。

（3）HNO_3 溶液（1 + 2）。

（4）稀 HNO_3 溶液（$0.05 \text{ mol} \cdot \text{L}^{-1}$）。

（5）HCl 溶液（1 + 1）。

（6）六次甲基四胺溶液（$200 \text{ g} \cdot \text{L}^{-1}$）。

（7）二甲酚橙指示剂（0.5%）。

（8）pH 试纸：0.5 ~ 5.0，1 ~ 14。

四、步骤

1. $0.02 \text{ mol} \cdot \text{L}^{-1}$ EDTA 溶液的配制

同实验 5.1。

2. $0.02 \text{ mol} \cdot \text{L}^{-1}$ EDTA 溶液的标定

根据试样滴定条件，用金属锌标定。

（1）$0.02 \text{ mol} \cdot \text{L}^{-1}$ 锌标准溶液的配制：准确称取约 0.3 g 金属锌于 100 mL 烧杯中，盖上表面皿，从杯嘴处缓慢加入 10 mL HCl 溶液，待锌完全溶解后，以少量水冲洗表面皿及烧杯壁，将溶液定量转移至 250 mL 容量瓶中，用水稀释至刻度，摇匀。

（2）EDTA 溶液的标定：移取 25.00 mL 锌标准溶液于 250 mL 锥形瓶中，加入 1 滴二甲酚橙指示剂，滴加六次甲基四胺溶液至试液呈稳定的紫红色后，再多加 5 mL，用 EDTA 溶液滴定至由紫红色变为亮黄色即为终点。平行滴定 3 ~ 4 次。所耗 EDTA 溶液体积差应小于 0.05 mL。根据滴定用去 EDTA 体积和金属锌的质量，计算 EDTA 标准溶液的浓度（$\text{mol} \cdot \text{L}^{-1}$）。

3. 合金试样中 Bi^{3+} 和 Pb^{2+} 的连续测定

准确称取 1.2 g 合金试样，置于 250 mL 烧杯中，加入 HNO_3 溶液（1 + 2）20 mL，盖上表面皿，小火加热溶液，微沸溶解后，用稀 HNO_3 溶液（$0.05 \text{ mol} \cdot \text{L}^{-1}$）吹洗表面皿及烧杯壁。然后过滤（在漏斗中含滤纸浆）于 250 mL 容量瓶中，用稀 HNO_3 溶液洗涤 6 ~ 8 次后，用稀 HNO_3 溶液稀释至刻度，摇匀作为试液。

准确移取上述试液 25.00 mL 于 250 mL 锥形瓶中，加入 1 滴二甲酚橙指示剂，此时试液为紫红色。用 EDTA 标准溶液滴定至由紫红色变为亮黄色即为 Bi^{3+} 的终点，记录读数 V_1。然后滴加六次甲基四胺溶液，使试液呈现稳定的紫红色，再多加 5 mL，继续用 EDTA 标准溶液滴定至紫红色转为亮黄色即为 Pb^{2+} 的终点，记录读数 V_2。平行滴定 3 份，计算合金中铋和铅的质量分数（%）。

五、说明

（1）溶解合金时切勿煮沸，溶解完全后即停止加热，以防 HNO_3 蒸干，造成迸溅或者

HNO$_3$ 挥发或分解，使后来的体系酸度不易控制，结果出现偏差，更有甚者会出现 Bi^{3+} 的水解，实验无法进行。

（2）所加六次甲基四胺是否够量，应在第一次滴定时用 pH 试纸检验（pH≈5），以便调整后继续滴定。

（3）Bi^{3+} 与 EDTA 反应的速度较慢，滴 Bi^{3+} 时速度不宜太快，且要激烈振荡。

（4）二甲酚橙指示剂在 pH = 1 与 pH = 5 时的亮黄色略有区别，pH = 1 时的颜色不会很明亮。

思考题

（1）本实验不使用在实验 5.1 中已标定好的 EDTA 标准溶液，为什么还要改用金属锌作基准物质重新标定一次？

（2）滴定 Bi^{3+} 时，要控制溶液酸度 pH≈1，酸度过低或过高对测定结果有何影响？实验中是如何控制这个酸度的？

（3）滴定 Pb^{2+} 之前要调节 pH≈5，为什么用六次甲基四胺而不是用强碱或是氨水、乙酸钠等弱碱？

（4）标定 EDTA 溶液常用的基准物有 Zn、ZnO、CaCO$_3$、Bi、Cu、MgSO$_4$·7H$_2$O 等，在这两个实验中用的基准物金属 Zn 和 CaCO$_3$ 各自的反应条件和操作有什么特点？

实验 5.3　工业硫酸铝中铝含量的测定

一、目的

（1）掌握置换滴定。

（2）了解返滴定法。

二、原理

工业硫酸铝是由铝矾土矿加精浓硫酸共煮，所得清液蒸浓凝结而得的白色块状物，含铁高时略带黄色。在控制生产分析中，可用氟化物置换法测定铝含量。

由于 Al^{3+} 与 EDTA 配合反应速度缓慢，特别是酸度较小时，Al^{3+} 易水解成多核羟基配合物，使之与 EDTA 配合更慢，即使将酸度提高至 EDTA 滴定 Al^{3+} 的最高酸度（pH = 4.1），仍不能避免多核配合物的形成；同时，Al^{3+} 对二甲酚橙等指示剂有封闭作用，因此不能用直接滴定法测定 Al^{3+}，而应采用返滴定法或置换滴定法。

本实验采用氟化物置换法测定铝。先调节溶液的 pH 为 3~4，加入过量的 EDTA 溶液，煮沸溶液。由于此时溶液的酸度较高（pH < 4.1），Al^{3+} 不会形成多核羟基配合物；又因 EDTA 过量较多，煮沸又加速了 Al^{3+} 与 EDTA 的反应速度，故能使 Al^{3+} 与 EDTA 配合完全。然后将溶液冷却，调节溶液 pH 为 5~6，以二甲酚橙为指示剂（此时 Al^{3+} 已形成 AlY 配合物，就不封闭指示剂了），用锌盐溶液滴定过量的 EDTA（不必计体积）。然后加入能与 Al^{3+} 形成更稳定配合物的选择性试剂 NH$_4$F，加热至沸，使 Al^{3+} 与 F$^-$ 发生转换反应：

$$AlY^- + 6F^- + 2H^+ = AlF_6^{3-} + H_2Y^{2-}$$

释放出与铝等量的 EDTA。溶液冷却后，用锌盐标准溶液滴定释放出的 EDTA，即得

Al^{3+} 的含量。

此法测铝的选择性较高，仅 Zr^{4+}、Ti^{4+}、Sn^{4+} 干扰测定。大量 Fe^{3+} 对二甲酚橙指示剂有封闭作用，故本法不适用于含大量铁的试样。Fe^{3+} 含量不太高时可用此法，但需控制 NH_4F 的用量，否则 FeY^- 也会部分被置换，使结果偏高。为此，可加入 H_3BO_3，使过量的 F^- 生成 BF_4^-，即可防止 Fe^{3+} 的干扰。

三、试剂

（1）EDTA 溶液：$0.02 \ mol \cdot L^{-1}$，同实验 5.1。

（2）锌标准溶液：$0.02 \ mol \cdot L^{-1}$，同实验 5.2。

（3）六次甲基四胺溶液（$200 \ g \cdot L^{-1}$）。

（4）二甲酚橙指示剂（0.2%）。

（5）百里酚蓝：0.1%，0.1 g 指示剂溶于 100 mL 20% 乙醇中。

（6）盐酸（1+1）。

（7）氨水（1+1）。

（8）NH_4F 溶液：$200 \ g \cdot L^{-1}$，配好后储于塑料瓶中。

四、步骤

准确称取 0.5 g 试样于小烧杯中，加入（1+1）盐酸 3 mL、水 5 mL，溶解，定量转移入 250 mL 容量瓶中，以水稀释至刻度，摇匀。

用移液管移取试液 25.00 mL 于 250 mL 锥形瓶中，加 $0.02 \ mL \cdot L^{-1}$ EDTA 溶液 30 mL、0.1% 百里酚蓝指示剂 3~4 滴，滴加（1+1）氨水中和至恰呈黄色（pH = 3~3.5）。煮沸 3 min 左右，加入 $200 \ g \cdot L^{-1}$ 六次甲基四胺溶液 10 mL，使 pH≈5~6，用力振荡，以流水冷却。加二甲酚橙指示剂 3~5 滴，用锌标准溶液滴定至溶液由亮黄色变为紫红色（此时不必记录滴定体积）。

然后加入 $200 \ g \cdot L^{-1}$ NH_4F 溶液 10 mL，加热微沸 2 min，流水冷却，补加二甲酚橙 2~3 滴，此时溶液应呈黄色，若为红色，应滴加盐酸至溶液呈黄色。再用锌标准溶液滴定至溶液由黄色变为紫红色，即为终点。根据消耗的锌标准溶液的体积，计算铝的含量。

思考题

（1）铝的测定为什么不能采用 EDTA 直接滴定法？

（2）本实验中使用的 EDTA 溶液是否需要标定？

（3）为什么加入过量的 EDTA 后，第一次用锌标准溶液滴定时，可以不计所消耗的体积。

实验 5.4   低熔点合金中 Bi、Pb、Cd、Sn 含量的测定

一、目的

掌握借控制酸度、掩蔽、置换等手段进行多种金属离子连续测定的配位滴定方法和原理。

二、原理

伍德（Wold）和罗斯（Rose）型号的低熔点 Bi – Pb – Cd – Sn 合金中四元素含量的测定，可采用 EDTA 联合滴定法进行测定。

Bi^{3+}、Pb^{2+}、Cd^{2+}、Sn^{2+} 都能与 EDTA 形成稳定的 1∶1 型配合物，它们的 lgK 值分别为 27.94、18.04、16.46、22.11。由于它们相互间差别不太大，故不能仅用控制酸度的方法进行分别滴定。然而，可以利用 Sn^{2+} 与 F^- 形成稳定配合物的特点，在 F^- 存在下，调节 pH 为 1.5 ~ 2，以 EDTA 标准溶液滴定 Bi^{3+}，进而将 pH 调至 5 ~ 6，用 EDTA 标准溶液滴定铅、镉的含量。由于 Cd^{2+} 能与邻二氮菲形成较稳定的配合物（$lg \beta_3 = 14.9$），因此可以在滴定铋及铅、镉后的溶液中，加入较大量的邻二氮菲溶液，此时发生下列置换反应。

$$Cd – EDTA + 3phen = Cd(phen)_3 + EDTA$$

用锌标准溶液滴定释放出的 EDTA 就可以测得镉的含量了。

测定锡需另称取一份试样，用 HNO_3 – HCl 混合酸溶解，采用氟化物取代法测定锡，即首先在酸性介质及加热条件下，使 Sn^{2+} 完全与 EDTA 配合，再调节 pH = 5 ~ 6，用锌标准溶液滴定过剩的 EDTA，然后加入 NH_4F 溶液，F^- 定量置换 Sn – EDTA 中的 Sn^{2+}。再用锌标准溶液滴定所释放出的 EDTA，从而测得锡的含量。

本实验选用二甲酚橙作指示剂。

三、试剂

（1）EDTA 标准溶液：$0.02 \ mol \cdot L^{-1}$，同实验 5.1。

（2）ZnO 基准物质：在 800 ℃灼烧至恒重，置于干燥器中备用。

（3）二甲酚橙指示剂（0.2%）。

（4）六次甲基四胺溶液（$200 \ g \cdot L^{-1}$）。

（5）HNO_3 溶液：浓 HNO_3、（1 + 1）HNO_3、（1 + 3）HNO_3。

（6）HCl 溶液（1 + 1）。

（7）HCl – HNO_3 混合液：取（1 + 1）HCl 两份与（1 + 1）HNO_3 一份混匀。

（8）NH_4F 溶液（$50 \ g \cdot L^{-1}$）。

（9）KCl 溶液（$40 \ g \cdot L^{-1}$）。

（10）饱和硫脲溶液。

（11）邻二氮菲溶液：$10 \ g \cdot L^{-1}$，称取 5 g 邻二氮菲溶于含有 3 mL（1 + 1）HCl 的 500 mL 水中。

四、步骤

1. 锌标准溶液的配制及 EDTA 溶液的标定

准确称取基准 ZnO 0.4 g 于 100 mL 烧杯中，加少量水润湿，加（1 + 1）HCl 10 mL，盖上表面皿，使其完全溶解后，吹洗表面皿，将溶液定量转移入 250 mL 容量瓶中，用水稀释至刻度，摇匀。

用移液管移取 25.00 mL Zn^{2+} 标准溶液于 250 mL 锥形瓶中，加入 1 ~ 2 滴二甲酚橙指示剂，滴加 200 g·L⁻¹ 六次甲基四胺溶液至溶液呈现稳定的紫红色后，再过量 5 mL，用 EDTA 标液滴定至溶液由紫红色突变为亮黄色，即为终点。根据滴定用去的 EDTA 体积和 ZnO 的质量，计算 EDTA 溶液的准确浓度。

2. 铋、铅、镉含量的测定

（1）试样的溶解。准确称取合金试样 0.5 g 于 250 mL 烧杯中，加入 50 mL 50 g·L⁻¹ NH_4F 及 20 mL 浓硝酸，微热使试样溶解，加入 50 mL 热水（60~70 ℃），冷却后转移至 250 mL 容量瓶中，用水稀释至刻度，摇匀。

（2）铋的测定。移取试样溶液 50.00 mL 于锥形瓶中，加入 50 mL 水，以（1+1）氨水及（1+1）HNO_3 配合调至溶液 pH = 1.5~2（用精密 pH 试纸试之），然后加入 2 滴二甲酚橙指示剂，用 EDTA 标准溶液滴定至溶液由紫红色变为亮黄色，即为滴定 Bi^{3+} 的终点。

（3）铅、镉的测定。于上述滴定铋的溶液中滴加六次甲基四胺溶液至溶液呈稳定紫红色，再过量 5 mL，然后用 EDTA 标准溶液滴定至黄色，即为滴定铅、镉含量的终点。接着在滴定溶液中加入 10 mL 10 g·L⁻¹ 的邻二氮菲溶液，充分摇匀后，用锌标准溶液缓慢滴定释放出的 EDTA，直至溶液呈橙红色，再加入 2 mL 邻二氮菲溶液，仔细摇匀，若颜色发生变化，则继续滴定至橙红色重新出现即为滴定镉的终点。

3. 锡的测定

准确称取合金试样 0.5 g 于 250 mL 烧杯中，加入 50 mL HCl – HNO_3 混合酸，微热使试样溶解，冷却后加入 30 mL 40 g·L⁻¹ 的 KCl 溶液，转移至 250 mL 容量瓶中，用水稀释至刻度，摇匀。

移取上述试样 25.00 mL 于锥形瓶中，加入 25 mL EDTA 标准溶液，加热至 30~50 ℃ 并保持 2~3 min，冷却至 15 ℃ 以下，用 200 g·L⁻¹ 的六次甲基四胺溶液调至 pH = 5~6，加入 2 滴二甲酚橙指示剂，用锌标准溶液滴定至溶液呈紫红色（不计体积）。然后加入 2 g 固体 NH_4F，加热至 40 ℃ 左右，冷却后用锌标准溶液滴定至紫红色，并保持 1 min 不褪色即为滴定锡的终点。

合金中 Bi、Pb、Cd、Sn 的质量分数分别由下式计算：

$$w_{Bi} = \frac{c_Y \times V_{Y1} \times \dfrac{M_{Bi}}{1\,000}}{m_s \times \dfrac{50.00}{250.0}} \times 100\%$$

$$w_{Pb} = \frac{(c_Y V_{Y2} - c_{Zn} V_{Zn1}) \cdot \dfrac{M_{Pb}}{1\,000}}{m_s \times \dfrac{50.00}{250.0}} \times 100\%$$

$$w_{Cd} = \frac{c_{Zn} \times V_{Zn1} \times \dfrac{M_{Cd}}{1\,000}}{m_s \times \dfrac{50.00}{250.0}} \times 100\%$$

$$w_{Sn} = \frac{c_{Zn} \times V_{Zn2} \times \dfrac{M_{Sn}}{1\,000}}{m_s \times \dfrac{25.00}{250.0}} \times 100\%$$

式中，m_s 为试样质量，g；c_Y、c_{Zn} 分别为 EDTA 标准溶液和锌标准溶液浓度，mol·L^{-1}；V_{Y1}、V_{Y2} 分别为测定铋和铅镉含量时分别消耗 EDTA 的体积，mL；V_{Zn1}、V_{Zn2} 分别为被邻二氮菲、F$^-$ 释放出的 EDTA 所消耗锌标准溶液的体积，mL。

思考题

（1）能否利用控制酸度进行 Bi^{3+}、Sn^{2+} 混合离子及 Bi^{3+}、Cd^{2+} 混合离子的分别滴定？为什么？

（2）测定铋、铅、镉溶样时，为什么要先加 NH_4F 后加 HNO_3？如果次序相反，可能出现什么现象？为什么？

（3）试设计下列混合液的分析方案，并写出详细测定步骤。

① $Bi^{3+} - Pb^{2+}$ 　　　　② $Bi^{3+} - Al^{3+}$

③ $Pb^{2+} - Sn^{4+}$ 　　　　④ $Bi^{3+} - Cu^{2+} - Pb^{2+} - Cd^{2+} - Sn^{2+}$

第六章

氧化还原滴定实验

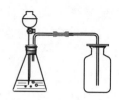

氧化还原滴定法是以氧化还原反应为基础的滴定分析方法，可以直接或间接测定许多无机物和有机物，是应用最广泛的滴定分析方法之一。根据所采用的滴定剂的不同，氧化还原滴定法可分为高锰酸钾法、重铬酸钾法、碘量法、溴酸盐法、铈量法等。

（1）高锰酸钾法（Permanganate titration）：是以氧化剂 $KMnO_4$ 作为滴定剂的滴定分析方法。由于 $KMnO_4$ 氧化能力强，本身呈浅紫色，无须另加指示剂，应用广泛。缺点是 $KMnO_4$ 试剂常含有少量杂质，使溶液不够稳定，又由于其氧化能力强，可以与很多还原性物质发生作用，故干扰比较严重。

实际工作中，高锰酸钾法可根据待测物质的性质，采用不同的滴定方式来实现对不同待测物质的测定。直接滴定可测定许多还原性物质，如 Fe^{2+}、H_2O_2、As（III）、Sb（III）、NO_2^-、$C_2O_4^{2-}$、碱金属及碱土金属的过氧化物等；间接滴定可测定一些本身不具有氧化或还原性质的物质，如 Ca^{2+}、Sr^{2+}、Ba^{2+}、Th^{4+} 等；返滴定法可用于 MnO_2、PbO_2、$Cr_2O_7^{2-}$、MnO_4^- 等氧化性物质的测定，以及甲醛、甲酸、甘露醇、酒石酸、水杨酸、柠檬酸、苯酚、葡萄糖、甘油等有机物的测定。

（2）重铬酸钾法（Dichromate titration）：是以 $K_2Cr_2O_7$ 为滴定剂的分析方法。与高锰酸钾法相比，应用不如高锰酸钾法广泛，但有许多优点。$K_2Cr_2O_7$ 容易提纯，可直接配制标准溶液，且溶液非常稳定，可长期存放，简化了分析手续；$K_2Cr_2O_7$ 氧化性较 $KMnO_4$ 的弱，所以选择性更高。只要溶液中 Cl^- 的浓度较低（通常不超过 $1\ mol \cdot L^{-1}$），在室温条件下，$K_2Cr_2O_7$ 不会氧化 Cl^-，故可直接在 HCl 介质中滴定 Fe^{2+}。

重铬酸钾法最重要的应用是测定铁的含量。通过 $K_2Cr_2O_7$ 和 Fe^{2+} 的反应还可以测定其他氧化性或还原性物质。其还被用于化学耗氧量（COD）的测定。

（3）碘量法（Iodimetry）：是利用 I_2 的氧化性和 I^- 的还原性建立的滴定分析方法。用 I_2 标准溶液直接滴定 $S_2O_3^{2-}$、As（III）、SO_3^{2-}、Sn^{2+}、维生素 C 等强还原剂，称为直接碘量法；利用 I^- 的还原性，使氧化性物质如 $Cr_2O_7^{2-}$、MnO_4^-、Cu^{2+}、Fe^{3+} 等先行与过量的 KI 作用定量地析出 I_2，然后用 $Na_2S_2O_3$ 标准溶液滴定析出的 I_2，从而间接地测定氧化性物质的方法，称为间接碘量法。

碘量法采用淀粉为指示剂，当溶液呈现蓝色（直接碘量法）或蓝色消失（间接碘量法）时即为终点。

碘量法中经常使用 $Na_2S_2O_3$ 和 I_2 两种标准溶液，这两种溶液不宜直接配制，而是采用间接法配制，然后用基准物质标定。

碘量法中应注意防止 I_2 的挥发和空气氧化 I^-，主要采取的措施是：加入过量 KI，使 I_2 形成 I_3^- 络离子；析出 I_2 的反应最好在碘瓶中进行，并置于暗处待反应完全；适当稀释溶液并立即滴定；滴定时勿剧烈摇动。

（4）溴酸钾法（Potassium Bromate method）：溴酸钾是一种强氧化剂，容易提纯，可直接配制标准溶液。溴酸钾法主要用于测定有机物，在酸性溶液中也可直接测定一些还原性物质如 As（Ⅲ）、Sb（Ⅲ）、Sn^{2+} 等。

（5）铈量法（Cerimetry）：Ce^{4+} 是一种强氧化剂，其氧化性与 $KMnO_4$ 相当，凡能用 $KMnO_4$ 测定的物质都可用铈量法测定。与高锰酸钾法相比，Ce^{4+} 标准溶液更稳定，可以在较浓的 HCl 溶液中滴定，反应简单，副反应少。但铈盐价高，实际应用不多。

实验 6.1　高锰酸钾标准溶液的配制和标定

一、目的

（1）了解高锰酸钾标准溶液的配制方法和保存条件。
（2）掌握用 $Na_2C_2O_4$ 作基准标定高锰酸钾溶液浓度的原理、方法及滴定条件。

二、原理

市售 $KMnO_4$ 试剂常含有少量 MnO_2 和其他杂质，如硫酸盐、氯化物及硝酸盐等，因此不能用精确称量的 $KMnO_4$ 来直接配制准确浓度的溶液。$KMnO_4$ 氧化能力强，还易和水中的有机物、空气中的尘埃及氨等还原性物质作用析出 $MnO(OH)_2$ 沉淀；$KMnO_4$ 能自行分解，其分解反应如下：

$$4KMnO_4 + 2H_2O = 4MnO_2\downarrow + 4KOH + O_2\uparrow$$

分解速度随溶液的 pH 而改变。在中性溶液中，分解很慢，但 Mn^{2+} 和 MnO_2 能加速 $KMnO_4$ 的分解，见光则分解得更快。由此可见，$KMnO_4$ 溶液的浓度容易改变，必须正确地配制和保存。正确配制和保存的 $KMnO_4$ 溶液应呈中性，不含 MnO_2，这样浓度就比较稳定，放置数月后，浓度大约只降低 0.5%，但是如果长期使用，仍应定期标定。

用于标定 $KMnO_4$ 溶液的基准物质有 $Na_2C_2O_4$、$H_2C_2O_4 \cdot 2H_2O$、As_2O_3、$FeSO_4 \cdot$（NH_4）$_2SO_4 \cdot 6H_2O$ 和纯铁丝等，其中以 $Na_2C_2O_4$ 最为常用。$Na_2C_2O_4$ 不含结晶水，容易精制。用 $Na_2C_2O_4$ 标定 $KMnO_4$ 溶液的反应为：

$$2MnO_4^- + 5H_2C_2O_4 + 6H^+ = 2Mn^{2+} + 10CO_2\uparrow + 8H_2O$$

滴定时，利用 $KMnO_4$ 自身的紫红色（可被觉察的最低浓度约为 2×10^{-6} mol $\cdot$ L^{-1}）指示终点。标定时，应注意控制温度、酸度、滴定速度等三个重要的反应条件。

三、试剂

（1）$KMnO_4$（固体，AR）。
（2）$Na_2C_2O_4$（AR 或基准试剂）。

（3）1 mol·L^{-1} H$_2$SO$_4$ 溶液。

四、步骤

1. 0.02 mol·L^{-1} KMnO$_4$ 溶液的配制

通过计算求出配制 400 mL 0.02 mol·L^{-1} KMnO$_4$ 的量，在台秤上称取稍多于计算量的 KMnO$_4$ 于 500 mL 烧杯中，加水 400 mL，加热煮沸 20~30 min（随时加水以补充因蒸发而损失的水）。冷却后在暗处放置 7~10 天，然后用玻璃砂芯漏斗或玻璃纤维过滤，除去 MnO$_2$ 等杂质。滤液储于洁净的 500 mL 玻璃塞棕色细口瓶中，放置暗处保存。如果溶液经煮沸并在水浴上保温 1 h，冷却后过滤，则不必长期放置，就可以标定其浓度。

注意：加热及放置时，均应盖上表面，以免尘埃及有机物等落入。

2. KMnO$_4$ 溶液浓度的标定

准确称取计算量（称准至 0.000 2 g）的干燥过的 Na$_2$C$_2$O$_4$ 基准物于 250 mL 锥形瓶中，加水约 10 mL 使之溶解，再加 30 mL 1 mol·L^{-1}H$_2$SO$_4$ 溶液并加热至 75~85 ℃（开始冒热气时），趁热用待标定的 KMnO$_4$ 溶液滴定。开始滴定时反应速度慢，每加入一滴 KMnO$_4$ 溶液，都要摇动锥形瓶，使 KMnO$_4$ 颜色褪去后再继续滴定。待溶液中产生了 Mn^{2+} 后，自催化作用发生，滴定速度可适当加快，但仍须逐滴加入，直到溶液呈现微红色并持续 30 s 不褪即为终点①。

平行测定 3 次，根据每份滴定中 Na$_2$C$_2$O$_4$ 的质量和所消耗的 KMnO$_4$ 溶液的体积，计算 KMnO$_4$ 溶液的浓度，计算公式：

$$c_{KMnO_4} = \frac{2 \times 1\,000 \times m_{Na_2C_2O_4}}{5 \times M_{NaC_2O_4} \times V_{KMnO_4}}$$

式中，$m_{Na_2C_2O_4}$ 为基准物质 Na$_2$C$_2$O$_4$ 的质量，g；$M_{Na_2C_2O_4}$ 为基准物质 Na$_2$C$_2$O$_4$ 的摩尔质量，g·mol^{-1}；V_{KMnO_4} 为滴定 Na$_2$C$_2$O$_4$ 所消耗 KMnO$_4$ 溶液的体积，mL。

思考题

（1）配制 KMnO$_4$ 标准溶液时，为什么要把 KMnO$_4$ 水溶液煮沸一定时间（或放置数天）？配好的 KMnO$_4$ 溶液为什么要过滤后才能保存？过滤时是否能用滤纸？

（2）配好的 KMnO$_4$ 溶液为什么要装在棕色瓶中，放置暗处保存？

（3）用 Na$_2$C$_2$O$_4$ 标定 KMnO$_4$ 溶液浓度时，为什么必须在大量 H$_2$SO$_4$（可以用 HAc、HCl 或 HNO$_3$ 溶液吗？）存在下进行？酸度过高或过低有何影响？为什么要加热至 75~85 ℃ 后才能滴定？溶液温度过高或过低，有什么影响？

（4）用 KMnO$_4$ 溶液滴定 Na$_2$C$_2$O$_4$ 溶液时，KMnO$_4$ 溶液为什么一定要装在玻璃塞的滴定管中？为什么加入第一滴 KMnO$_4$ 溶液后，红色褪去很慢，以后褪色较快？

（5）装 KMnO$_4$ 溶液的烧杯放置较久后，杯壁上常有棕色沉淀（是什么?），不容易洗净，应该怎么洗涤？

（6）对于滴定管中的 KMnO$_4$ 溶液，应怎样准确地读取读数？

---

① KMnO$_4$ 滴定的终点不太稳定，是由于空气中含有还原性气体及尘埃等杂质，落入溶液中能使 KMnO$_4$ 慢慢分解，而使粉红色消失，所以经过 30 s 不褪色，即可认为到达终点。

实验 6.2　饲料中钙含量的测定（高锰酸钾法）

一、目的

（1）掌握 $KMnO_4$ 法间接测定 Ca^{2+} 的原理和方法。

（2）学会消化法处理样品的操作技术。

（3）进行沉淀过滤和滴定分析实验技术的综合训练。

二、原理

利用 Ca^{2+} 与草酸根能形成难溶的草酸盐沉淀的反应，可以用 $KMnO_4$ 法间接测定其含量。含钙试样经适当方法分解处理，使 Ca^{2+} 转入溶液中；然后加入过量的草酸铵，在中性或碱性介质中生成难溶的 CaC_2O_4 沉淀；所得沉淀经过滤、洗涤后，溶于热的稀 H_2SO_4 中，用 $KMnO_4$ 标准溶液滴定生成的 $H_2C_2O_4$，根据 $KMnO_4$ 标准溶液的浓度和滴定所消耗的体积，即可求得试样中钙的含量。反应如下：

$$Ca^{2+} + C_2O_4^{2-} = CaC_2O_4 \downarrow$$

$$CaC_2O_4 + H_2SO_4 = CaSO_4 + H_2C_2O_4$$

$$5H_2C_2O_4 + 2MnO_4^- + 6H^+ = 2Mn^{2+} + 10CO_2 \uparrow + 8H_2O$$

CaC_2O_4 沉淀颗粒细小，易玷污，难以过滤。为了获得纯净且粗大的结晶，通常在含 Ca^{2+} 的酸性溶液中加入过量 $(NH_4)_2C_2O_4$，此时由于 $C_2O_4^{2-}$ 浓度很低，不能生成沉淀，然后向溶液中慢慢滴加稀氨水，使溶液中 $C_2O_4^{2-}$ 浓度慢慢增大，沉淀缓慢生成，以获得颗粒比较粗大的沉淀。沉淀完毕后，pH 应在 $3.5 \sim 4.5$，这样可避免其他难溶钙盐析出，又不使 CaC_2O_4 溶解度太大。沉淀完全后，加热 30 min 使沉淀陈化。过滤后，沉淀表面吸附的 $C_2O_4^{2-}$ 必须洗净，否则分析结果偏高。为了减少沉淀在洗涤时的损失，先用稀 $(NH_4)_2C_2O_4$ 溶液洗涤，然后用微热的蒸馏水洗到不含 $C_2O_4^{2-}$ 时为止。

利用该法可进行各种含钙试样中钙含量的测定。

三、试剂

（1）浓 H_2SO_4。

（2）30% H_2O_2。

（3）$KMnO_4$ 标准溶液（$0.02 \ mol \cdot L^{-1}$）。

（4）$(NH_4)_2C_2O_4$ 溶液，5% 和 0.1%。

（5）氨水（1:1）。

（6）H_2SO_4（1+5，$1 \ mol \cdot L^{-1}$）。

（7）甲基橙（$2 \ g \cdot L^{-1}$）。

（8）$BaCl_2$ 溶液（10%）。

（9）风干饲料样品。

四、步骤

1. 0.02 mol·L^{-1} KMnO$_4$ 标准溶液的配制与标定

同实验 6.1。

2. 饲料样品预处理

样品预处理常用消化法和灰化法两种。样品中含钙量高时用消化法为宜，含钙量低时用灰化法为宜，本实验采用消化法。

准确称取风干饲料样品 2 g 左右，放入 250 mL 凯氏瓶底部，加入浓 H$_2$SO$_4$ 16 mL，混匀润湿后慢慢加热至开始冒大量白烟，微沸约 5 min，取下冷却（约 30 s），逐滴加入 30% H$_2$O$_2$ 约 1 mL，继续加热微沸 2 ~ 5 min，取下稍冷后，添加几滴 H$_2$O$_2$，再加热煮几分钟，稍冷。必要时再加少量 H$_2$O$_2$（用量逐次减少）消煮，直到消煮液完全清亮为止。最后微沸 5 min，以除尽 H$_2$O$_2$，冷却后定量转移到 250 mL 容量瓶中，用蒸馏水多次冲洗凯氏瓶，一并放入容量瓶中，在室温下定容。放置澄清后使用。

3. 样品测定

吸移管准确吸取上述试样溶液 25.00 mL 于 250 mL 烧杯中（吸取的体积取决于样品中钙的含量，一般以消耗 0.02 mol·L^{-1} KMnO$_4$ 标准溶液 25 mL 左右为宜），加水稀至 50 mL，沿玻璃棒加 5%（NH$_4$）$_2$C$_2$O$_4$ 溶液 20 mL，加热到 75 ~ 85 ℃。再加入甲基橙指示剂 2 ~ 3 滴，在不断搅拌下，逐滴加入 1:1 氨水至溶液由红色变为黄色，再过量数滴。检查沉淀是否完全，如沉淀不完全，继续加入（NH$_4$）$_2$C$_2$O$_4$ 溶液，至沉淀完全。将烧杯置于低温电热板（或水浴）上陈化 30 min，冷却后过滤。

先将上层清液倾入漏斗中，让沉淀尽可能地留在烧杯内，以免沉淀堵塞滤纸小孔，清液倾注完毕后进行沉淀的洗涤。洗涤时，将烧杯中的沉淀先用 0.1%（NH$_4$）$_2$C$_2$O$_4$ 溶液洗涤三次（每次用洗涤剂 10 ~ 15 mL，用玻璃棒在烧杯中充分搅动沉淀，放置澄清，再倾泻过滤），再用微热的蒸馏水洗至无 C$_2$O$_4^{2-}$（用 10% BaCl$_2$ 溶液检查滤液）为止。

将带有沉淀的滤纸铺在原烧杯的内壁上，用 50 mL 1 mol·L^{-1} 的 H$_2$SO$_4$ 把沉淀由滤纸洗入烧杯中，再用蒸馏水洗 2 次，加入蒸馏水使总体积约 100 mL，加热至 70 ~ 80 ℃，用 KMnO$_4$ 标准溶液滴定至溶液呈淡红色，再将滤纸搅入溶液中，若溶液褪色，则继续滴定，直至出现的淡红色 30 s 内不消失即为终点。记录消耗 KMnO$_4$ 的体积 V_1。

4. 空白实验

另取滤纸一张，放入 250 mL 烧杯中，加入 1 mol·L^{-1} 的 H$_2$SO$_4$ 溶液（其用量与溶解 Ca$_2$C$_2$O$_4$ 时相同体积），稀释至 100 mL，加热溶液到 75 ~ 85 ℃，用 KMnO$_4$ 标准溶液滴定至微红色，30 s 内不褪色为终点，记录消耗 KMnO$_4$ 的体积 V_2。

5. 结果计算

$$w_{CaO} = \frac{5c_{KMnO_4}(V_1 - V_2)\dfrac{M_{CaO}}{1\,000}}{2 \times \dfrac{25}{250}m_s} \times 100\%$$

式中，w_{CaO} 为试样中 CaO 的质量分数，%；m_s 为试样的质量，g。

五、注意事项

（1）若用均匀沉淀法分离，则在试样分配后，加入 50 mL（NH_4）$_2C_2O_4$ 及尿素 ［$CO(NH_2)_2$］后加热，$CO(NH_2)_2$ 水解产生的 NH_3 均匀地中和 H^+，可使 Ca^{2+} 均匀地沉淀为 CaC_2O_4 的粗大晶形沉淀。

（2）在室温条件下，$KMnO_4$ 与 $C_2O_4^{2-}$ 之间的反应速率缓慢，故需通过加热提高反应速率。但温度不能太高，若超过 85 ℃，则有部分 $H_2C_2O_4$ 分解，反应式如下：

$$H_2C_2O_4 = CO_2\uparrow + CO\uparrow + H_2O$$

思考题

（1）沉淀 CaC_2O_4，为什么要先在酸性溶液中加入沉淀剂（NH_4）$_2C_2O_4$，然后在 70~80 ℃ 时滴加氨水至甲基红指示剂变为黄色？

（2）以（NH_4）$_2C_2O_4$ 沉淀钙时，pH 控制为多少？为什么选择这个 pH？

（3）为什么需先用很稀的（NH_4）$_2C_2O_4$ 溶液来洗草酸钙沉淀，而后又需要用蒸馏水洗草酸钙沉淀？怎样证明草酸钙洗净了？

（4）以本实验中 CaC_2O_4 沉淀的制备为例，说明晶形沉淀形成的条件是什么。

（5）本实验的结果偏高或偏低的主要原因有哪些？

（6）实验中为何要做空白实验？如不做，对实验结果有何影响？

实验 6.3　无汞盐法测定铁矿石中的全铁（重铬酸钾法）

一、目的

（1）掌握 $K_2Cr_2O_7$ 标准溶液的配制和使用。

（2）学习矿石试样的制备方法。

（3）学习 $K_2Cr_2O_7$ 法测定铁的原理和方法。

（4）了解无汞法测定铁，增强环保意识。

二、原理

铁矿石的种类很多，用来炼铁的矿物主要有磁铁矿（Fe_3O_4）、赤铁矿（Fe_2O_3）和菱铁矿（$FeCO_3$）等。铁矿石经酸溶解后，首先用硅钼黄作指示剂，用氯化亚锡还原三价铁为二价铁，当三价铁全部还原为二价铁后，稍微过量的氯化亚锡将硅钼黄还原为硅钼蓝。再以二苯胺磺酸钠为指示剂，用重铬酸钾标准溶液滴定之。本方法既保持了汞盐法快速、简便的特点，结果也与汞盐法一致，并且免除了环境的污染。

三、试剂

（1）$K_2Cr_2O_7$ 标准溶液。

（2）氯化亚锡溶液：15% 和 2% 的 1:1 HCl 溶液。

在台秤上称取 15 g $SnCl_2 \cdot 2H_2O$ 于 250 mL 较干的烧杯内，加入浓盐酸 50 mL，加热溶解后，边搅拌边慢慢加入水稀释为 15% 浓度，并放入锡粒，这样可保存几天，2% 的溶液则在用前把15%溶液用1:1 HCl溶液稀释。

（3）硅钼黄指示剂：称取硅酸钠（$Na_2SiO_3 \cdot 9H_2O$）1.35 g溶于10 mL水中，加5 mL HCl混匀后，加入5%钼酸铵溶液25 mL，用水稀释至100 mL，放置3天后使用。

（4）二苯胺酸钠指示剂：0.5%水溶液。

（5）硫磷混酸：150 mL浓硫酸加入至700 mL水中，冷却后，再加入150 mL磷酸，混匀。

（6）1:1 HCl。

（7）2% $KMnO_4$。

四、步骤

1. 0.008 mol·L^{-1} $K_2Cr_2O_7$ 标准溶液的配制

准确称取在150~180 ℃烘干2 h的$K_2Cr_2O_7$ 1.2~1.3 g，置于100 mL烧杯中，加50 mL水搅拌至完全溶解，然后定量转移至500 mL容量瓶中，用水稀释至刻度，摇匀。

2. 试样分析

准确称取0.11~0.13 g空气干燥的赤铁矿粉末试样三份，分别置于250 mL锥形瓶中，加少量水使试样湿润，然后加入20 mL 1:1 HCl，于电热板上温热至试样分解完全，这时锥形瓶底部应仅留下白色氧化硅残渣。若溶样过程中盐酸蒸发过多，应适当补加，用水吹洗瓶壁，此时溶液的体积应保持在25~50 mL，将溶液加热至近沸，趁热滴加15%氯化亚锡至溶液由棕红色变为浅黄色，加入3滴硅钼黄指示剂，这时溶液应呈黄绿色，滴加2%氯化亚锡至溶液由蓝绿色变为纯蓝色，立即加入100 mL蒸馏水，置锥形瓶于冷水中迅速冷却至室温。然后加入15 mL硫磷混酸、4滴0.5%二苯胺磺酸钠指示剂，立即用$K_2Cr_2O_7$标准溶液滴定至溶液呈亮绿色，再慢慢滴加$K_2Cr_2O_7$标准溶液至溶液呈紫红色，即为终点。

平行测定3份，计算赤铁矿中铁的质量分数。

五、注意事项

（1）以硅钼黄作指示剂，用氯化亚锡还原三价铁时，氯化亚锡要一滴一滴地加入，并充分摇动，以防止氯化亚锡过量，否则使结果偏高。如氯化亚锡已过量，可滴加2% $KMnO_4$至溶液再呈亮绿色，继续用氯化亚锡调节之。

（2）铁还原完全后，溶液要立即冷却，及时滴定，久置会使Fe^{2+}被空气中的氧气氧化。

（3）滴定接近终点时，$K_2Cr_2O_7$要慢慢地加入，过量的$K_2Cr_2O_7$会使指示剂的氧化型破坏。

（4）试样若不能被盐酸分解完全，则可用硫磷混酸分解，溶样时需加热至水分完全蒸发出现三氧化硫白烟，白烟脱离液面3~4 cm。但应注意，加热时间不能过长，以防止生成焦磷酸盐。

思考题

（1）重铬酸钾法测定铁时，滴定前为什么要加入磷酸？

（2）今有一试样溶液，含亚铁、高铁，如何分别测定其中亚铁、高铁及全铁？

实验 6.4　水样中化学耗氧量（COD）的测定
（重铬酸钾法）

一、目的

（1）了解测定 COD 的意义和方法。

（2）掌握重铬酸钾法测定 COD 的原理和方法。

二、原理

化学耗氧量（Chemical Oxygen Demand，COD），是指在一定条件下，用强氧化剂处理水样时所消耗的氧化剂的量，以氧的质量浓度（O_2 mg·L^{-1}）来表示。它和生化需氧量（BOD）一样，是衡量水污染程度的一项重要指标，反映了水中还原性物质（如有机物、亚硝酸盐、亚铁盐、硫化物等）的含量。其值越小，说明水质污染程度越轻。由于各国的实际情况及河流状况不同，COD 的排放标准均不一致，我国《工业废水排放试行标准》中规定，工业废水最高容许排放浓度应小于 100 mg·L^{-1}，但造纸、制革及脱脂棉厂的排水应小于 500 mg·L^{-1}。日本水质标准规定，COD 的最高容许排放浓度应小于 160 mg·L^{-1}（日平均为 120 mg·L^{-1}）。

COD 的测定方法，有高锰酸钾高温氧化法、高锰酸钾低温氧化法（氧吸收量）和重铬酸钾氧化法。测定时，由于氧化剂的种类、浓度及氧化条件等的不同，对氧化物质，特别是有机物质的氧化率也不相同。因此，在存在有机物的情况下，除非是在同一条件下测定 COD，否则不能进行对比。一般用高锰酸钾高温氧化法，其氧化率为 50%～60%；用重铬酸钾法，其氧化率为 80%～90%。因此，高锰酸钾法一般常用于清洁水中 COD 的测定，比较简便、快速。但用于污水或工业废水测定时则不够满意，宜采用重铬酸钾法。

用 $K_2Cr_2O_7$ 法测定，是在水样中加入已知量过量的 $K_2Cr_2O_7$ 溶液，并在强酸介质下加热回流使还原性物质氧化，过量 $K_2Cr_2O_7$ 用硫酸亚铁铵标准溶液返滴定，用试亚铁灵指示滴定终点。由消耗的 $K_2Cr_2O_7$ 即可计算出水样中的 COD。

本法可将大部分的有机物质氧化，但直链烃、芳香烃、苯等化合物仍不能氧化；若加硫酸银作催化剂，直链化合物可被氧化，但对芳香烃类无效，吡啶不被氧化，挥发性直链脂肪族化合物、苯等有机物存在于蒸气相，不能与氧化剂液体接触，氧化不明显。

氯化物在此条件下也能被 $K_2Cr_2O_7$ 氧化生成氯气，消耗一定量 $K_2Cr_2O_7$，因而干扰测定。所以水样中氯化物高于 30 mg·L^{-1} 时，须加硫酸汞消除干扰。

用 0.25 mol·L^{-1} 的 $K_2Cr_2O_7$ 溶液可测定大于 50 mg·L^{-1} 的 COD 值，用 0.025 mol·L^{-1} 浓度的 $K_2Cr_2O_7$ 溶液可测定 5～50 mg·L^{-1} 的 COD 值，但准确度较差。

三、仪器和试剂

（1）磨口三角（或圆底）烧瓶带回流冷凝管，250 mL。

（2）锥形瓶，500 mL。

（3）$K_2Cr_2O_7$ 标准溶液 0.04 mol·L^{-1}：准确称取 150～180 ℃ 烘干 2 h 的重铬酸钾

5.9~6.1 g，置于250 mL烧杯中，加100 mL水搅拌至完全溶解，然后定量转移至500 mL容量瓶中，用水稀释至刻度，摇匀。

（4）试亚铁灵指示剂：称取1.485 g化学纯邻菲啰啉与0.695 g化学纯的硫酸亚铁溶于蒸馏水，稀释至100 mL。

（5）0.25 mol·L^{-1}硫酸亚铁铵标准溶液：称取98 g分析纯硫酸亚铁铵，溶于蒸馏水中，加20 mL浓硫酸，冷却后，稀释至1 000 mL，临用前用$K_2Cr_2O_7$标定。

标定方法：移取25.00 mL $K_2Cr_2O_7$标准溶液，稀释至250 mL，加20 mL浓硫酸，冷却后加2~3滴试亚铁灵指示剂，用硫酸亚铁铵溶液滴定至溶液由黄色经蓝绿色至红褐色为终点，平行标定三份，计算硫酸亚铁铵溶液的浓度。

（6）浓硫酸（AR）。

（7）硫酸银（CP）。

（8）硫酸汞（CP）。

四、步骤

（1）移取50.00 mL水样（或适量水样稀释至50 mL）于250 mL磨口三角（或圆底）烧瓶中，加入25.00 mL $K_2Cr_2O_7$标准溶液，慢慢地加入75 mL浓硫酸，边加边摇动，若用硫酸银作催化剂，此时需加1 g硫酸银。再加数粒玻璃珠，加热回流2 h。比较清洁的水样加热回流的时间可以短一些。

（2）若水样含较多氯化物，则取50.00 mL水样，加硫酸汞1 g、浓硫酸5 mL，待硫酸汞溶解后，再加$K_2Cr_2O_7$溶液25.00 mL、浓硫酸70 mL、硫酸银1 g，加热回流。

（3）冷却后先用约25 mL蒸馏水沿冷凝管冲洗，然后取下烧瓶，将溶液移入500 mL锥形瓶中，冲洗烧瓶4~5次，再用蒸馏水稀释溶液至约350 mL。溶液体积不得大于350 mL，因酸度太低，终点不明显。

（4）冷却后加入2~3滴试亚铁灵指示剂，用硫酸亚铁铵标准溶液滴定至溶液由黄色经蓝绿色至红褐色。记录消耗硫酸亚铁铵标准溶液的体积（V_1）。

（5）同时要做空白实验，即以50.00 mL蒸馏水代替水样，其他步骤同样品操作。记录消耗的硫酸亚铁铵标准溶液的体积（V_0）。

五、计算

$$COD = \frac{(V_1 - V_0) \times c \times M_{O_2} \times 1\ 000}{V} \quad (O_2\ mg \cdot L^{-1})$$

式中，c浓度为硫酸亚铁铵标准溶液的浓度，mol·L^{-1}；V_0为空白消耗硫酸亚铁铵标准溶液的体积，mL；V_1为水样消耗硫酸亚铁铵标准溶液的体积，mL；V为水样体积，mL。

思考题

（1）测定水样的耗氧量时，是否一定要加入硫酸银？加入硫酸银的作用是什么？

（2）什么情况下才加入硫酸汞？

（3）为什么需要做空白实验？

（4）测定化学耗氧量时，有哪些影响因素？

实验6.5 硫代硫酸钠标准液的配制和标定

一、目的

（1）掌握 $Na_2S_2O_3$ 溶液的配制方法和保存条件。

（2）了解标定 $Na_2S_2O_3$ 溶液浓度的原理和方法。

（3）掌握间接碘量法的测定方法。

二、原理

硫代硫酸钠（ $Na_2S_2O_3 \cdot 5H_2O$ ）一般都含有少量杂质，如 S、Na_2SO_3、Na_2SO_4、Na_2CO_3 及 NaCl 等，同时还容易风化和潮解，因此不能直接配制准确浓度的溶液。$Na_2S_2O_3$ 溶液也不稳定，容易分解，配成溶液后，浓度仍有所改变。引起 $Na_2S_2O_3$ 分解的原因如下。

① 溶液的酸度：$Na_2S_2O_3$ 在中性或碱性溶液中稳定，当 pH < 4.6 时即不稳定。溶液中含有 CO_2 时，会促进 $Na_2S_2O_3$ 分解。

$$Na_2S_2O_3 + H_2CO_3 \rightarrow NaHSO_3 + NaHCO_3 + S\downarrow$$

此分解作用一般发生在溶液配成后的最初 10 天内，分解后，一分子 $Na_2S_2O_3$ 变成了一分子 $NaHSO_3$，一分子 $Na_2S_2O_3$ 只能与一个碘原子作用，而一分子 $NaHSO_3$ 却能和两个碘原子作用，因此，从反应能力来看，溶液的浓度增加了。

在 pH = 9~10 时，$Na_2S_2O_3$ 溶液最为稳定，所以，在 $Na_2S_2O_3$ 溶液中，应加入少量的 Na_2CO_3。

② 空气的氧化作用：

$$2Na_2S_2O_3 + O_2 \rightarrow 2Na_2SO_4 + 2S\downarrow$$

使 $Na_2S_2O_3$ 的浓度降低。

③ 微生物的作用：这是使 $Na_2S_2O_3$ 分解的主要原因。为了避免微生物的分解作用，可加入少量 HgI_2（10 mg·L^{-1}）。

为了减少溶解在水中的 CO_2 和杀死水中微生物，应用新煮沸后冷却的蒸馏水配制溶液，并加入少量 Na_2CO_3，使溶液呈弱碱性，以抑制细菌再生长，防止 $Na_2S_2O_3$ 分解。

日光能促进 $Na_2S_2O_3$ 溶液分解，所以 $Na_2S_2O_3$ 溶液应储于棕色瓶中，放置暗处，经 8~10 天后再进行标定。长期使用的 $Na_2S_2O_3$ 溶液应定期标定。若保存得好，可每两个月标定一次。

通常用 $K_2Cr_2O_7$ 作基准物来标定 $Na_2S_2O_3$ 溶液的浓度。$K_2Cr_2O_7$ 先与 KI 反应析出 I_2：

$$Cr_2O_7^{2-} + 6I^- + 14H^+ = 2Cr^{3+} + 3I_2 + 7H_2O$$

析出的 I_2 再用待标定的 $Na_2S_2O_3$ 溶液滴定：

$$I_2 + 2S_2O_3^{2-} = 2I^- + S_4O_6^{2-}$$

这个标定方法也是间接碘法的应用实例之一。

三、试剂

（1）$K_2Cr_2O_7$（A.R. 或基准试剂）。

（2）$Na_2S_2O_3 \cdot 5H_2O$（固体，AR）。

（3）KI（固体，AR）。

（4）Na_2CO_3（固体，AR）。

（5）6 mol·L^{-1} HCl。

（6）0.2%淀粉溶液。

四、步骤

1. 0.1 mol·L^{-1} $Na_2S_2O_3$ 标准液的配制

先计算配制 500 mL 0.1 mol·L^{-1} $Na_2S_2O_3$ 溶液需要多少克 $Na_2S_2O_3 \cdot 5H_2O$。在台秤上称出所需的 $Na_2S_2O_3 \cdot 5H_2O$，用新煮沸并冷却的蒸馏水溶解。为了使溶液的浓度趋于稳定，加入 0.1 g Na_2CO_3，充分混合均匀，倒入洁净的棕色瓶中，塞紧瓶塞，保存在柜内暗处 7～14 天后标定。

2. $Na_2S_2O_3$ 溶液浓度的标定

准确称取已烘干的 $K_2Cr_2O_7$（其质量相当于 20～30 mL 0.1 mol·L^{-1} $Na_2S_2O_3$ 溶液）于 250 mL 碘量瓶中，加入 10～20 mL 水使之溶解，再加固体 KI 1 g 和 6 mol·L^{-1}HCl 溶液 5 mL，混匀后盖好盖，放在暗处 5 min。然后用 50 mL 水稀释，用 0.1 mol·L^{-1} $Na_2S_2O_3$ 溶液滴定到呈浅黄绿色。加入 0.2%淀粉溶液 5 mL，继续滴定至由蓝色变为亮绿色，即为终点。

根据 $K_2Cr_2O_7$ 的质量及消耗的 $Na_2S_2O_3$ 溶液的体积，计算 $Na_2S_2O_3$ 溶液的浓度。三份平行测定的相对平均偏差应小于 0.2%。

思考题

（1）要使 $Na_2S_2O_3$ 溶液的浓度比较稳定，应如何配制和保存？

（2）用 $K_2Cr_2O_7$ 作基准物标定 $Na_2S_2O_3$ 溶液时，为什么要加入过量的 KI 和 HCl 溶液？为什么要放置一定时间后，才加入水稀释？如果① 加 KI 而不加 HCl 溶液；② 加酸后不放置暗处；③ 不放置或少放置一定时间即加水稀释，会产生什么影响？

（3）为什么用 I_2 溶液滴定 $Na_2S_2O_3$ 时应预先加入淀粉指示剂？而用 $Na_2S_2O_3$ 滴定 I_2 溶液时，必须在临近终点之前才加入淀粉指示剂？

（4）碘量法误差的来源有哪些？应如何避免？

实验 6.6　硫酸铜中铜含量的测定（间接碘量法）

一、目的

掌握用碘量法测定铜的原理和方法。

二、原理

二价铜盐与碘化物发生下列反应：

$$2Cu^{2+} + 4I^- = 2CuI\downarrow + I_2$$
$$I_2 + I^- = I_3^-$$

析出的 I_2 再用 $Na_2S_2O_3$ 标准溶液滴定，由此可以计算出铜的含量。

Cu^{2+} 与 I^- 的反应是可逆的，为了促使此反应趋于完全，必须加入过量的 KI。反应生成的 CuI 沉淀强烈地吸附 I_3^-，会使测定结果偏低。如果加入 KSCN，使 $CuI(K_{sp} = 5.06 \times 10^{-12})$ 转化为溶解度更小的 $CuSCN(K_{sp} = 4.8 \times 10^{-15})$：

$$CuI + SCN^- = CuSCN + I^-$$

这样不但可以释放被吸附的 I_3^-，而且反应时再生成的 I^- 可与未反应的 Cu^{2+} 发生作用，在这种情况下，可以使用较少的 KI，使反应进行得更完全。但是 KSCN 只能在接近终点时加入，否则由于 I_2 的量较多，会明显地被 KSCN 还原而使结果偏低：

$$SCN^- + 4I_2 + 4H_2O = SO_4^{2-} + 7I^- + ICN + 8H^+$$

为了防止铜盐水解，反应必须在酸性溶液中进行。酸度过低，Cu^{2+} 氧化 I^- 的反应进行不完全，结果偏低，而且反应速度慢，终点拖长；酸度过高，则 I^- 被空气氧化为 I_2 的反应为 Cu^{2+} 催化，使结果偏高。

大量的 Cl^- 能与 Cu^{2+} 配位，I^- 不易从 Cu^{2+} 的配合物中将 Cu^{2+} 定量还原，因此最好用硫酸而不用盐酸。

矿石或合金中的铜也可以用碘量法测定。但必须设法防止其他能氧化 I^- 的物质（如 NO_3^-、Fe^{3+} 等）的干扰。防止的方法是加入掩蔽剂，以掩蔽干扰离子（例如使 Fe^{3+} 生成 FeF_6^{3-} 而掩蔽），或在测定前将它们分离除去。

三、试剂

（1）$0.1 \ mol \cdot L^{-1} \ Na_2S_2O_3$ 标准溶液。

（2）$1 \ mol \cdot L^{-1} H_2SO_4$ 溶液。

（3）0.2% 淀粉溶液。

（4）KI（固体，AR）。

四、步骤

1. $0.1 \ mol \cdot L^{-1} \ Na_2S_2O_3$ 标准液的配制和标定

参见实验 6.5。

2. 样品测定

精确称取硫酸铜试样（每份质量相当于 $20 \sim 30 \ mL \ 0.1 \ mol \cdot L^{-1} \ Na_2S_2O_3$ 溶液）于 250 mL 碘量瓶中，加 $1 \ mol \cdot L^{-1} H_2SO_4$ 溶液 3 mL 和水 30 mL 使之溶解。加入固体 KI 1 g，立即用 $Na_2S_2O_3$ 标准溶液滴定至呈浅黄色。然后加入 0.2% 淀粉溶液 5 mL，继续滴定到呈浅灰色。再加入 5 mL 10% KSCN 溶液，摇匀后溶液蓝色转深，再继续滴定到蓝色恰好消失，此时溶液为米色 CuSCN 悬浮液。

平行测定三份，由实验结果计算硫酸铜中铜的含量，三次测定结果的相对平均偏差应小于 0.2%。

思考题

（1）硫酸铜易溶于水，为什么溶解时要加硫酸？

（2）用碘量法测定铜含量时，为什么要加入 KSCN 溶液？如果在酸化后立即加入 KSCN

溶液，会产生什么影响？

（3）已知 $E^0_{Cu^{2+}/Cu^+}=0.158$ V，$E^0_{I_2/I^-}=0.54$ V，为什么本法中 Cu^{2+} 能使 I^- 氧化为 I_2？

（4）用碘量法测铜时，为什么一定要在弱酸性溶液中进行？

（5）如果分析矿石或合金中的铜，试液中含有 Fe^{3+}，应如何消除它的干扰？

（6）如果用 $Na_2S_2O_3$ 标准溶液测定铜矿或铜合金中铜的含量，用什么基准物标定 $Na_2S_2O_3$ 溶液的浓度比较好？

实验 6.7　注射液中葡萄糖含量的测定（碘量法）

一、目的

（1）掌握碘标准溶液的配制和方法。

（2）了解碘量法测定葡萄糖的方法和原理。

二、原理

在碱性溶液中，I_2 可歧化成 IO^- 和 I^-，IO^- 能定量地将葡萄糖（$C_6H_{12}O_6$）氧化成葡萄糖酸（$C_6H_{12}O_7$），未与 $C_6H_{12}O_6$ 作用的 IO^- 进一步歧化为 IO_3^- 和 I^-。溶液酸化后，IO_3^- 又与 I^- 作用析出 I_2，用 $Na_2S_2O_3$ 标准溶液滴定析出的 I_2，由此可计算出 $C_6H_{12}O_6$ 的含量。有关反应式如下：

（1）I_2 的歧化：

$$I_2 + 2OH^- = IO^- + I^- + H_2O$$

（2）$C_6H_{12}O_6$ 和 IO^- 定量作用：

$$C_6H_{12}O_6 + IO^- = I^- + C_6H_{12}O_7$$

（3）总反应式：

$$I_2 + C_6H_{12}O_6 + 2OH^- = C_6H_{12}O_7 + 2I^- + H_2O$$

（4）与 $C_6H_{12}O_6$ 作用完后，剩下未作用的 IO^- 在碱性条件下发生歧化反应：

$$3IO^- = IO_3^- + 2I^-$$

（5）在酸性条件下：

$$IO_3^- + 5I^- + 6H^+ = 3I_2 + 3H_2O$$

（6）析出的过量 I_2 可用标准 $Na_2S_2O_3$ 溶液滴定：

$$I_2 + 2S_2O_3^{2-} = 2I^- + S_4O_6^{2-}$$

由以上反应可以看出，一分子葡萄糖与一分子 NaIO 作用，而一分子 I_2 产生一分子 NaIO，也就是一分子葡萄糖与一分子 I_2 相当。本法可用于葡萄糖注射液中葡萄糖含量的测定。

三、试剂

（1）I_2 溶液（0.05 mol·L^{-1}）。

（2）$Na_2S_2O_3$ 标准溶液（0.1 mol·L^{-1}）：称取 13 g $Na_2S_2O_3$·$5H_2O$ 溶于 500 mL 水，

具体标定与配制方法见实验 6.5。

（3）HCl 溶液（2 mol·L^{-1}）。

（4）NaOH 溶液（0.2 mol·L^{-1}）。

（5）淀粉溶液（0.5%）：称取 0.5 g 可溶性淀粉，用少量水调成糊状，慢慢加入到 100 mL 沸腾的蒸馏水中，继续煮沸至溶液透明为止。

（6）KI（固体，AR）。

（7）葡萄糖注射液（0.5%）：将 5% 的葡萄糖注射液稀释 10 倍。

四、步骤

1. 0.05 mol·L^{-1} I$_2$ 标准溶液的配制和标定

（1）配制：称取 3.2 g I$_2$ 于小烧杯中，加入 6 g KI，先用约 30 mL 水溶解，待 I$_2$ 完全溶解后，稀释至 250 mL，摇匀，储于棕色瓶中，放至暗处保存。

（2）标定：移取 25.00 mL I$_2$ 溶液于 250 mL 锥形瓶中，加 50 mL 蒸馏水稀释，用已标定好的 Na$_2$S$_2$O$_3$ 标准溶液滴定至溶液呈浅黄色，再加入 2 mL 淀粉溶液，继续滴定至蓝色刚好消失即为终点。记下消耗的 Na$_2$S$_2$O$_3$ 溶液体积。平行标定 3 份，计算 I$_2$ 溶液的浓度。

2. 葡萄糖含量的测定

移取 25.00 mL 0.5% 葡萄糖注射液于 250 mL 容量瓶中，加水至刻度，摇匀。移取 25.00 mL 稀释后的葡萄糖溶液于 250 mL 锥形瓶中，准确加入 0.05 mol·L^{-1} I$_2$ 标准溶液 25.00 mL，慢慢滴加 0.2 mol·L^{-1} NaOH，边加边摇，直至溶液呈淡黄色（加碱的速度不能过快，否则生成的 IO$^-$ 来不及氧化 C$_6$H$_{12}$O$_6$，使测定结果偏低）。用小表面皿将锥形瓶盖好，放置 10~15 min，然后加 6 mL 2 mol·L^{-1} HCl 使溶液成酸性，并立即用 Na$_2$S$_2$O$_3$ 溶液滴定，至溶液呈浅黄色时，加入淀粉指示剂 3 mL，继续滴至蓝色刚好消失即为终点，记下滴定读数。平行滴定 3 份，计算葡萄糖的含量。

思考题

（1）配制 I$_2$ 溶液时，为何加入 KI？为何要先用少量水溶解后再稀释至所需体积？

（2）为什么在氧化葡萄糖时加碱的速度要慢，且加完后要放置一段时间，而在酸化后要立即用 Na$_2$S$_2$O$_3$ 滴定？

实验 6.8 维生素 C 制剂中抗坏血酸含量的测定（直接碘量法）

一、目的

了解直接碘量法测定抗坏血酸的原理和方法。

二、原理

维生素 C（Vc）又称抗坏血酸，分子式为 C$_6$H$_8$O$_6$。Vc 具有还原性，可被 I$_2$ 定量氧化，因而可用 I$_2$ 标准溶液直接滴定。其滴定反应式为：

$$C_6H_8O_6 + I_2 = C_6H_6O_6 + 2HI$$

用直接碘量法可测定药片、注射液、饮料、蔬菜、水果等中的 Vc 含量。

由于 Vc 的还原性很强，较易被溶液和空气中的氧气氧化，在碱性介质中，这种氧化作用更强，因此，滴定宜在酸性介质中进行，以减少副反应的发生。考虑到 I^- 在强酸性溶液中也易被氧化，故一般选在 pH = 3 ~ 4 的弱酸性溶液中进行滴定。

三、试剂

（1）I_2 溶液（约 0.05 mol·L^{-1}）：称取 3.3 g I_2 和 5 g KI，置于研钵中，加少量水，在通风橱中研磨。待 I_2 全部溶解后，将溶液转入棕色试剂瓶中，加水稀释至 250 mL，充分摇匀，放暗处保存。

（2）$Na_2S_2O_3$ 标准溶液（约 0.1 mol·L^{-1}）。

（3）淀粉溶液（0.2%）。

（4）HAc（2 mol·L^{-1}）。

（5）固体 Vc 样品（维生素 C 片剂）。

（6）$K_2Cr_2O_7$ 标准溶液（约 0.020 mol·L^{-1}）。

四、步骤

1. I_2 标准溶液的配制和标定

参见实验 6.7。

2. 维生素 C 含量的测定

准确称取约 0.2 g 研碎了的 Vc 药片，置于 250 mL 锥形瓶中，加入 100 mL 新煮沸过并冷却的蒸馏水、10 mL 2 mol·L^{-1} HAc 溶液和 5 mL 0.2% 淀粉液，立即用 I_2 标准溶液滴定至出现稳定的浅蓝色，且在 30 s 内不褪色即为终点，记下消耗的 I_2 溶液体积。平行滴定三份，计算试样中抗坏血酸的质量分数。

思考题

（1）溶解 I_2 时，加入过量 KI 的作用是什么？

（2）Vc 固体试样溶解时，为何要加入新煮沸并冷却的蒸馏水？

（3）碘量法的误差来源有哪些？应采取哪些措施减小误差？

实验 6.9　工业苯酚纯度的测定（溴酸钾法）

一、目的

（1）了解和掌握以溴酸钾法与碘量法配合，间接测定苯酚的原理和方法。

（2）学会直接配制溴酸钾标准溶液的方法。

（3）了解"空白实验"的意义和作用，学会"空白实验"的方法和应用。

二、原理

苯酚又名石炭酸，是重要的化工原料之一。苯酚在水中溶解度很小，常加入 NaOH，使其生成易溶于水的苯酚钠。工业苯酚一般含有杂质，可用氧化还原滴定法测定其含量。

苯酚的测定是基于苯酚与 Br_2 作用，生成稳定的三溴苯酚：

$$C_6H_5OH + 3Br_2 = C_6H_2OH \cdot Br_3 \downarrow + 3H^+ + 3Br^-$$

由于上述反应进行较慢，而且 Br_2 极易挥发，因此不能用 Br_2 液直接滴定苯酚，而应用过量 Br_2 与苯酚进行溴代反应。由于 Br_2 浓度不稳定，一般使用 $KBrO_3$（含有 KBr）标准溶液在酸性介质中反应，产生相当量的 Br_2：

$$BrO_3^- + 5Br^- + 6H^+ = 3Br_2 + 3H_2O$$

溴代反应完成后，过量的 Br_2 再用还原剂标准溶液滴定。但是一般常用的还原性滴定剂 $Na_2S_2O_3$ 易被 Br_2、Cl_2 等较强氧化剂氧化为 SO_4^{2-}，因而不能用 $Na_2S_2O_3$ 直接滴定 Br_2（而且 Br_2 易挥发损失）。因此，过量的 Br_2 应与过量 KI 作用，置换出 I_2：

$$Br_2 + 2KI = I_2 + 2KBr$$

析出的 I_2 再用 $Na_2S_2O_3$ 标准溶液滴定：

$$I_2 + 2Na_2S_2O_3 = 2NaI + Na_2S_4O_6$$

由上述反应中可以看出，1 mol 苯酚在溴化反应中与 3 mol Br_2 作用，而每个 Br_2 在氧化还原反应中转移 2 个电子，因而 1 分子苯酚相当于转移 6 个电子，所以苯酚的基本单元为1/6 C_6H_5OH。

三、仪器和试剂

仪器：碘量瓶（250 mL）3 个。

试剂：

（1）$KBrO_3$（AR 或基准试剂）。

（2）KBr、KI。

（3）工业苯酚试样。

（4）6 mol · L^{-1} HCl。

（5）10% NaOH 溶液。

（6）0.2% 淀粉溶液。

（7）0.1 mol · L $Na_2S_2O_3$ 标准溶液。

四、步骤

（1）$c_{1/6KBrO_3} = 0.1$ mol · L 的 $KBrO_3$ – KBr 标准溶液的配制：准确称取配制 250 mL $c_{1/6KBrO_3}$ 为 0.1 mol · L^{-1} 的 $KBrO_3$ – KBr 溶液所需质量的 $KBrO_3$（$KBrO_3$ 需在 120 ℃ 烘干 1~2 h）和 3.5 g KBr，用少量水溶解后，定量转移到 250 mL 容量瓶中，加水稀释至刻度，摇匀，计算以 $\frac{1}{6}$ $KBrO_3$ 为基本单元的 $KBrO_3$ – KBr 标准溶液的准确浓度。

（2）苯酚含量的测定：准确称取工业苯酚 0.2~0.3 g 于盛有 5 mL 10% NaOH 溶液的 100 mL 烧杯中，再加少量水使之溶解。然后转入 250 mL 容量瓶中，用水洗烧杯数次，洗涤液一并转入容量瓶中，再用水稀释至刻度，摇匀。准确吸取此溶液 10 mL 于 250 mL 碘量瓶中，再准确吸取 25 mL $KBrO_3$ – KBr 溶液于其中，然后加入 20 mL 6 mol · L^{-1} HCl 溶液，立即盖好，摇匀，放置 5~10 min，此时生成白色三溴苯酚沉淀和棕褐色的 Br_2。加入 1 g KI，摇匀，放置 5 min，用少量水冲洗瓶盖，立即用 $Na_2S_2O_3$ 标准溶液滴定至溶液呈浅黄色，加入淀粉溶液 5 mL，继续滴定至蓝色恰好消失，即为终点。

同时做空白实验，准确吸取 25 mL $KBrO_3 - KBr$ 溶液与 250 mL 碘量瓶中，加入 10 mL 蒸馏水及 10 mL HCl 溶液，迅速盖好振摇 2 min，静置 5 min，以下操作与测定苯酚相同。根据测定数据计算苯酚含量。

思考题

（1）溴酸钾法与碘量法配合使用测定苯酚的原理是什么？写出各步反应式。

（2）什么叫空白实验？它的作用是什么？

（3）在配制 $KBrO_3 - KBr$ 标准溶液时，为什么 $KBrO_3$ 的称量必须准确，而 KBr 不需要准确称量？

（4）在测定过程中，加 KI 的操作应注意什么？

（5）本实验的主要误差来源是什么？

第七章

沉淀滴定实验

沉淀滴定法是以沉淀反应为基础的滴定分析方法。化学反应中的沉淀反应虽然很多，但由于许多沉淀组成不恒定，溶解度较大，易形成过饱和溶液，达到平衡的速度慢及共沉淀现象严重等，使得大多数沉淀反应并不能用于沉淀滴定分析。目前有实际意义，可用于沉淀滴定分析的反应是生成微溶性银盐的反应，如：

$$Ag^+ + Cl^- = AgCl \downarrow$$

$$Ag^+ + SCN^- = AgSCN \downarrow$$

以这类反应为基础的沉淀滴定法又称为银量法。利用银量法可测定含 Cl^-、Br^-、I^-、SCN^-、Ag^+ 等离子的化合物。目前应用较广的银量法有三种：以 K_2CrO_4 为指示剂的莫尔法；以铁铵矾为指示剂的佛尔哈德法；以吸附指示剂指示终点的法扬司法。各种方法各有优缺点，供不同的情况选用。

某些重金属的盐类（如 HgS、$PbSO_4$、$BaSO_4$、$K_2Zn_3[Fe(CN)_6]_2$、ThF_4、$AgCN$）和有机沉淀剂参加的反应（如 $NaB(C_6H_5)_4$）等，在沉淀滴定分析中也可以应用。

实验7.1　可溶性氯化物中氯含量的测定（莫尔法）

一、目的

（1）学习 $AgNO_3$ 标准溶液的配制和标定。

（2）掌握莫尔法测定氯的原理和方法。

二、原理

可溶性氯化物中氯含量的测定常采用莫尔法，此方法是在中性或弱碱性溶液中，以 K_2CrO_4 为指示剂，用 $AgNO_3$ 标准溶液进行滴定。Ag^+ 先与 Cl^- 生成白色沉淀，过量一滴 $AgNO_3$ 溶液即与指示剂 CrO_4^{2-} 生成 Ag_2CrO_4 砖红色沉淀，指示终点，主要反应如下：

$$Ag^+ + Cl^- = AgCl \downarrow （白） \qquad K_{sp} = 1.8 \times 10^{-10}$$

$$2Ag^+ + CrO_4^{2-} = Ag_2CrO_4 \downarrow （砖红） \qquad K_{sp} = 2.0 \times 10^{-12}$$

最适宜的 pH 范围是 $6.5 \sim 10.5$，如有 NH_4^+ 存在，则 pH 需控制在 $6.5 \sim 7.2$。

指示剂的用量对滴定有影响，一般以 5×10^{-3} mol·L^{-1} 为宜。有时须做指示剂的空白校正，取 2 mL K_2CrO_4 溶液，加水 100 mL，加与 AgCl 沉淀量相当的无 Cl^- 的 $CaCO_3$，以制成和实际滴定相似的浑浊液，滴入 $AgNO_3$ 溶液至与终点颜色相同。

能与 Ag^+ 生成沉淀或与之配位的阴离子都干扰测定；能与指示剂 CrO_4^{2-} 生成沉淀的阳离子也干扰测定；大量的有色离子将影响终点观察；易水解生成沉淀的高价金属离子也干扰测定。

三、试剂

（1）NaCl 基准试剂：使用前在 500~600 ℃ 灼烧 30 min，置于干燥器中冷却。
（2）$AgNO_3$ 化学纯。
（3）K_2CrO_4 溶液 5%。
（4）NaCl 试样：粗食盐。

四、步骤

1. 0.1 mol·L^{-1} NaCl 标准溶液的配制

准确称取 0.45~0.50 g 基准试剂 NaCl 于小烧杯中，用蒸馏水溶解后，转移至 100 mL 容量瓶中，稀释至刻度，摇匀。

2. 0.1 mol·L^{-1} $AgNO_3$ 溶液的配制及标定

称取 8.5 g $AgNO_3$，溶解于 500 mL 不含 Cl^- 的蒸馏水中，储于带玻璃塞的棕色试剂瓶中，放置暗处保存。

准确移取 NaCl 标准溶液 25.00 mL 于 250 mL 锥形瓶中，加水 25 mL、5% K_2CrO_4 1 mL，在不断摇动下，用 $AgNO_3$ 溶液滴定至溶液呈砖红色，即为终点。平行测定 3 份，计算 $AgNO_3$ 溶液的准确浓度。

3. 氯含量的测定

准确称取 1.6 g NaCl 试样于小烧杯中，加水溶解后，定容于 250 mL 容量瓶中。

准确移取 25.00 mL NaCl 试液于 250 mL 锥形瓶中，加水 25 mL、5% K_2CrO_4 1 mL，在不断摇动下，用 $AgNO_3$ 标准溶液滴定至溶液呈砖红色，即为终点。平行测定 3 份，计算试样中氯含量。

实验结束后，盛装 $AgNO_3$ 的滴定管应先用蒸馏水冲洗 2~3 次，再用自来水冲洗，以免产生 AgCl 沉淀，难以洗净。含银废液应予以回收，不得随意倒入水槽。

思考题
（1）K_2CrO_4 指示剂的浓度太大或太小，对测定 Cl^- 有何影响？
（2）莫尔法测 Cl^- 时，溶液的 pH 应控制在什么范围？为什么？
（3）滴定过程中，为什么要充分摇动溶液？

实验7.2 酱油中氯化钠含量的测定（佛尔哈德法）

一、目的

（1）学习 NH_4SCN 标准溶液的配制和标定。

（2）掌握佛尔哈德法测定氯含量的原理和方法。

二、原理

用铁铵矾作指示剂的银量法称为佛尔哈德法。佛尔哈德法又分为直接滴定法和返滴定法。直接滴定法是以 NH_4SCN 作标准溶液滴定 Ag^+；返滴定法是用两个标准溶液（$AgNO_3$ 和 NH_4SCN）测定卤化物。例如，测定氯化物时，在含氯化物的酸性溶液中，加入过量的 $AgNO_3$ 标准溶液，然后以铁铵矾作指示剂，用 NH_4SCN 标准溶液返滴定过量的 Ag^+，反应如下：

$$Ag^+ + Cl^- = AgCl\downarrow（白色）\qquad K_{sp} = 1.8 \times 10^{-10}$$
$$Ag^+（剩余）+ SCN^- = AgSCN\downarrow（白色）\qquad K_{sp} = 1.0 \times 10^{-12}$$
$$Fe^{3+} + SCN^- = FeSCN^{2+}（红色）\qquad K_1 = 138$$

当 Ag^+ 定量沉淀后，过量一滴的 NH_4SCN 与 Fe^{3+} 立即生成红色的 $FeSCN^-$ 配离子，指示终点到达。但由于 $K_{sp}(AgCl) > K_{sp}(AgSCN)$，因此，过量的 SCN^- 将与 $AgCl$ 发生反应，使 $AgCl$ 沉淀转化为溶解度更小的 $AgSCN$：

$$AgCl(s) + SCN^- = AgSCN\downarrow + Cl^-$$

所以，在溶液出现红色之后，随着不断地摇动溶液，红色逐渐消失，得不到正确的终点。为了避免这种现象，可采用两种措施：一种是加入一定过量的 $AgNO_3$ 标准溶液后，将溶液煮沸，使 $AgCl$ 沉淀凝聚，然后过滤除去；另一种是加入有机溶剂（如硝基苯），剧烈摇动，使 $AgCl$ 沉淀覆盖一层有机溶剂，防止 $AgCl$ 发生转化反应。

滴定时，控制氢离子浓度为 $0.1 \sim 1\ mol \cdot L^{-1}$，指示剂的用量对滴定也有影响，一般控制 Fe^{3+} 浓度为 $0.015\ mol \cdot L^{-1}$ 为宜。

用佛尔哈德法测定食用酱油中氯化钠含量，采用返滴定法，加入过量 $AgNO_3$ 标准溶液后，用 HNO_3 和 $KMnO_4$ 除色，过滤 $AgCl$ 沉淀，用 NH_4SCN 标准溶液滴定过量的 Ag^+ 便可计算出试液中氯化钠的含量。

三、试剂

（1）$0.1\ mol \cdot L^{-1}$ NaCl 标准溶液：配法同实验 7.1 "可溶性氯化物中氯含量的测定"。

（2）$0.1\ mol \cdot L^{-1}$ $AgNO_3$ 溶液：配法同实验 7.1。

（3）NH_4SCN 化学纯。

（4）$40\ g \cdot L^{-1}$ 铁铵矾指示剂：称取 40 g 铁铵矾 $[NH_4Fe(SO_4)_2 \cdot 12H_2O]$ 溶于适量水中，然后用 $1\ mol \cdot L^{-1} HNO_3$ 稀释至 100 mL。

（5）5% $KMnO_4$ 溶液。

（6）HNO_3 溶液（1+2）。

四、步骤

1. $0.1\ mol \cdot L^{-1}$ NH_4SCN 溶液的配制

称取 4 g NH_4SCN，溶于 500 mL 水中。

2. NH_4SCN 溶液和 $AgNO_3$ 溶液体积比的测定

由滴定管放出 20.00 mL $AgNO_3$ 溶液于 250 mL 锥形瓶中，加入（1+2）HNO_3 5 mL 和铁

氨矾指示剂 1 mL。在剧烈摇动下用 NH_4SCN 溶液滴定，直至出现淡红色并继续振荡不再消失时，即为终点。计算 1 mL NH_4SCN 相当于多少毫升 $AgNO_3$。

3. NH_4SCN 和 $AgNO_3$ 溶液的标定

用移液管移取 25.00 mL NaCl 标准溶液，用滴定管准确加入 45.00 mL $AgNO_3$ 溶液，将溶液煮沸，过滤沉淀。洗净沉淀与滤纸，然后加入 1 mL 铁铵矾指示剂，用 NH_4SCN 溶液滴定滤液（包括洗涤液）至出现红色并继续振荡不再消失时，即为终点。

4. 酱油中 NaCl 含量的测定

用移液管吸取食用酱油 10.00 mL 至 250 mL 容量瓶中，稀释至刻度。取该溶液 10.00 mL 至 250 mL 锥形瓶中，加入硝酸银溶液 25.00 mL，再加入（1+2）HNO_3 10 mL、水 10 mL，加热煮沸后，逐滴加入 1 mL 5% $KMnO_4$，此时溶液近无色。冷却后，将溶液中 AgCl 沉淀过滤。洗净沉淀和滤纸，用 250 mL 锥形瓶收集滤液和洗涤液，加入铁铵矾指示剂 1 mL，用 NH_4SCN 标准溶液滴定。当淡红色不褪色时，即为终点。

从回滴用去的 NH_4SCN 标准溶液的量求出所消耗 $AgNO_3$ 标准溶液的量，再由此计算出每毫升试样中氯化钠的含量。

思考题

（1）应用佛尔哈德法沉淀滴定时，为什么一般应在酸性条件下进行？

（2）为什么一定要先加入 $AgNO_3$ 溶液，再加入 HNO_3 和 $KMnO_4$ 溶液对样品进行处理？

（3）用 NH_4SCN 滴定 Ag^+ 之前，为什么要将 AgCl 过滤除去并仔细洗净？

实验 7.3　氯化物中氯含量的测定（法扬司法）

一、目的

掌握法扬司法测定氯含量的原理和方法。

二、原理

法扬司法又称为吸附指示剂法，它可以测定试样中的 Cl^-、Br^-、I^- 或 SCN^- 等离子的含量。由于 AgX（X 代表 Cl^-、Br^-、I^- 或 SCN^-）胶体沉淀具有强烈的吸附作用，能选择性地吸附溶液中的离子。若以 $AgNO_3$ 标准溶液滴定 Cl^-，首先析出 AgCl 沉淀。在计量点前，由于 Cl^- 过量，沉淀吸附 Cl^- 使表面带负电荷；计量点后，溶液中存在微过量的 Ag^+，沉淀则吸附 Ag^+ 使表面带正电荷。滴定终点可用二氯荧光黄（$pK_a = 4$）等有机染料来指示。二氯荧光黄是一种有机弱酸（HIn），离解的阴离子（In^-）为黄绿色，计量点后，表面带正电荷的 AgCl 沉淀可再吸附指示剂阴离子 In^-，吸附后结构改变而引起颜色变化，即由黄绿色变为淡红色，指示终点到达。

滴定的酸度可在 pH = 4~10 的范围内进行。

加入糊精可以保护 AgCl 胶体，防止 AgCl 胶体凝聚。

三、试剂

（1）0.1 mol·L^{-1} NaCl 标准溶液（同实验 7.1）。

（2）0.1 mol·L^{-1}AgNO$_3$ 溶液（同实验 7.1）。

（3）0.1% 二氯荧光黄乙醇溶液：称取 0.1 g 二氯荧光黄指示剂，溶于 100 mL 70% 的乙醇溶液中。

（4）1% 糊精溶液：称 1 g 糊精用少量水调成糊状后，将它加到预先煮沸的 100 mL 沸水中搅匀。

（5）NaCl 试样：粗食盐。

四、步骤

1. 0.1 mol·L^{-1}AgNO$_3$ 溶液的标定

准确吸取 NaCl 标准溶液 25.00 mL 于 250 mL 锥形瓶中，加入 10 滴二氯荧光黄指示剂、10 mL 糊精溶液，摇匀。用 AgNO$_3$ 溶液进行滴定，并不断摇动，滴定至黄绿色变为淡红色即为终点。计算 AgNO$_3$ 溶液的准确浓度。

2. 氯含量的测定

准确称取 1.6 g NaCl 试样置于小烧杯中，加水溶解后，定量地移入 250 mL 容量瓶中，用水稀释至刻度，摇匀。

准确吸取 25.00 mL NaCl 试液三份，分别置于 250 mL 锥形瓶中，以后操作与标定 AgNO$_3$ 溶液的步骤相同，记下消耗 AgNO$_3$ 标准溶液的体积。计算试样中氯含量。

思考题

（1）用法扬司法测定试样中氯含量时，酸度过高或过低可以吗？为什么？

（2）为什么本实验中要尽量保持 AgCl 为胶体状态？如何保持？

（3）若用二氯荧光黄为指示剂，以 AgNO$_3$ 标准溶液滴定试样中 NaCl 含量，说明其终点变色的原理。

第八章

重量分析实验

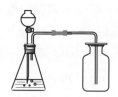

重量分析法（gravimetry）是通过称量物质的质量来确定被测组分含量的一种定量分析方法。测定时，通常先用适当的方法使被测组分与其他组分分离，然后称重，由称得的质量计算该组分的含量。根据分离方法的不同，重量分析分为沉淀法、挥发法、提取法和电解法。本书主要介绍沉淀法和挥发法。

沉淀法是利用沉淀反应使待测组分以微溶化合物的形式沉淀出来，然后将沉淀过滤、洗涤并经烘干或灼烧后，使之转化为组成一定的称量形式称量，来求得被测组分含量。

挥发法是利用物质的挥发性质，通过加热或其他方法使待测组分从试样中挥发逸出，然后根据气体逸出前后试样质量的减少或吸收剂质量的增加来求得被测组分含量，如试样中湿存水或结晶水的测定。

实验前复习本教材 2.3 节的有关内容并观看重量分析基本操作录像。

实验8.1　钡盐中钡含量的测定（沉淀重量法）

一、目的

（1）掌握沉淀的制备、过滤、洗涤、干燥灼烧、恒重等沉淀重量分析基本操作技术。
（2）了解钡盐中钡含量测定的原理和方法。

二、原理

Ba^{2+} 能生成 $BaCO_3$、BaC_2O_4、$BaSO_4$、$BaCrO_4$ 等一系列难溶化合物，其中，$BaSO_4$ 的溶解度最小（$K_{sp} = 1.1 \times 10^{-10}$），其组成与化学式相符合，摩尔质量较大，性质稳定，符合重量分析对沉淀的要求。因此，通常以 $BaSO_4$ 沉淀形式和称量形式测定 Ba^{2+}。为了获得颗粒较大的纯净的 $BaSO_4$ 晶形沉淀，试样溶于水后，加 HCl 酸化，使部分 SO_4^{2-} 成为 HSO_4^-，以降低溶液的相对过饱和度，同时可防止其他的弱酸盐如 $BaCO_3$ 产生沉淀。加热近沸，在不断搅拌下缓慢滴加适当过量的沉淀剂稀 H_2SO_4，形成的 $BaSO_4$ 沉淀经陈化、过滤、洗涤、灼烧后，以 $BaSO_4$ 形式称量，即可求得试样中 Ba 的含量。

三、仪器和试剂

仪器：

（1）瓷坩埚。

（2）漏斗。

（3）马弗炉。

试剂：

（1）定量滤纸。

（2）$BaCl_2 \cdot 2H_2O$。

（3）HCl 溶液 2 mol·L^{-1}。

（4）H_2SO_4 溶液 1 mol·L^{-1}。

（5）$AgNO_3$ 溶液 0.1 mol·L^{-1}。

四、步骤

（1）在分析天平上准确称取 $BaCl_2 \cdot 2H_2O$ 试样 0.4~0.5 g 两份，分别置于 250 mL 烧杯中，各加蒸馏水 100 mL，搅拌溶解（注意：玻璃棒直至过滤、洗涤完毕才能取出）。加入 2 mol·L^{-1} HCl 溶液 4 mL[①]，加热近沸（勿沸腾，以免溅失）。

（2）取 4 mL 1 mol·L^{-1} H_2SO_4 溶液两份，分别置于小烧杯中，加水 30 mL，加热至沸，趁热将稀 H_2SO_4 用滴管逐滴加入至试样溶液中，并不断搅拌[②]，搅拌时，玻璃棒不要触及杯壁和杯底，以免划伤烧杯，使沉淀黏附在烧杯壁划痕内难以洗下。沉淀作用完毕，待 $BaSO_4$ 沉淀下沉后，于上层清液中加入稀 H_2SO_4 1~2 滴，观察是否有白色沉淀以检验其沉淀是否完全。盖上表面皿，在沸腾的水浴上陈化 30 min，其间要搅动几次，放置冷却后过滤。

（3）取慢速定量滤纸两张，按漏斗角度的大小折叠好滤纸，使其与漏斗很好地贴合，以水润湿，并使漏斗颈内保持水柱，将漏斗置于漏斗架上，漏斗下面各放一只清洁的烧杯[③]。小心地将沉淀上面清液沿玻璃棒倾入漏斗中，再用倾泻法洗涤沉淀 3~4 次，每次用 15~20 mL 洗涤液（3 mL 1.0 mol·L^{-1} H_2SO_4，用 200 mL 蒸馏水稀释即成）。然后将沉淀定量地转移至滤纸上，以洗涤液洗涤沉淀，直到无 Cl^- 为止（$AgNO_3$ 溶液检查）。

（4）取两只洁净带盖的坩埚放在 800~850 ℃ 的马弗炉中灼烧[④]至恒重[⑤]（第一次灼烧 40 min，第二次开始，每次灼烧 20 min）后，记下坩埚的质量。将洗净的沉淀和滤纸按 2.3

---

① 加入稀 HCl 酸化，使部分 SO_4^{2-} 成为 HSO_4^-，稍微增大沉淀的溶解度，而降低溶液的过饱和度，同时可防止胶溶作用。

② 在热溶液中进行沉淀，并不断搅拌，以降低过饱和度，避免局部浓度过高的现象，同时也减少杂质的吸附现象。

③ 盛滤液的烧杯必须洁净，因 $BaSO_4$ 沉淀易穿透滤纸，若遇此情况，需重新过滤。

④ 灼烧温度不能超过 900 ℃，否则，可发生如下反应，影响结果准确度。

$$BaSO_4 + 4C = BaS + 4CO \uparrow$$

$$BaSO_4 + 4CO = BaS + 4CO_2 \uparrow$$

⑤ 沉淀恒重也可如下操作：将沉淀转移至未经恒重的坩埚中，直接进行干燥、炭化、灰化和灼烧，直至恒重。然后用毛刷将坩埚中的沉淀刷干净，称取空坩埚的质量，两次质量之差即为 $BaSO_4$ 沉淀的质量。这样不需要预先恒重空坩埚，生产单位常采用这种操作。

节所述方法包好后，放入已恒重的坩埚中，在电炉上烘干，炭化后，置于马弗炉中，于 800～850 ℃下灼烧至恒重。

根据试样和沉淀的质量计算试样中 Ba 的质量分数。

思考题

（1）沉淀 $BaSO_4$ 时，为什么要在稀溶液中进行？不断搅拌的目的是什么？

（2）为什么沉淀 $BaSO_4$ 时要在热溶液中进行，而在自然冷却后进行过滤？趁热过滤或强制冷却好不好？

（3）洗涤沉淀时，为什么用洗涤液是少量、多次？为保证 $BaSO_4$ 沉淀的溶解损失不超过 0.1%，洗涤沉淀用水量最多不能超过多少毫升？

（4）本实验中为什么称取 0.4～0.5 g $BaCl_2 \cdot 2H_2O$ 试样？过多或过少有什么影响？

实验8.2　钡盐中钡含量的测定（微波干燥法）

一、目的

（1）掌握沉淀的制备、过滤、洗涤、干燥灼烧、恒重等沉淀重量分析基本操作技术。

（2）了解钡盐中钡含量测定的原理和方法。

（3）掌握沉淀重量分析中沉淀微波干燥的基本操作技术。

二、原理

同实验8.1。

三、仪器和试剂

（1）瓷坩埚。

（2）漏斗。

（3）微波炉。

（4）定量滤纸。

（5）$BaCl_2 \cdot 2H_2O$。

（6）HCl 溶液 2 mol $\cdot$ L^{-1}。

（7）H_2SO_4 溶液 1 mol $\cdot$ L^{-1}。

（8）$AgNO_3$ 溶液 0.1 mol $\cdot$ L^{-1}。

四、步骤

（1）在分析天平上准确称取 $BaCl_2 \cdot 2H_2O$ 试样 0.4～0.5 g 两份，分别置于 250 mL 烧杯中，各加蒸馏水 100 mL，搅拌溶解（注意：玻璃棒直至过滤、洗涤完毕才能取出）。加入 2 mol $\cdot$ L^{-1} HCl 溶液 4 mL[①]，加热近沸（勿沸腾，以免溅失）。

---

①　加入稀 HCl 酸化，使部分 SO_4^{2-} 成为 HSO_4^{-}，稍微增大沉淀的溶解度，而降低溶液的过饱和度，同时可防止胶溶作用。

（2）取 4 mL 1 mol·L⁻¹H₂SO₄ 溶液两份，分别置于小烧杯中，加水 30 mL，加热至沸，趁热将稀 H₂SO₄ 用滴管逐滴加入至试样溶液中，并不断搅拌①，搅拌时，玻璃棒不要触及杯壁和杯底，以免划伤烧杯，使沉淀黏附在烧杯壁划痕内难以洗下。沉淀作用完毕，待 BaSO₄ 沉淀下沉后，于上层清液中加入稀 H₂SO₄ 1～2 滴，观察是否有白色沉淀以检验其沉淀是否完全。盖上表面皿，在沸腾的水浴上陈化半小时，其间要搅动几次，放置冷却后过滤。

（3）取慢速定量滤纸两张，按漏斗角度的大小折叠好滤纸，使其与漏斗很好地贴合，以水润湿，并使漏斗颈内保持水柱，将漏斗置于漏斗架上，漏斗下面各放一只清洁的烧杯②。小心地将沉淀上面清液沿玻璃棒倾入漏斗中，再用倾泻法洗涤沉淀 3～4 次，每次用 15～20 mL 洗涤液（3 mL 1.0 mol·L⁻¹H₂SO₄，用 200 mL 蒸馏水稀释即成）。然后将沉淀定量地转移至滤纸上，以洗涤液洗涤沉淀，直到无 Cl⁻ 为止（AgNO₃ 溶液检查）。

（4）取两只洁净带盖的坩埚放在 800～850 ℃ 的马弗炉中灼烧③至恒重④（第一次灼烧 40 min，第二次开始，每次灼烧 20 min）后，记下坩埚的质量。将洗净的沉淀和滤纸按 2.3 节所述方法包好后，放入已恒重的坩埚中，在电炉上烘干，炭化后，置于马弗炉中，于 800～850 ℃ 下灼烧至恒重。

根据试样和沉淀的质量计算试样中 Ba 的质量分数。

思考题

（1）沉淀 BaSO₄ 时，为什么要在稀溶液中进行？不断搅拌的目的是什么？

（2）为什么沉淀 BaSO₄ 时要在热溶液中进行，而在自然冷却后进行过滤？趁热过滤或强制冷却好不好？

（3）洗涤沉淀时，为什么用洗涤液是少量、多次？为保证 BaSO₄ 沉淀的溶解损失不超过 0.1%，洗涤沉淀用水量最多不能超过多少毫升？

（4）本实验中为什么称取 0.4～0.5 g BaCl₂·2H₂O 试样？过多或过少有什么影响？

实验 8.3　钡盐中结晶水的测定（气化法）

一、目的

学习气化法测定结晶水的方法。

二、原理

结晶水是水合结晶物质中结构内部的水，加热至一定温度即可失去。BaCl₂·2H₂O 的结

---

① 在热溶液中进行沉淀，并不断搅拌，以降低过饱和度，避免局部浓度过高的现象，同时也减少杂质的吸附现象。

② 盛滤液的烧杯必须洁净，因 BaSO₄ 沉淀易穿透滤纸，若遇此情况，需重新过滤。

③ 灼烧温度不能超过 900 ℃，否则，可发生如下反应，影响结果准确度。

$$BaSO_4 + 4C = BaS + 4CO \uparrow$$

$$BaSO_4 + 4CO = BaS + 4CO_2 \uparrow$$

④ 沉淀恒重也可如下操作：将沉淀转移至未经恒重的坩埚中，直接进行干燥、炭化、灰化和灼烧，直至恒重。然后用毛刷将坩埚中的沉淀刷干净，称取空坩埚的质量，两次质量之差即为 BaSO₄ 沉淀的质量。这样不需预先恒重空坩埚，生产单位常采用这种操作。

晶水加热至 120 ~ 125 ℃ 即全部失去。称取一定量的 $BaCl_2 \cdot 2H_2O$ 加热到质量不再改变为止，减小的质量就等于结晶水的质量。失去结晶水有一定的速度要求，所以需加热一定的时间。

三、试剂

$BaCl_2 \cdot 2H_2O$ 试样。

四、步骤

1. 称量瓶的准备

将洗净的两个称量瓶置于烘箱中（瓶盖横搁于瓶口上），在 120 ~ 125 ℃ 下烘 1.5 ~ 2 h，取出后放入干燥器中，冷却至室温，在分析天平上准确称其质量。第二次及以后烘 30 min，如此反复操作，直至恒重。

2. 试样分析

称取 1.4 ~ 1.5 g $BaCl_2 \cdot 2H_2O$ 试样两份，分别置于已恒重的称量瓶中，准确称量称量瓶连同试样的质量，然后计算出试样的质量。

将称量瓶连同试样置于 120 ~ 125 ℃ 的烘箱中，第一次烘约 2 h，用坩埚将称量瓶移入干燥器冷却至室温，再准确称其质量。以后每次可烘 30 min，如此反复操作，直至恒重。$BaCl_2 \cdot 2H_2O$ 中结晶水的质量分数按下式计算：

$$w_{H_2O} = \frac{m_{H_2O}}{m_{BaCl_2 \cdot 2H_2O}} \times 100\%$$

思考题

（1）加热时，温度高于或低于 120 ~ 125 ℃ 对测定结果有何影响？为什么？

（2）在什么情况下，称量瓶盖子要盖严？在什么情况下，称量瓶的盖子不要盖严？为什么？

实验 8.4　合金钢中镍含量的测定
（丁二酮肟镍沉淀重量法）

一、目的

（1）了解丁二酮肟镍重量法测定镍的原理和方法。

（2）掌握用玻璃坩埚过滤等重量分析操作。

二、原理

镍是合金钢中的重要元素之一，它可以增加钢的弹性、延展性、抗蚀性，使钢具有较好的机械性能。镍在合金钢中主要以固熔体和碳化物状态存在。大多数含镍的合金钢都溶于盐酸和硝酸的混合酸中，生成的 Ni^{2+} 在氨性溶液中与丁二酮肟生成鲜红色丁二酮肟镍沉淀。

此沉淀溶解度很小（$K_{sp} = 2.3 \times 10^{-25}$），组成恒定，将沉淀过滤、洗涤，烘干后即可进行称量。

$$Ni^{2+}+2\begin{array}{l}CH_3-C=NOH\\ \quad | \\ CH_3-C=NOH\end{array}+2OH^- \longrightarrow$$

丁二酮肟是二元酸（以 H_2D 表示），它以 HD^- 形式与 Ni^{2+} 络合，通常要控制溶液的 pH 为 $7.0 \sim 8.0$，若 pH 过高，D^{2-} 较多外，Ni^{2+} 亦易与氨形成镍氨络离子而增大沉淀溶解度。

由于丁二酮肟试剂在水中的溶解度较小，但易溶于乙醇中，所以必须使用适量乙醇溶液，以防止丁二酮肟本身的共沉淀产生。在沉淀时，溶液要充分稀释，并控制乙醇浓度为溶液总浓度的 20% 左右，乙醇浓度不能过大，否则丁二酮肟镍的溶解度也会增大。

Cu^{2+}、Fe^{3+} 和 Cr^{3+} 在氨性溶液中生成氢氧化物沉淀而干扰测定，必须加入酒石酸或柠檬酸进行掩蔽。

三、仪器和试剂

仪器：玻璃坩埚（G4A）2 个；循环水泵及抽滤瓶；电热恒温水浴；电热恒温干燥箱。

试剂：$10 \mathrm{~g} \cdot \mathrm{L}^{-1}$ 丁二酮肟的乙醇溶液；混合酸溶液 $\varphi(\mathrm{HCl}:\mathrm{HNO_3}:\mathrm{H_2O})=3:1:2$；氨水 $1:1$；酒石酸 $500 \mathrm{~g} \cdot \mathrm{L}^{-1}$；乙醇 95%；钢铁试样。

四、步骤

（1）准确称取适量镍铬钢样两份[①]，分别置于 500 mL 烧杯中，盖上表面皿，从杯嘴处加入混合酸 30 mL，于通风橱内小心加热至完全溶解，再煮沸溶液以除去氮的氧化物。稍冷，各加入 $500 \mathrm{~g} \cdot \mathrm{L}^{-1}$ 酒石酸溶液 10 mL。然后在不断搅拌下滴加 $1:1$ 氨水至呈碱性，溶液转变为蓝绿色。如有少量白色沉淀，应过滤除去，并用热的 $\mathrm{NH_3-NH_4Cl}$ 溶液洗涤数次，残渣弃去。

（2）滤液在不断搅拌下，用 $1:1$ HCl 酸化至溶液变为深棕绿色，加热水稀释至 250 mL 左右，在水浴上加热至 $70 \sim 80 ~^\circ\mathrm{C}$[②]，在不断搅拌下，加入适量 $10 \mathrm{~g} \cdot \mathrm{L}^{-1}$ 丁二酮肟的乙醇溶液沉淀 Ni^{2+}（每毫克镍约需 1 mL 沉淀剂），最后再多加 $20 \sim 30$ mL，滴加 $1:1$ 氨水使溶液 pH = 8 ~ 9，在 70 ℃ 左右保温 30 min。

（3）稍冷后，用已恒重的玻璃坩埚过滤，用微氨性的 $20 \mathrm{~g} \cdot \mathrm{L}^{-1}$ 酒石酸溶液洗涤烧杯和沉淀 8 ~ 10 次，再用温水洗涤沉淀至无 Cl^- 为止。最后抽滤 2 min 以上。

（4）将玻璃坩埚连同沉淀在 110 ℃ 的烘箱中烘干 1 h，移入干燥器中冷却至室温准确称重，再烘干、冷却、称重，直至恒重。根据丁二酮肟镍沉淀的质量，计算试样中镍的质量

---

① 试样称取量，视含 Ni 量而定，如含 Ni 为 15% ~ 20%，称样 0.2 g，含 Ni 8% ~ 15%，称样 0.5 g，含 Ni 4% ~ 8%，称样 1 g。本法适于含 Ni 10% 以上试样的测定。如含 Ni 量太低，则不易沉淀出来；称样量也不宜太大，否则沉淀体积庞大，不易操作。

② 沉淀时的温度保持 70 ~ 80 ℃，可减小 Cu^{2+}、Fe^{3+} 的共沉淀。如温度太高，则乙醇挥发过多，从而引起丁二酮肟析出。同时，Fe^{3+} 可能部分被酒石酸还原成 Fe^{2+}，干扰测定。

分数。

$$w_{Ni} = \frac{m_{沉淀} \times 0.203\,2}{m_{试样}} \times 100\%$$

式中，0.203 2 为丁二酮肟镍换算为镍的换算因数。

思考题

（1）丁二酮肟重量法测定镍，应注意哪些沉淀条件？为什么？本实验与 $BaSO_4$ 重量法有哪些不同之处？通过本实验，你对有机沉淀剂的特点有哪些认识？

（2）加入酒石酸的作用是什么？加入过量沉淀剂并稀释的目的何在？

第九章

分光光度法实验

分光光度法是基于物质对光的选择性吸收而建立起来的分析方法，主要应用于微量和痕量组分的测定，也可以用于高含量组分的测定、多组分分析，以及配合物的组成和稳定常数的测定、弱酸弱碱离解常数的测定等。

实验 9.1 邻二氮菲分光光度法测定铁
（条件实验及试样中铁含量的测定）

一、目的

（1）学习分光光度分析实验条件的选择。
（2）掌握邻二氮菲分光光度法测定铁的原理和方法。
（3）掌握分光光度计的结构和正确的使用方法。
（4）练习吸量管的基本操作。

二、原理

在光度分析中，若被测组分本身颜色很浅或者无色，一般需先选择适当的显色剂与其反应，使其生成有色化合物，然后进行测定。为了使测定有较高的灵敏度、选择性和准确度，必须选择适宜的显色反应条件和吸光度测量条件。通常所研究的显色反应条件有溶液的酸度、显色剂用量、显色时间、温度、溶剂以及共存离子的干扰等；吸光度测量的条件主要有测量波长、吸光度范围和参比溶液的选择等。本实验通过邻二氮菲测定 Fe^{2+} 的几个基本条件的实验，学习分光光度法分析实验条件的确定。

条件实验的简单方法是：变动某实验条件，固定其余条件，测得一系列吸光度值，绘制吸光度 – 某实验条件的曲线，根据曲线确定某实验条件的适宜值或适宜范围。

光度法测定铁，显色剂比较多，有邻二氮菲及其衍生物、磺基水杨酸、硫氰酸盐和 5 – Br – PADAP 等。邻二氮菲光度法测定铁，由于灵敏度较高，稳定性好，干扰容易消除，因而是目前普遍采用的一种测定方法。

在 $pH = 2 \sim 9$ 的范围内，Fe^{2+} 与邻二氮菲反应生成稳定的橘红色配合物，反应式如下：

$$Fe^{2+} + 3 \quad \rightleftharpoons \quad \left[\left(\quad \right)_3 Fe \right]^{2+}$$

该配合物的最大吸收波长 $\lambda_{max} = 508$ nm，摩尔吸光系数 $\varepsilon_{508} = 1.1 \times 10^4$ L·mol^{-1}·cm^{-1}，$\lg K_{稳} = 21.3$。

由于 Fe^{3+} 与邻二氮菲也生成 3:1 淡蓝色配合物，因此，显色前应预先用盐酸羟胺将 Fe^{3+} 全部还原为 Fe^{2+}，反应式如下：

$$2Fe^{3+} + 2NH_2OH \cdot HCl = 2Fe^{2+} + N_2 + 4H^+ + 2Cl^- + 2H_2O$$

测定时，控制溶液酸度在 pH 为 5 左右较为适宜。酸度高时，反应进行较慢；酸度太低，Fe^{2+} 水解影响显色。

本测定方法不仅灵敏度高，生成的配合物稳定性好，选择性也很高，相当于含铁量 40 倍的 Sn^{2+}、Al^{3+}、Ca^{2+}、Mg^{2+}、Zn^{2+}、SiO_3^{2-}，20 倍的 Cr^{3+}、Mn^{2+}，5 倍的 Co^{2+}、Cu^{2+} 等，均不干扰测定，是测定铁的一种较好且灵敏的方法。

三、仪器和试剂

仪器：722 型（或 721 型）分光光度计，酸度计或精密 pH 试纸，50 mL 容量瓶 8 个（或比色管 8 支）。

试剂：

（1）100 μg·mL^{-1} 的铁标准储备液：准确称取 0.863 4 g 分析纯 $NH_4Fe(SO_4)_2 \cdot 12H_2O$，置于烧杯中，用 20 mL 6 mol·L^{-1} HCl 溶液和适量水溶解后，定量转移至 1 L 容量瓶中，以水稀至刻度，摇匀。

（2）10 μg·mL^{-1} 的铁标准溶液：由铁标准储备液稀释配制，用移液管吸取 100 μg·mL^{-1} 铁标准储备液 10 mL 于 100 mL 容量瓶中，加入 2 mL 6 mol·L^{-1} HCl，以水稀释至刻度，摇匀。此溶液即为含铁 10 μg·mL^{-1} 的工作溶液。同法配制 1.00×10^{-3} mol·L^{-1} 铁标准溶液 100 mL。

（3）邻二氮菲水溶液：1.5 g·L^{-1} 水溶液。

（4）盐酸羟胺溶液（100 g·L^{-1}，用时现配）。

（5）1 mol·L^{-1} 的 NaAc 溶液。

（6）1 mol·L^{-1} 的 NaOH 溶液。

四、实验步骤

1. 条件实验

（1）吸收曲线的绘制。用吸量管吸取 2.0 mL 1.00×10^{-3} mol·L^{-1} 的标准铁溶液于 50 mL 容量瓶（或比色管，下同）中，加入 1 mL 100 g·L^{-1} 的盐酸羟胺溶液，摇匀（原则上每加入一种试剂后都要摇匀）。再加入 2 mL 1.5 g·L^{-1} 的邻二氮菲溶液、5 mL 1 mol·L^{-1}

的 NaAc 溶液，以水稀至刻度，摇匀。放置 10 min。在光度计上，用 1 cm 比色皿，以蒸馏水为参比溶液，在 450 ~ 550 nm 之间，每隔 10 nm 测量一次（接近吸收峰时，可隔 5 nm 测量一次）吸光度。然后在坐标纸上以波长为横坐标，吸光度为纵坐标，绘制 $A - \lambda$ 吸收曲线，从吸收曲线上选择测定铁的适宜波长。一般选用最大吸收波长 λ_{max}。

（2）显色剂用量的确定。取 7 个 50 mL 容量瓶，各加入 2.0 mL 1.00 × 10^{-3} mol · L^{-1} 的标准铁溶液和 1 mL 100 g · L^{-1} 的盐酸羟胺溶液，摇匀。分别加入 0.1 mL、0.3 mL、0.5 mL、0.8 mL、1.0 mL、2.0 mL 及 4.0 mL 1.5 g · L^{-1} 的邻二氮菲溶液，然后加入 5 mL 1 mol · L^{-1} 的 NaAc 溶液，用蒸馏水稀至刻度，摇匀。放置 10 min，在光度计上，用 1 cm 的比色皿，选择适宜（由"1"所选定的）波长，以蒸馏水为参比，分别测其吸光度。在坐标纸上以加入的邻二氮菲毫升数为横坐标，相应的吸光度为纵坐标，绘制 $A - V_{显色剂}$ 曲线，以确定测定过程中应加入的显色剂最佳体积。

（3）溶液酸度的影响。取 8 个 50 mL 容量瓶，各加入 2.0 mL 1.00 × 10^{-3} mol · L^{-1} 的标准铁溶液及 1 mL 100 g · L^{-1} 的盐酸羟胺溶液，摇匀。再加 2 mL 1.5 g · L^{-1} 邻二氮菲溶液，摇匀。用 5 mL 吸量管分别加入 0 mL、0.2 mL、0.5 mL、1 mL、1.5 mL、2 mL、2.5 mL、3 mL 1 mol · L^{-1} 的 NaOH 溶液，以蒸馏水稀释至刻度，摇匀。放置 10 min，在选定的波长下，用 1 cm 的比色皿，以蒸馏水为参比，测其吸光度，用精密 pH 试纸或 pH 计测量各溶液的 pH。在坐标纸上以 pH 为横坐标，相应的吸光度为纵坐标，绘制 $A - pH$ 曲线，找出测定铁的适宜 pH 范围。

（4）显色时间及配合物稳定性。取一个 50 mL 容量瓶，加入 2.0 mL 1.00 × 10^{-3} mol · L^{-1} 的标准铁溶液、1 mL 100 g · L^{-1} 的盐酸羟胺溶液，摇匀。加入 2 mL 1.5 g · L^{-1} 的邻二氮菲溶液、5 mL 1 mol · L^{-1} 的 NaAc 溶液，以蒸馏水稀至刻度，摇匀。立即在所选定的波长下，用 1 cm 的比色皿，以蒸馏水为参比，测定吸光度，然后测量放置 5 min、10 min、15 min、20 min、30 min、1 h、2 h 相应的吸光度。以时间为横坐标，吸光度为纵坐标在坐标纸上绘制 $A - t$ 曲线，从曲线上观察显色反应完全所需的时间及其稳定性，并确定合适的测量时间。

由上述各项条件实验结果，确定适宜样品测定的实验条件。

2. 铁含量测定

（1）标准曲线的绘制。在 6 个 50 mL 的容量瓶中，用 10 mL 吸量管分别加入 0 mL、2 mL、4 mL、6 mL、8 mL、10 mL 10 μg · mL^{-1} 铁标准溶液，各加入 1 mL 100 g · L^{-1} 盐酸羟胺，摇匀。再加入 2 mL 1.5 g · L^{-1} 的邻二氮菲溶液和 5 mL 1 mol · L^{-1} NaAc 溶液，以蒸馏水稀释至刻度，摇匀。放置 10 min。以试剂空白为参比，在 510 nm 或所选波长下，用 1 cm 的比色皿，测定各溶液的吸光度。在坐标纸上以含铁量为横坐标，相应吸光度为纵坐标，绘制标准曲线。

（2）试液含铁量的测定（可与标准曲线的制作同时进行）。准确吸取适量试样溶液代替标准溶液，其他步骤同上，测定其吸光度。根据未知液的吸光度，在标准曲线上找出相应的铁含量，计算试液中铁的含量（以 mg · L^{-1} 表示）。

思考题

（1）本实验中，对各种试剂溶液的量取，采用何种量器较为合适？为什么？

（2）本实验中，盐酸羟胺的作用是什么？醋酸钠呢？

（3）根据条件实验，使用邻二氮菲分光光度法测定铁时，需控制哪些反应条件？试对所做条件实验进行讨论并选择适宜的测量条件？

（4）为什么本实验可以采用蒸馏水作参比溶液？

（5）怎样用分光光度法测定水样中的全铁和亚铁的含量？

实验9.2　分光光度法测定邻二氮菲–铁（Ⅱ）配合物的组成和稳定常数

一、目的

（1）掌握光度法测定配合物组成的原理方法。

（2）掌握光度法测定配合物稳定常数的原理方法。

二、原理

分光光度法除应用于被测组分的定量分析外，还被广泛地用于配位反应平衡的研究，如配合物的组成和稳定常数的测定等。本实验以邻二氮菲与 Fe（Ⅱ）的配位反应为例，学习光度法测定配合物组成及稳定常数的原理和方法。

当溶液中只存在一种配合物时，可采用摩尔比法和等摩尔连续变化法测定配合物的组成，进而计算其稳定常数。由于该法简单，因而应用极为广泛。

设金属离子 M 和配位剂 R 在特定 pH 条件下只形成一种配合物 MR_n：

$$M + nR = MR_n$$

式中，n 为配合物的配位数。

1. 摩尔比法

固定金属离子的浓度 c_M 及其他条件，只改变配位剂的浓度 c_R，配制一系列 c_R/c_M 不同的显色液，在配合物的最大吸收波长处，采用相同的比色皿测量各溶液的吸光度，并对 c_R/c_M 作图，如图 9.2.1 所示。将曲线的线性部分延长，相交于一点，该点对应的 c_R/c_M 值即为配位数 n。摩尔比法适用于稳定性高的配合物组成测定。

2. 等摩尔连续变化法

此法是保持溶液中配位剂和金属离子的总浓度之和（$c_R + c_M$）不变，连续改变 c_R/c_M，配制系列溶液。测量系列溶液的吸光度，并对 $c_M/(c_R + c_M)$ 作图，如图 9.2.2 所示。曲线转折点对应的 c_R/c_M 值即为配位数 n。

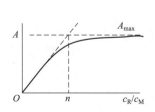

图 9.2.1　摩尔比法

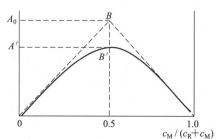

图 9.2.2　等摩尔连续变化法

等摩尔连续变化法适用于配位数低、稳定性较高的配合物组成测定。此外，还可用来测定配合物的不稳定常数。图 9.2.2 中 B 点对应的吸光度 A_0 相当于配合物完全不离解时溶液应有的吸光度，由于配合物离解，实测吸光度为 A'，则配合物的离解度 a 及条件稳定常数 K' 分别为：

$$a = \frac{A_0 - A'}{A_0}, \quad K' = \frac{c(1-a)}{c^2 a^2} = \frac{1-a}{ca^2}$$

三、仪器和试剂

仪器：721 型（或 722 型）分光光度计、容量瓶（50 mL）、比色皿（1 cm）、吸量管（1 mL、2 mL、5 mL、10 mL）。

试剂：

（1）铁标准溶液：1×10^{-3} mol $\cdot$ L^{-1}，由铁标准储备液稀释配制。

（2）邻二氮菲水溶液：1×10^{-3} mol $\cdot$ L^{-1}水溶液。

（3）盐酸羟胺溶液（100 g $\cdot$ L^{-1}，用时现配）。

（4）1 mol $\cdot$ L^{-1}的 NaAc 溶液。

四、步骤

1. 配合物组成测定（摩尔比法）

取 8 只 5 mL 容量瓶，各加入 2 mL 1.00×10^{-3} mol $\cdot$ L^{-1}的标准铁溶液，1 mL 100 g $\cdot$ L^{-1}盐酸羟胺溶液，摇匀。依次加入 1.0×10^{-3} mol $\cdot$ L^{-1} 的邻二氮菲溶液 1.0 mL、1.5 mL、2.0 mL、2.5 mL、3.0 mL、3.5 mL、4.0 mL、4.5 mL，然后各加入 5 mL 1 mol $\cdot$ L^{-1}NaAc 溶液，用蒸馏水稀至刻度，摇匀。放置 10 min，在所选用的波长下，用 1 cm 的比色皿，以蒸馏水为参比，测定吸光度。

以邻二氮菲与铁的浓度比 c_R/c_{Fe} 为横坐标，吸光度 A 为纵坐标作图，根据曲线两部分延长线的交点位置，确定 Fe^{2+} 与邻二氮菲反应的络合比。

2. 配合物稳定常数的测定（等摩尔连续变化法）

取 12 只 50 mL 容量瓶，各分别加入 1.00×10^{-3} mol $\cdot$ L^{-1}标准铁溶液 5.0 mL、4.5 mL、4.0 mL、3.5 mL、3.0 mL、2.5 mL、2.0 mL、1.8 mL、1.5 mL、1.2 mL、1.0 mL、0.5 mL，加入 1 mL 100 g $\cdot$ L^{-1}盐酸羟胺溶液，再依次加入 1×10^{-3} mol $\cdot$ L^{-1}邻二氮菲 5.0 mL、5.5 mL、6.0 mL、6.5 mL、7.0 mL、7.5 mL、8.0 mL、8.2 mL、8.5 mL、8.8 mL、9.0 mL、9.5 mL，然后各加入 5 mL 1 mol $\cdot$ L^{-1}NaAc 溶液，用水稀释至刻度，摇匀。放置 10 min，在所选用的波长处，用 1 cm 比色皿，以蒸馏水或各自的试剂溶液为参比，测量各溶液的吸光度。

以邻二氮菲与铁的浓度比 $c_{Fe}/(c_R + c_{Fe})$ 为横坐标，吸光度 A 为纵坐标作图，确定计算配合物的离解度及条件稳定常数。

思考题

（1）采用连续变化法测定配合物的稳定常数的原理是什么？

（2）在什么条件下，才可以用摩尔比法测定配合物组成？

实验 9.3　分光光度法测定甲基橙的离解常数

一、目的

（1）掌握分光光度法测定一元弱酸（或弱碱）的离解常数的原理、方法、测定步骤及实验数据的处理方法。

（2）学习 pH 缓冲溶液的配制。

二、原理

如果某一种弱酸（或碱）在紫外－可见光区有吸收，且吸收光谱与其共轭碱（或酸）显著不同，就可以方便地利用分光光度法测定它的离解常数。

甲基橙是一种有机弱酸，在不同 pH 下发生结构变化，呈现出显著不同的吸收光谱（图 9.3.1），实验时可选择其酸式和碱式的吸收有最大差值的波长 520 nm 进行测量。

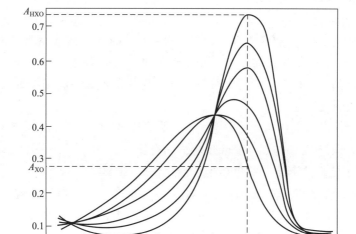

HIn（黄色）　　　　　　　　　　　　　　　　　　　　　　　　In⁻（黄色）

图 9.3.1　甲基橙溶液吸收曲线

甲基橙的变色范围：pH > 4.4，呈黄色；pH < 3.1，呈红色；pH = 3.1 ~ 4.4，有下列平衡关系式：

$$K_a = \frac{[H^+][In^-]}{HIn} \tag{1}$$

根据吸光度 A 的加和性，在一定波长 λ 下，有：

$$A_\lambda = A_{\lambda,HIn} + A_{\lambda,In^-} \tag{2}$$

设 $A^0_{\lambda,\mathrm{HIn}}$ 为 $[\mathrm{HIn}] = c_{\mathrm{HIn}}$ 时的吸光度，$A^0_{\lambda,\mathrm{In}^-}$ 为 $[\mathrm{In}^-] = c_{\mathrm{HIn}}$ 时的吸光度，则在一定的 pH 下：

$$[\mathrm{HIn}] = \delta_{\mathrm{HIn}} \cdot c_{\mathrm{HIn}} = \frac{[\mathrm{H}^+]}{[\mathrm{H}^+] + K_\mathrm{a}} \cdot c_{\mathrm{HIn}} ; \quad [\mathrm{In}^-] = \delta_{\mathrm{In}^-} \cdot c_{\mathrm{HIn}} = \frac{K_\mathrm{a}}{[\mathrm{H}^+] + K_\mathrm{a}} \cdot c_{\mathrm{HIn}}$$

$$A_{\lambda,\mathrm{HIn}} = A^0_{\lambda,\mathrm{HIn}} \cdot \frac{[\mathrm{H}^+]}{[\mathrm{H}^+] + K_\mathrm{a}} ; \quad A_{\lambda,\mathrm{In}^-} = A^0_{\lambda,\mathrm{In}^-} \cdot \frac{K_\mathrm{a}}{[\mathrm{H}^+] + K_\mathrm{a}}$$

$$A_\lambda = \frac{A^0_{\lambda,\mathrm{HIn}} \cdot [\mathrm{H}^+] + A^0_{\lambda,\mathrm{In}^-} \cdot K_\mathrm{a}}{[\mathrm{H}^+] + K_\mathrm{a}} \tag{3}$$

整理后，取负对数，得：

$$\mathrm{p}K_\mathrm{a} = \lg \frac{A_\lambda - A^0_{\mathrm{In}^-}}{A^0_{\mathrm{HIn}} - A_\lambda} + \mathrm{pH} \tag{4}$$

实验时，配制甲基橙总浓度相同，但 pH 不同的 3 种溶液。

（1）pH > pK_a + 1 = 5.4 的溶液，此时，甲基橙几乎全部以其碱式 In⁻ 形式存在，在波长 520 nm 处测得的吸光度即为 $A^0_{\lambda,\mathrm{In}^-}$。

（2）pH < pK_a − 1 = 2.1 的溶液，此时，甲基橙几乎全部以其酸式 HIn 形式存在，在波长 520 nm 处的吸光度即为 $A^0_{\lambda,\mathrm{HIn}}$。

（3）pH 接近其 pK_a 的缓冲溶液（pH = 3.1 ～ 4.4，缓冲溶液 pH 准确测定），此时甲基橙以 HIn、In⁻ 形式共存，在波长 520 nm 处测得吸光度为 A_λ。

将实验测得的上述 3 种不同 pH 的甲基橙溶液的吸光度代入式（4），即可计算求得 pK_a 值。

三、仪器和试剂

仪器：722 型分光光度计，PHS－2C 型或 PHS－3B 酸度计，50 mL 比色管。

试剂：

（1）甲基橙溶液 2×10^{-4} mol·L⁻¹：称取 65.4 mg 甲基橙，溶于水后，稀释至 1 L。

（2）KCl 溶液 2.5 mol·L⁻¹。

（3）乙酸钠 0.50 mol·L⁻¹。

（4）乙酸 0.50 mol·L⁻¹。

（5）HCl 溶液 2 mol·L⁻¹。

（6）标准缓冲溶液（pH = 4.00）。

（7）NaOH 溶液 0.03 mol·L⁻¹。

四、步骤

（1）HAc－NaAc 缓冲溶液：浓度为 0.50 mol·L⁻¹，pH 为 6。

（2）不同 pH 甲基橙溶液吸光度的测定。取 3 个 50 mL 容量瓶，按下列方法配制溶液：

① 10.00 mL 甲基橙水溶液 + 1 mL KCl 溶液 + 10.00 mL pH 为 6 的 HAc－NaAc 缓冲溶液。

② 10.00 mL 甲基橙水溶液 + 1 mL KCl 溶液 + 1.00 mL 盐酸溶液。

③ 10.00 mL 甲基橙水溶液 + 1 mL KCl 溶液 + 10.00 mL（pH = 4.00）的标准缓冲溶液。

将以上各溶液用水稀释到刻度，摇匀。以容量瓶（1）中的溶液为参比溶液，用 1 cm 比色皿在波长 520 nm 处测量上述各溶液的吸光度。

（3）根据测得的吸光度值，按前面介绍的方法处理数据，求得甲基橙的 pK_a。

思考题

（1）测定有机弱酸（或弱碱）的离解常数时，纯酸型、纯碱型的吸收曲线是如何得到的？

（2）若有机酸的酸性太强或太弱，能否用本法测定？为什么？

（3）本实验中用到两种 pH 缓冲溶液，两者的 pH 是否均需准确测量？

（4）测定不同 pH 甲基橙溶液吸光度时，选择容量瓶（1）的溶液作参比，有何意义？

实验 9.4　分光光度法测定奶粉中蛋白质的含量

一、目的

（1）掌握分光光度法测定蛋白质浓度的基本原理和方法。

（2）熟悉分光光度计的操作方法，学会使用标准曲线法测定未知样品中蛋白质的含量。

（3）通过对奶粉中蛋白质浓度的测定，了解分光光度法在实际食品分析中的应用，培养学生解决实际问题的能力和严谨的科学实验态度。

二、原理

蛋白质分子中含有肽键，在碱性条件下，肽键与铜离子发生络合反应，生成紫红色络合物，该络合物对特定波长的光具有吸收作用，且其吸光度与蛋白质浓度在一定范围内呈线性关系。本实验采用考马斯亮蓝 G - 250 作为显色剂，它与蛋白质结合后发生的颜色变化更加明显，增强了测定的灵敏度。通过测定一系列已知浓度的蛋白质标准溶液的吸光度，绘制标准曲线，然后测定未知奶粉样品溶液的吸光度，根据标准曲线计算出奶粉中蛋白质的浓度。

三、仪器与试剂

1. 仪器

（1）可见分光光度计。

（2）分析天平。

（3）容量瓶（50 mL、100 mL）。

（4）移液管（1 mL、5 mL）。

（5）量筒（10 mL）。

（6）烧杯（50 mL、100 mL）。

（7）玻璃棒。

（8）漏斗。

（9）滤纸。

2. 试剂

（1）考马斯亮蓝 G - 250 染色液：准确称取 100 mg 考马斯亮蓝 G - 250，溶于 50 mL

95% 乙醇中，加入 100 mL 85% 磷酸，用水稀释至 1 000 mL，过滤后备用。

（2）标准蛋白质溶液（如牛血清白蛋白，BSA）：准确称取一定量的牛血清白蛋白（精确至 0.000 1 g），用适量的蒸馏水溶解并定容至 100 mL，配制成浓度为 1 mg·mL^{-1} 的标准储备液。使用时，吸取适量储备液，用蒸馏水稀释成一系列不同浓度（如 0 μg·mL^{-1}、20 μg·mL^{-1}、40 μg·mL^{-1}、60 μg·mL^{-1}、80 μg·mL^{-1}、100 μg·mL^{-1}）的标准工作液。

（3）0.1 mol·L^{-1} 的氢氧化钠溶液。

（4）待测奶粉样品。

四、实验步骤

1. 标准曲线的绘制

用移液管分别吸取 0 mL、0.2 mL、0.4 mL、0.6 mL、0.8 mL、1.0 mL 的 1 mg·mL^{-1} 标准蛋白质溶液于 6 个 50 mL 容量瓶中，各加入 1 mL 0.1 mol·L^{-1} 的氢氧化钠溶液，混匀。

然后加入 5 mL 考马斯亮蓝 G-250 染色液，用水稀释至刻度，摇匀，放置 5 min 左右，使显色反应完全。

以不含蛋白质的空白溶液作为参比，在分光光度计上于波长 595 nm 处测定各标准溶液的吸光度（A）。

以蛋白质浓度（μg·mL^{-1}）为横坐标，吸光度（A）为纵坐标，绘制标准曲线。

2. 奶粉样品的处理与测定

准确称取 1 g 左右的奶粉样品（精确至 0.000 1 g）于 100 mL 烧杯中，加入少量蒸馏水，搅拌使其溶解，然后转移至 100 mL 容量瓶中，用蒸馏水定容至刻度，摇匀。

吸取 5 mL 上述奶粉样品溶液于 50 mL 容量瓶中，加入 1 mL 0.1 mol·L^{-1} 的氢氧化钠溶液，混匀。

接着加入 5 mL 考马斯亮蓝 G-250 染色液，用水稀释至刻度，摇匀，放置 5 min。

同样以空白溶液为参比，在 595 nm 波长处测定奶粉样品溶液的吸光度。

3. 结果计算

根据奶粉样品溶液的吸光度，从标准曲线上查出对应的蛋白质浓度（μg·mL^{-1}），然后按照公式计算奶粉中蛋白质的质量分数（%）：

$$w_{蛋白质} = \frac{C \times V \times N \times 10^{-6}}{m} \times 100\%$$

式中，$w_{蛋白质}$ 为奶粉中蛋白质的质量分数（%）；C 为从标准曲线上查得的蛋白质浓度（μg·mL^{-1}）；V 为奶粉样品溶液的总体积（mL）；N 为稀释倍数（若未稀释，则为 1）；m 为所称取奶粉样品的质量（g）。

五、注意事项

实验所用的仪器应保持清洁，避免杂质对测定结果的影响。使用分光光度计前，应先预热 15~30 min，使仪器达到稳定状态。

考马斯亮蓝 G-250 染色液应现用现配，且避免与皮肤及衣物接触，若不慎接触，应立即用大量清水冲洗。

蛋白质标准溶液的配制要准确，浓度应根据实际需要进行适当调整，以保证标准曲线的线性范围覆盖待测样品的浓度。

　　显色反应的时间和温度应保持一致，以确保测定结果的准确性和重复性。一般来说，显色反应在室温下放置 5～10 min 即可达到稳定状态，但不同批次的试剂和实验条件可能会有所差异，可通过预实验确定最佳显色时间。

　　奶粉样品的溶解应完全，如有不溶物，应过滤后再进行测定，以免影响测定结果。同时，在样品处理过程中，应注意防止样品的损失和污染。

　　实验过程中应严格按照操作规程进行操作，准确吸取溶液，避免溶液体积误差对测定结果的影响。

思考题

　　（1）分光光度法测定蛋白质浓度的原理是什么？还有哪些其他方法可以测定蛋白质浓度？

　　（2）本实验中，为什么要使用考马斯亮蓝 G-250 作为显色剂？它有什么优点？

　　（3）比较本实验方法与其他常见蛋白质测定方法（如凯氏定氮法）的优缺点。

　　（4）实验中使用的氢氧化钠溶液的作用是什么？如果不使用氢氧化钠溶液，会对实验结果产生什么影响？

　　（5）在测定吸光度时，为什么要以空白溶液作为参比？如果参比溶液选择不当，会对实验结果产生什么影响？

第十章

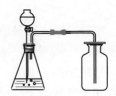

分离方法实验

分析化学中的分离和富集是各种分析方法必不可少的重要步骤，也是 21 世纪化学研究的一个极具活力的领域。本书只讨论常用的一些化学分离和富集方法，包括挥发与蒸馏分离法、沉淀分离法、溶剂萃取分离法、离子交换分离法、色谱分离法等，其中，前两种分离方法在重量分析中已有涉及，本章主要学习溶剂萃取、离子交换、色谱（薄层层析、纸色谱）等分离方法的基本原理和基本操作。

实验 10.1　萃取光度法测定水中的表面活性剂

一、目的

（1）掌握氯仿萃取 – 亚甲蓝分光光度法测定水中的阴离子表面活性剂的方法。
（2）学会溶剂萃取的基本操作。

二、原理

溶剂萃取分离法是将与水不相混溶的有机溶剂与含有被分离组分的试液一起振荡，利用物质在两相中溶解度的不同，使一些组分进入有机相，另一些组分仍留在水相中，从而达到分离的目的。该法操作快速、仪器简单、分离效果好，故应用广泛。但萃取分离法所使用的溶剂往往是易燃、易挥发且有一定毒性的物质，且价格较高，因此在应用上受到一定限制。

如果被萃取组分为有色化合物，则可在有机相中直接进行光度测定，称为萃取光度法。此法具有较高的灵敏度和选择性。

阴离子表面活性剂是普通合成洗涤剂的主要活性成分，其与阳离子染料亚甲蓝作用，生成蓝色的离子缔合物（统称亚甲蓝活性物质，MBAS），可被氯仿萃取，其色度与浓度成正比，用分光光度计在波长 652 nm 处测量氯仿层的吸光度，利用朗伯 – 比尔定律即可计算得到阴离子表面活性剂的含量。

$$\left((CH_3)_2N \underset{\displaystyle N}{\overset{\displaystyle S}{\bigotimes}} N(CH_3)_2 \right) [S]^+$$

合成洗涤剂使用最广泛的阴离子表面活性剂是直链烷基苯磺酸钠（简称 LAS）。本方法采用 LAS 作为标准物，其烷基碳链在 $C_{10} \sim C_{13}$ 之间，平均碳数为 12，平均相对分子质量为 344.2。

本方法适用于测定饮用水、地面水、生活污水及工业废水中的低浓度的阴离子表面活性物质。在实验条件下，主要被测物是直链烷基苯磺酸钠、烷基苯磺酸钠和脂肪醇硫酸钠。

水样中除主要被测物以外，其他物质，如有机物硫酸可卡因、磺酸盐、羧酸盐及无机物硫氰酸盐、氰酸盐、硝酸盐和氯化物等，与亚甲蓝作用，生成可溶于氯仿的蓝色配合物，使测定结果偏高。通过水溶液反洗有机相可减少这些干扰（有机硫酸盐、磺酸盐除外，而氯化物和硝酸盐的干扰可除去大部分）。

未经处理的污水中的硫化剂，能与亚甲蓝反应而消耗亚甲蓝试剂。可将试样调至碱性，滴加适量的过氧化氢（H_2O_2），消除其干扰。

由于季铵类化合物等阳离子物质和蛋白质能与阴离子表面活性剂生成稳定的缔合物，而不与亚甲蓝反应，因此使测定结果偏低。这些阳离子类干扰物可采用阳离子交换树脂去除。

三、试剂和仪器

仪器：

（1）250 mL 分液漏斗。

（2）50 mL 容量瓶。

（3）722 型分光光度计。

试剂：

（1）1 mol·L^{-1}氢氧化钠。

（2）浓硫酸。

（3）0.5 mol·L^{-1}硫酸。

（4）氯仿。

（5）异丙醇。

（6）酚酞指示剂。

（7）直链烷基苯磺酸钠（LAS）标准储备溶液 1.00 mg·mL^{-1}：称取 0.100 g 标准 LAS（精确至 0.001 g），溶于 50 mL 水中，定容至 100 mL。（保存于 4 ℃冰箱中。如需要，每周配制一次。）

（8）直链烷基苯磺酸钠标准工作溶液：准确吸取 10.00 mL 直链烷基苯磺酸钠标准储备溶液，用水稀释至 1 000 mL。每毫升含 10.0 μg LAS，当天配制。

（9）亚甲蓝溶液：先称取 50 g 一水磷酸二氢钠（$NaH_2PO_4 \cdot H_2O$）溶于 300 mL 水中，转移到 1 000 mL 容量瓶内，缓慢加入 6.8 mL 浓硫酸。另称取 30 mg 亚甲蓝（指示剂级），用 50 mL 水溶解后移入容量瓶，用水稀释至刻度。此溶液储存于棕色试剂瓶中。

（10）洗涤液：称取 50 g 一水磷酸二氢钠（$NaH_2PO_4 \cdot H_2O$）溶于 300 mL 水中，转移到 1 000 mL 容量瓶中，缓缓加入 6.8 mL 浓硫酸，用水定容。

四、步骤

1. 工作曲线绘制

取 250 mL 分液漏斗 6 个，分别加入 100 mL、97 mL、95 mL、90 mL、85 mL、80 mL 水，

然后分别移入 0 mL、3.00 mL、5.00 mL、10.00 mL、15.00 mL、20.00 mL 直链烷基苯磺酸钠标准工作溶液，摇匀。加入一滴酚酞指示剂，逐滴加入 1 mol·L^{-1} 氢氧化钠溶液至水溶液呈桃红色，再滴加 0.5 mol·L^{-1} 硫酸至桃红色刚好消失。加入 25 mL 亚甲蓝溶液，摇匀后再加入 10 mL 氯仿和 5 mL 异丙醇（消除乳化作用），激烈振摇 30 s（注意放气），静置分层。将氯仿层放入预先盛有 50 mL 洗涤液的另一个分液漏斗（R）中。先后移取 10 mL 氯仿于盛有残液（已经萃取的标准溶液）的分液漏斗，重复萃取两次（不必加异丙醇）。合并所有氯仿至分液漏斗 R 中（盛有洗涤液），激烈摇动 30 s，静置分层。将氯仿层通过玻璃棉或脱脂棉，放入 50 mL 干燥容量瓶中。再用氯仿萃取洗涤液两次（每次用量 5 mL），此氯仿层也并入容量瓶中，加氯仿稀释至刻度。

在分光光度计上，以空白试剂为参比，以 1 cm 比色皿于 652 nm 处测量氯仿萃取液的吸光度。以测得的吸光度为纵坐标，相应的直链烷基苯磺酸钠浓度为横坐标，绘制工作曲线[①]。

2. 选择试样体积及试样测定

为了直接分析水和废水样品，应根据预计的水中 MBAS 的质量浓度确定试样体积，见表 10.1.1。

表 10.1.1　预计的 MBAS 的质量浓度及试样体积

预计的水中 MBAS 的质量浓度/（mg·L^{-1}）	试样体积/mL
0.05 ~ 2.0	100
2.0 ~ 10	20
10 ~ 20	10
20 ~ 40	5

当预计的 MBAS 质量浓度超过 2 mg·L^{-1} 时，按表 10.1.1 选取试样体积后，用水稀释至 100 mL。

其他操作步骤均同工作曲线绘制的操作。

3. 实验结果记录表（表 10.1.2）

表 10.1.2　实验结果记录表

试液编号	标准溶液的体积/mL	活性剂的总含量/μg	吸光度 A
1			
2			
3			
4			
5			
6			
未知试液			

---

① 测定后，氯仿萃取液应回收，不能将其直接倒入下水道内。

思考题

（1）氯仿萃取 – 亚甲蓝分光光度法测定水中的阴离子表面活性剂的原理是什么？

（2）萃取摇动时，要注意什么？

（3）本实验的空白实验该怎样操作？

实验 10.2　离子交换树脂交换容量的测定

一、目的

（1）学习离子交换分离的操作方法。

（2）了解离子交换树脂交换容量的含义。

（3）掌握离子交换树脂总交换容量和工作交换容量的测定方法。

二、原理

离子交换树脂的交换容量是指每克干树脂所交换的离子 $\left(\text{离子的基本单元为}\dfrac{1}{n}M^{n+}\right)$ 的物质的量。其是衡量树脂性能的重要指标。一般使用的树脂的交换容量为 $3 \sim 6\ mmol \cdot g^{-1}$。

本实验用酸碱滴定法测定强酸性阳离子交换树脂（RH）的交换容量。交换容量有总交换容量和工作交换容量之分，前者用静态法测定，后者用动态法测定。

当用静态法测定总交换容量时，向一定量的 H 型阳离子树脂中加入已知量过量的 NaOH 标准溶液浸泡。当交换反应达到平衡，即：

$$RH + NaOH = RNa + H_2O$$

时，用 HCl 标准溶液回滴过量的 NaOH。

用动态法测定工作交换容量时，将一定量的 H 型阳离子树脂装入交换柱中，用 Na_2SO_4 溶液以一定的流量通过交换柱。Na^+ 与 RH 发生交换反应，交换出来的 H^+ 用 NaOH 标准溶液滴定。反应为：

$$RH + Na^+ = RNa + H^+$$

$$H^+ + OH^- = H_2O$$

三、仪器和试剂

（1）离子交换柱可用 25 mL 酸式滴定管替代。

（2）732 型强酸性阳离子交换树脂。

（3）玻璃棉。

（4）$4\ mol \cdot L^{-1}$ HCl 溶液。

（5）$0.5\ mol \cdot L^{-1}$ Na_2SO_4 溶液。

（6）$0.10\ mol \cdot L^{-1}$ HCl 标准溶液。

（7）$0.10\ mol \cdot L^{-1}$ NaOH 标准溶液。

（8）$2\ g \cdot L^{-1}$ 酚酞的乙醇溶液。

四、步骤

1. 动态法测定树脂的工作交换容量

（1）树脂的预处理。市售的阳离子交换树脂一般为 Na 型，使用前须将其用酸处理成 H 型。

称取 20 g 732 型阳离子交换树脂于烧杯中，加 100 mL 4 mol·L^{-1} HCl，搅拌，浸泡 1~2 天，以溶解除去树脂中的杂质，并使树脂充分溶胀。若浸出的溶液呈较深的黄色，应换新鲜的 HCl 再浸泡一些时间，倾出上层 HCl 清液，然后用纯水漂洗树脂至中性，即得到 H 型阳离子交换树脂 RH。

（2）装柱。用长玻璃棒将润湿的玻璃棉塞在交换柱的下部，使其平整，加 10 mL 纯水，将洗净的树脂连水加入柱中。要防止混入气泡①。为防止加试液时树脂被冲起，在上面也铺一层玻璃棉。在装柱和以后的使用过程中，必须使树脂层始终浸泡在液面以下约 1 cm 处。柱高 15~20 cm，用水洗树脂至流出液为中性，放出多余的水。

（3）交换。向交换柱不断加入 0.5 mol·L^{-1} Na$_2$SO$_4$ 溶液，用 250 mL 容量瓶收集流出液，调节流量为 2 mL·min^{-1}，流过 100 mL Na$_2$SO$_4$ 溶液后，经常检查流出液的 pH，直至流出液的 pH 与加入的 Na$_2$SO$_4$ 溶液的 pH 相同时，停止交换。将收集液稀释至刻度，摇匀。

（4）滴定。用移液管移取 20.00 mL 流出液于 250 mL 锥形瓶中，加入 2 滴酚酞，用 0.10 mol·L^{-1} NaOH 标准溶液滴至微红色 30 min 不褪色为终点，平行测定 3 份。

$$工作交换容量 = \frac{(cV)_{NaOH}}{m_{树脂} \times \dfrac{20.00}{250.0}}(mmol·g^{-1})$$

实验完毕后，将树脂统一回收，以便再生，取出玻璃棉。

2. 静态法测定树脂的总交换容量

准确称取晾干的已处理好的 H 型阳离子交换树脂 1.000 g 于干燥的 250 mL 磨口锥形瓶中，准确加入 100.0 mL 0.10 mol·L^{-1} NaOH 标准溶液，盖好磨口瓶盖，放置 24 h，使之达到交换平衡。用移液管移取上层已交换后的清液 20.00 mL，置于 250 mL 锥形瓶中，加入 2 滴酚酞指示剂，用 0.10 mol·L^{-1} HCl 标准溶液滴至红色刚好褪去为终点，平行测定 3 份。

$$总交换容量 = \frac{(cV)_{NaOH} - (cV)_{HCl}}{m_{树脂} \times \dfrac{20.00}{100.0}}(mmol·g^{-1})$$

实验完毕后，将树脂统一回收到烧杯中，以便再生，取出玻璃棉。

思考题

（1）什么是离子交换树脂的交换容量？两种交换容量的测定原理是什么？

（2）为什么树脂层中不能存留有气泡？若有气泡，如何处理？

（3）怎样处理树脂？怎样装柱？应分别注意什么问题？

---

① 当树脂层存有气泡时，溶液将不是均匀地流过树脂层，而是顺着气泡流下，发生"沟流现象"，使某些部位的树脂没有发生离子交换，从而使交换、洗脱不完全，影响分离效果。如果树脂层中混入气泡，可用细玻璃棒搅拌树脂，以逐出气泡，如果仍不奏效，就应重新装柱。

实验 10.3　钴、镍的离子交换分离及络合滴定法测定

一、目的

（1）学习离子交换分离的操作方法（包括树脂预处理、装柱、交换和淋洗）。
（2）了解离子交换分离在定量分析中的应用。
（3）学习钴和镍的络合滴定方法。

二、原理

某些金属离子如 Mn^{2+}、Co^{2+}、Cu^{2+}、Fe^{3+}、Zn^{2+} 在浓盐酸溶液中能形成氯络阴离子，而 Ni^{2+} 则不能形生氯络阴离子。由于各种金属络阴离子稳定性不同，生成络阴离子所需的 Cl^- 浓度也就不同，因而把它们放入阴离子交换柱后，可通过控制不同盐酸浓度的洗脱液淋洗而进行分离。本实验只进行钴、镍分离。当试液为 9 mol·L^{-1} 盐酸时，Ni^{2+} 仍带正电荷，不被交换吸附，而 Co^{2+} 形成 $CoCl_4^{2-}$，被交换吸附：

$$2R_4N^+Cl^- + CoCl_4^{2-} \rightleftharpoons (R_4N^+)_2CoCl_4^{2-} + 2Cl^-$$

柱上显蓝色带。用 9 mol·L^{-1} HCl 溶液洗脱，Ni^{2+} 首先流出，流出液呈淡黄色。接着用 3 mol·L^{-1} HCl 溶液洗脱，$CoCl_4^{2-}$ 成为 Co^{2+} 被洗出（因试液中只有钴和镍，故用 0.01 mol·L^{-1} HCl 溶液更易洗脱钴），然后分别用络合滴定返滴定法测定。

三、试剂

（1）离子交换柱：可用 25 mL 酸式滴定管代替。
（2）强碱性阴离子交换树脂：国产 717，新商品牌号为 201×7，氯型，晾干后用 30 号筛过筛，取过筛部分。
（3）镍标准溶液（10 mg·L^{-1}）：准确称取 4.048 g 分析纯 $NiCl_2 \cdot 6H_2O$ 试剂，用 30 mL 2 mol·L^{-1} HCl 溶液溶解，转移入 100 mL 容量瓶，用 2 mol·L^{-1} HCl 溶液稀释至刻度。必要时按实验步骤（Ni^{2+} 的测定方法）标定。
（4）钴标准溶液（10 mg·L^{-1}）：准确称取 4.036 g 分析纯 $CoCl_2 \cdot 6H_2O$ 试剂，用 30 mL 2 mol·L^{-1} HCl 溶液溶解，转移入 100 mL 容量瓶，用 2 mol·L^{-1} HCl 溶液稀释至刻度。必要时按实验步骤（Co^{2+} 的测定方法）标定。
（5）钴镍混合试液：取钴、镍标准溶液等体积混合。
（6）标准锌溶液（0.02 mol·L^{-1}）：准确称取一定量基准锌于 150 mL 烧杯中，加入 6 mL 6 mol·L^{-1} HCl 溶液，立即盖上表面皿，待锌完全溶解，以少量水冲洗表面皿和烧杯内壁，定量转移 Zn^{2+} 溶液于 250 mL 容量瓶中，用水稀释至刻度，摇匀，计算锌标准溶液的浓度。
（7）EDTA 标准溶液（0.025 mol·L^{-1}）：配制与标定见实验 5.1。
（8）2 g·L^{-1} 二甲酚橙。
（9）200 g·L^{-1} 六亚甲基四胺水溶液，用 2 mol·L^{-1} 盐酸调至 pH=5.8。
（10）12 mol·L^{-1}、9 mol·L^{-1}、6 mol·L^{-1}、2 mol·L^{-1} 和 0.01 mol·L^{-1} 盐酸溶液。

（11） 6 mol·L^{-1}、2 mol·L^{-1} NaOH 溶液。

（12） 2 g·L^{-1} 酚酞的乙醇溶液。

（13） 定性鉴定用试剂：1% 丁二酮肟乙醇溶液、饱和 NH$_4$SCN 溶液、戊醇、浓氨水。

四、步骤

1. 交换柱的准备

强碱性阴离子交换树脂先用 2 mol·L^{-1} HCl 溶液浸泡 24 h，取出树脂，用水洗净。继续用 2 mol·L^{-1} NaOH 溶液浸泡 2 h，然后用去离子水洗至中性，再用 2 mol·L^{-1} HCl 溶液浸泡 24 h，备用。

取一支 ϕ1 cm×20 cm 的玻璃交换柱或 25 mL 酸式滴定管，底部塞少许玻璃棉，将树脂和水缓慢倒入柱中，树脂柱高约 15 cm，上面再铺一层玻璃棉。调节流量约为 1 mL·min^{-1}，待水面下降至接近树脂层的上端时（切勿使树脂干涸），分次加入 20 mL 9 mol·L^{-1} HCl 溶液，并以相同流量通过交换柱，使树脂与 9 mol·L^{-1} HCl 溶液达到平衡。

2. 试液

取钴镍混合试液 2.00 mL 于 50 mL 小烧杯中，加入 6 mL 浓盐酸，使试液中 HCl 溶液浓度为 9 mol·L^{-1}。

3. 分离

将试液小心移入交换柱中进行交换，用 250 mL 锥形瓶收集流出液，流量 0.5 mL·min^{-1}。当液面到达树脂相时（注意色带的颜色），用 20 mL 9 mol·L^{-1} HCl 溶液洗脱 Ni^{2+}，开始时用少量 9 mol·L^{-1} HCl 溶液洗涤烧杯，每次 2~3 mL，洗 3~4 次，洗涤液均倒入柱中，以保证试液全部转移入交换柱。然后将其余 9 mol·L^{-1} HCl 溶液分次倒入交换柱。收集流出液以测定 Ni^{2+}。待洗脱近结束时，取两滴流出液，用浓氨水碱化，再加两滴 10 g·L^{-1} 丁二酮肟，以检验 Ni^{2+} 是否洗脱完全。

继续用 25 mL 0.01 mol·L^{-1} HCl 溶液分 5 次洗脱 Co^{2+}，流量为 1 mL·min^{-1}，收集流出液于另一锥形瓶中，以备测定 Co^{2+}（用 NH$_4$SCN 法检验 Co^{2+} 是否已洗脱完全）。

4. Ni^{2+}、Co^{2+} 的测定

将洗脱 Ni^{2+} 的洗脱液用 6 mol·L^{-1} NaOH 中和至酚酞变红，继续用 6 mol·L^{-1} HCl 溶液调至红色褪去，再过量两滴，此时由于中和发热，使液温升高，可将锥形瓶置于流水中冷却。用移液管加入 10.00 mL EDTA 溶液，加 5 mL 六亚甲基四胺溶液，控制溶液的 pH 在 5.5 左右。加两滴二甲酚橙，溶液应为黄色（若呈紫红或橙红，说明 pH 过高，用 2 mol·L^{-1} HCl 溶液调至刚变黄色），用锌标准溶液回滴过量的 EDTA，终点由黄绿变紫红色。

Co^{2+} 的测定同 Ni^{2+}。

根据滴定结果计算镍钴混合试液中各组分的浓度，以 mg·mL^{-1} 表示。

用 20~30 mL 2 mol·L^{-1} HCl 溶液处理交换柱使之再生，或将使用过的树脂回收在一个烧杯中，统一进行再生处理（取出玻璃棉，洗净交换柱）。

思考题

（1） 在离子交换分离中，为什么要控制流出液的流量？淋洗液为什么要分几次加入？

（2） 本实验若是微量 Co^{2+} 与大量 Ni^{2+} 的分离，其测定方法应有何不同？

（3） 对于含常量钴和镍的试液，若不采用预分离，应如何进行测定？

实验10.4　纸色谱法分离和鉴定氨基酸

一、目的

（1）掌握纸色谱法的基本操作和比移值的测量方法。

（2）学习根据组分比移值的不同，分离、鉴别未知试样的组分。

二、原理

纸色谱法又称纸上层析法，它是以滤纸为载体，利用滤纸纤维的亲水性基团—OH 吸附的水分作固定相，以有机溶剂为流动相（展开剂）的一种微量分离方法。使有机溶剂沿滤纸自下向上移动，称为上行层析；反之，则称为下行层析。纸层析法主要是依据混合组分对二相分配系数的差异进行分离，但也存在着某种程度的吸附作用和离子交换现象。

当氨基酸混合试样在滤纸上点样后，试样溶解于固定相中，采用上行层析法将滤纸末端浸入展开剂中，由于滤纸的毛细管作用，展开剂沿着滤纸上行，试样中各种氨基酸在固定相和流动相中不断地进行分配，由于它们的分配系数不同，随流动相移动的速度也不相同。形成距原点（点样处）不等的斑点，从而达到彼此分离的目的。各组分的比移值 R_f 为：

$$R_f = \frac{\text{原点至斑点中心的距离 } a}{\text{原点至溶剂前沿的距离 } b}$$

在一定条件下（如温度、展开溶剂的组分、pH、滤纸的质量等），物质的 R_f 值是一定的，可以据此进行物质的定性分析。但影响 R_f 的因素较多，为此，应用各组分相应的标准试样同时做对照实验。

如果溶质中氨基酸组分较多或其中某些组分的 R_f 值相同或近似，用单向层析不宜将它们分开，为此，可进行双向层析。在第一溶剂展开后，将滤纸转动90°，以第一次展开所得的层析点为原点，再用另一种溶剂展开，即可达到分离的目的。

由于氨基酸无色，可在层析后于纸上喷洒显色剂茚三酮或在展开剂中加入显色剂，利用茚三酮反应使氨基酸斑点显色，从而定性和定量。显色时，氨基酸与茚三酮反应，生成醛、氨气、二氧化碳、还原型茚三酮。与此同时，还原型茚三酮和 NH_3、茚三酮缩合成新的有色化合物，使斑点呈蓝紫色。其显色反应如下：

$$\text{(邻苯二甲酰结构)} + NH_3 + \text{(邻苯二甲酰结构)} \longrightarrow \text{(CHN=C结构)} + 3H_2O$$

蓝紫色产物

本实验进行甘氨酸、蛋氨酸和亮氨酸混合溶液的分离与鉴定。

三、仪器和试剂

仪器：

（1）层析滤纸：将中速滤纸裁成 80 mm×240 mm 条状。

（2）层析筒 ϕ150 mm×300 mm。

（3）微量加样器或毛细管。

（4）培养皿、喉头喷雾器、吹风机、直尺、铅笔等。

试剂：

（1）氨基酸混合液：甘氨酸 50 mg、亮氨酸 25 mg、蛋氨酸 25 mg 共溶于 5 mL 水中。

（2）展开剂。

碱相溶剂：正丁醇:12% 氨水:95% 乙醇 = 13:13:13（V/V）。

酸相溶剂：正丁醇:80% 甲酸:水 = 15:3:2（V/V），摇匀后放置 12 h 以上，取上清液备用。

（3）显色储备液：0.4 mol·L^{-1}茚三酮 – 异丙醇:甲酸:水 = 20:1:5。

（4）0.1% 硫酸铜:75% 乙醇 = 2:38，临用前按比例混合。

四、步骤

1. 标准氨基酸单向纸层析法

（1）点样。戴上指套或橡皮手套，于层析纸条一端 3 cm 处用铅笔轻轻画一条横线，在横线上做四个记号作为原点，原点间距离为 2 cm，在滤纸另一端 2 cm 处中间穿一根棉线。用毛细管蘸取三种氨基酸标准溶液及氨基酸混合试液依次在四个原点处点样，点样点干后，可重复点加 1～2 次，斑点直径约为 2～2.5 mm，点样量以每种氨基酸含 5～20 μg 为宜，晾干。

（2）展开。在干燥的层析筒中加入 60 mL 酸性展开剂，并在其中加入显色储备液（每 10 mL 展开剂加 0.1～0.5 mL 的显色储备液）。把点好样的纸条挂在层析筒盖上，滤纸下端浸入展开剂约 0.5 cm，但原点基线必须在液面之上，以免氨基酸与溶剂直接接触。盖上层析筒，进行展开，当溶剂前沿上升到距滤纸上端 2～3 cm 时（大约 3 h），取出滤纸，用铅笔画出溶剂前沿位置。

（3）显色。滤纸取出后，吹干或在 80 ℃左右烘箱内烘 3～5 min，即出现紫红色的氨基酸斑点。用铅笔画出纸层析点，可进行定性、定量测定。

2. 混合氨基酸双向纸层析法

（1）滤纸准备。将滤纸裁成约 28 cm² 的正方形，在距滤纸相邻两边各 2 cm 处的交点上用铅笔画下一点，作为原点。

（2）点样。取混合氨基酸溶液（5 mg/mL）10 ~ 15 μL，分别点在原点上。

（3）展开与显色。将点好样的滤纸卷成半筒形，立在培养皿中，原点应在下端。取少量 12% 的氨水于小烧杯中，盖好层析缸，平衡过夜。次日，取出氨水，加适量碱相溶剂（第一向）于培养皿中，盖好层析缸，上行展开，当溶剂前沿距滤纸上端 1 ~ 2 cm 时，取出滤纸，冷风吹干。将滤纸转 90°，再卷成半筒形，竖立在干净培养皿中，并于小烧杯中加少量酸相溶剂，盖好层析缸，平衡过夜，次日将加显色剂的酸性溶剂（每 10 mL 展开剂加 0.1 ~ 0.5 mL 的显色储备液）倾入培养皿中，进行第二向展开。展开毕，取出滤纸，用热风吹干，蓝紫色斑点即显现。

五、计算

单向层析的 R_f 值：用尺量出各组分的 a、b 值，计算出它们相应的 R_f 值，对混合试样进行定性鉴定。

双向层析的 R_f 值：由两个数值组成，在第一向计量一次，再在第二向计量一次，分别与已知的氨基酸在酸碱系统中的 R_f 值进行对比，即可初步决定它为何种氨基酸的斑点。

必要时，可将斑点剪下，在同一张纸剪下一块大小相同的空白纸作为对照，用硫酸铜 - 乙醇溶液洗脱，用 722 型分光光度计测定其吸光度，在标准曲线上查出氨基酸的含量。

思考题

（1）为什么展开时有时用一种溶剂系统，有时用两种溶剂系统？

（2）酸性溶剂系统或碱性溶剂系统对赖氨酸、精氨酸等碱性氨基酸和天冬氨酸、谷氨酸等酸性氨基酸的 R_f 值分别有何影响？

实验 10.5　薄层层析法分离氨基酸

一、目的

（1）掌握薄层层析的基本原理。

（2）练习薄层板的制备。

（3）学会使用硅胶薄板层析。

二、原理

薄层层析法是一种检验微量物质的快速、准确的分析分离手段。它是将某种吸附剂在一块玻璃板（或硬质塑料板等）上铺成均匀的薄层，把要分离鉴定的样品溶液点在薄层板的一端，在密闭的层析缸内用适宜的溶剂（即展开剂）展开（设备、操作技术与纸色谱法相似）。层析后，各组分彼此分离，通过比移值 R_f 的测定进行定性，通过对各组分斑点的进一步分析进行定量。

在薄层层析中，为了获得良好的分离效果，必须选择适当的吸附剂和展开剂。吸附剂含水较多时，吸附能力就会大为减弱，因此，使用吸附剂时，一般要先进行加热去水的活化处理。在薄层层析中所用的吸附剂种类很多，用得最广泛的是氧化铝和硅胶。化合物被吸附剂吸附后，要选择适宜的溶剂进行展开。展开剂是一种或两种以上溶剂按一定比例组成的溶剂系统。溶剂的选择通常是根据被测物中各成分的极性、溶解度以及吸附剂活性和分离效果等因素来考虑的。

观察层析结果时，如果化合物本身有颜色，可直接观察其斑点；如果本身无色，可用显色剂显色。不同物质所用显色剂不同，如果被测物质是有机化合物，一般采用碘蒸气进行显色。本实验中采用的是茚三酮显色剂。

薄层层析法操作简便、快速、灵敏、分离效果好，因而被广泛用于分离各种物质。

三、仪器和试剂

仪器：

（1）玻璃板（5 cm×15 cm）。

（2）层析缸。

（3）玻璃毛细管。

（4）吹风机、恒温干燥箱、喉头喷雾器等。

试剂：

（1）称取精氨酸 15.9 mg，溶于 10 mL 90% 异丙醇溶液中。

（2）称取甘氨酸 7.5 mg，溶于 10 mL 90% 异丙醇溶液中。

（3）称取酪氨酸 18.1 mg，溶于 10 mL 90% 异丙醇溶液中。

（4）氨基酸混合液：上述三种氨基酸溶液各取出 1 mL 混匀即可。

（5）展开剂：正丁醇：冰乙酸：水=80∶20∶20，临用时配制。

（6）显色剂：0.5% 茚三酮丙酮溶液。

（7）硅胶 G（层析纯）。

（8）5 g·L⁻¹ 羧甲基纤维素（CMC）水溶液：称取 0.5 g CMC，在搅拌下加入 100 mL 热水中，搅拌溶解。

四、步骤

1. 薄层板的制备

称 4 g 硅胶 G 于 100 mL 烧杯中，加入 14 mL CMC，用玻璃棒仔细搅拌 5 min，调成糊状。然后倒在洁净的层析玻璃板（5 cm×15 cm）上，用玻璃棒涂布均匀并轻振玻璃板，使糊状物平整，水平放置一天晾干。然后放入 105 ℃ 的烘箱中活化 1 h，取出，放在干燥器中冷却备用。

注意：制备薄层板时，要使涂布均匀、表面平坦、光滑、无气泡。

2. 点样

取玻璃毛细管 4 支，分别吸取精氨酸、甘氨酸、酪氨酸及混合氨基酸，在距薄层板一端 2.5 cm 处，间距 1 cm 宽的位置上轻触点样，第一次点样的样品干后，在原点样处重复点加一次，每个样点的直径不超过 2 mm。

注意：点样时，毛细管垂直轻触薄层板，不要带走硅胶。

3. 展开

在层析缸中加入展开剂约 1 cm 厚，加盖平衡 30 min，将薄层板点样端浸入展开剂中（样品线切勿进入溶剂中），使薄层板与缸壁呈30°倾斜，加盖、密闭展开。当展开剂前沿到达薄板上端约 2 cm 时，取出薄板，记下展开剂前沿的位置，用吹风机将薄层板吹干。

4. 显色

用喉头喷雾器向薄层板上均匀喷洒 0.5% 茚三酮丙酮溶液，热风吹干（也可将薄板置于电炉上方约 33.33 cm 高的铁丝网上烘干）至紫红色斑点出现。

5. 画图

画出斑点移动位置，量出各组分相应的 a、b 值，计算 R_f 值并进行比较。

思考题

（1）要获得好的分离效果，实验操作上应注意哪些方面？

（2）展开时，若层析筒盖得不严密，对薄层分离有无影响？为什么？

（3）如果展开时间过长或过短，对混合物的分离有何影响？

第十一章

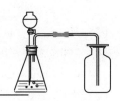

综合实验

实验 11.1　硼镁矿中硼含量的测定
（离子交换分离——酸碱滴定法）

一、目的

（1）掌握离子交换分离法的基本操作技术。

（2）练习用熔融法分解矿样的操作技术。

（3）学习用酸碱滴定法测定极弱酸含量时的强化处理方法和原理。

（4）了解离子交换法测定硼镁矿中硼含量的方法。

二、原理

硼镁矿含有硼酸镁、硅酸盐及铁、铝的氧化物等，是制取硼酸盐、硼化物的主要原料。

要分析硼镁矿中的硼，需先分离出硼。可用 NaOH 熔融法分解矿样，用盐酸溶解熔块，此时，硼以硼酸形式存在，硅酸盐成为不溶残渣，铁、铝等则以阳离子形式存在。将试液通过阳离子交换柱，铁、铝、镁等各种阳离子在树脂上交换，而硼酸则通过树脂床流出，达到分离的目的。

硼酸是极弱的酸（$K_a = 5.8 \times 10^{-10}$），故不能用 NaOH 标准溶液直接滴定。但如在硼酸中加入甘油或甘露醇等多羟基化合物，甘油或甘露醇等多羟基化合物可与硼酸形成稳定的配合物，从而增强硼酸在水溶液中的酸性，使弱酸强化。其反应式如下：

$$2\ \begin{array}{c} H \\ R-C-OH \\ R-C-OH \\ H \end{array} + H_3BO_3 = \left[\begin{array}{c} H \qquad\qquad H \\ R-C-O \diagdown \diagup O-C-R \\ \qquad\qquad B \\ R-C-O \diagup \diagdown O-C-R \\ H \qquad\qquad H \end{array} \right]^- H^+ + 3H_2O$$

在甘露醇浓度为 $0.1 \sim 0.5\ \mathrm{mol \cdot L^{-1}}$ 的条件下，生成的配合酸的 K_a 为 $1 \times 10^{-6} \sim 3 \times 10^{-5}$，故可用强碱 NaOH 标准溶液滴定。化学计量点 pH ≈ 9，可选用酚酞或百里酚酞作为指示剂。为了使反应进行完全，需加入过量的甘露醇或甘油。

三、试剂

（1）离子交换柱：以50 mL碱式（或酸式）滴定管替代。

（2）732型阳离子交换树脂。

（3）HCl溶液：1∶1、1∶5、1∶9。

（4）200 g·L^{-1}NaOH溶液。

（5）0.05 mol·L^{-1}NaOH标准溶液。

（6）甲基红指示剂：1 g·L^{-1}的60%乙醇溶液。

（7）酚酞指示剂：2 g·L^{-1}的乙醇溶液。

（8）甘露醇。

（9）玻璃纤维。

四、步骤

1. 阳离子交换柱的准备

见实验10.2"离子交换树脂交换容量的测定"。

2. 试样的分解

准确称取在105 ℃干燥后的硼镁矿试样（已研磨通过120目筛孔）0.2～0.3 g于底部置有1.5～2 g粒状NaOH的银坩埚（或镍坩埚）中，上面再覆盖1.5～2 g NaOH，上、下层共计约3～4 g。将坩埚放入高温炉中①，从低温开始升高温度至700 ℃，待整个熔融物澄清后，继续加热约20 min，然后取出，慢慢转动坩埚，使熔融物冷凝在坩埚内壁成薄层。冷却后，用20 mL 1∶1 HCl溶液分数次溶解熔块，用水洗净坩埚，溶液转移于100 mL容量瓶中，最后以水稀释至刻度，摇匀。

3. 离子交换和滴定

准确移取上述溶液25.00 mL于100 mL烧杯中，用200 g·L^{-1}NaOH溶液中和至溶液pH为2～3②。溶液的酸度可以这样调节：加NaOH溶液至铁、铝等的氢氧化物沉淀刚刚产生，然后加2 mol·L^{-1}HCl溶液至沉淀刚刚溶解，或以广泛pH试纸试之（注意：检验溶液酸度时，每次加碱或酸后，都要将溶液不断搅拌均匀）。将调好酸度的溶液以约10 mL·min^{-1}的流速通过离子交换柱，流出液收集于250 mL烧杯中，并用100 mL左右的水洗涤交换柱，洗涤液一并收集于烧杯中。

于流出液中加入2滴甲基红指示剂，滴加200 g·L^{-1}NaOH溶液至溶液刚呈黄色，然后逐滴加入1∶9 HCl溶液至刚呈红色，再用0.05 mol·L^{-1}NaOH标准溶液调节至红色刚褪去而呈稳定的橙黄色（不必读取NaOH耗用量），此时溶液pH约为5～6③。加入1 g甘露醇，充分搅拌后，再加酚酞指示剂5～10滴，以0.05 mol·L^{-1}NaOH标准溶液滴定，此时开始

---

① 可用功率较大的普通电炉，在电阻丝上部周围加一圈耐火砖保温（以提高炉温）来代替高温炉。

② 加浓盐酸后所得的试液，如不以NaOH溶液中和至pH为2～3，而直接进行交换，则因其酸度过大，交换不完全，将使结果偏高。

③ 试液通过交换柱前的pH为2～3，通过交换柱后，由于各种阳离子被交换上去而H$^+$被交换下来，故溶液酸度又增大。在滴定前，必须将此部分酸中和。这一步操作很重要，此时如果加入NaOH的量不足，将使分析结果偏高；如果加入NaOH的量过多，则将使结果偏低。

计量，滴定至呈粉红色，再加入 0.5 g 甘露醇，如红色褪去，继续以 NaOH 溶液滴定，直至加入甘露醇后，红色在 30 s 内不褪，即为终点。重复测定数次，结果以 B_2O_3 的质量分数表示。

思考题

（1）用离子交换法分离硼试液中的干扰离子的原理是什么？

（2）硼酸是极弱酸，本实验为什么可用 NaOH 标准溶液滴定？

（3）对离子交换前试液酸度的要求是什么？为什么？怎样调节酸度？

（4）以 NaOH 溶液滴定硼络酸时，为什么要以酚酞为指示剂？是否可用甲基橙？

（5）用 NaOH 熔解硼镁矿时，操作中应注意哪些问题？

（6）本实验中的 NaOH 标准溶液为什么采用较小浓度（0.05 mol·L^{-1}）？

实验 11.2　谷物及谷物制品中钙的测定

一、目的

（1）练习用灰化法分解样品的操作技术。

（2）培养分析实际样品的能力。

二、原理

样品经灰化后，以酸性溶液中钙与草酸生成草酸钙，经硫酸溶解后，用高锰酸钾标准溶液滴定，计算出钙的含量。

三、仪器与试剂

仪器：

（1）石英或瓷制坩埚，直径约 60 mm，体积不小于 35 mL，如果选用瓷制坩埚，则要求无裂釉、瓷面光滑、完全无裂纹。

（2）马弗炉。

（3）多孔玻璃过滤器 G4 或之与相当的型号。

（4）抽滤瓶 500 mL。

（5）滴定管 25 mL 或 10 mL。

试剂：

（1）硝酸：优级纯。

（2）盐酸：6 mol·L^{-1}。

（3）盐酸：0.5 mol·L^{-1}。

（4）草酸溶液：4 g·L^{-1}。

（5）乙酸钠溶液：300 g·L^{-1}，称取乙酸钠 30 g 溶于 100 mL 水中。

（6）溴甲酚绿指示剂：10 g·L^{-1}，称取溴甲酚绿 1.0 g 溶于 2~3 mL 100 g·L^{-1} 氢氧化钠溶液中，加水至 100 mL。

（7）高锰酸钾标准溶液：0.01 mol·L^{-1}，称取高锰酸钾 58 g，溶于 1 000 mL 水中，标定见实验 6.1。

四、步骤

1. 样品制备

（1）取样：均匀选取待测样品，粉碎至全部通过 40 目筛，视分析要求至少准备 50 g 样品。

（2）灰化：在坩埚中精密称取样品 3～10 g（称样量视样品中钙的实际含量而定），置电热板上炭化至无烟后，移至已预热的马弗炉中，550 ℃下灰化至实际不含碳粒为止（约 5～6 h）。为了缩短灰化时间或灰化难以灼烧至不含碳粒的样品时，可采用优级纯硝酸作为灰化助剂。

（3）浸取：取出已灰化好的样品（为了防止坩埚因骤冷而破裂，可将马弗炉断电后过夜），加入 5 mL 6 mol·L^{-1} 盐酸，从坩埚的上部冲洗四周壁，然后置于蒸汽浴或电热板上蒸发至近干。向坩埚中加入 2 mL 0.5 mol·L^{-1} 盐酸溶解残留物，加盖表面皿，置于蒸汽浴或电热板上加热 5 min。用水冲洗表面皿，然后将坩埚中的溶解物定量地过滤于 400 mL 烧杯中，稀释至约 150 mL。

（4）沉淀：滴加溴甲酚绿指示剂 8～10 滴和足量的 300 g·L^{-1} 乙酸钠，使溶液呈蓝色（此时 pH 为 4.8～5.0）。加盖表面皿于蒸汽浴或电热板上加热至沸腾。用滴管缓缓滴入 3% 草酸溶液呈绿色（此时 pH 为 4.4～4.6）。如呈黄绿色或蓝色，将不利于草酸钙沉淀，而使结果偏低。煮沸上述溶液，静置澄清 4 h 以上。如静置时间过短，则不利于草酸钙结晶的形成，会使测定结果偏低。

（5）过滤、洗涤：同实验 6.2。

（6）沉淀溶解：同实验 6.2。

2. 滴定

用 0.01 mol·L^{-1}（或其他适宜浓度）高锰酸钾标准溶液滴定至已预先加热至 70～90 ℃ 的滤液中，滤液呈淡粉色并维持 30 s 不褪色。

3. 结果计算

两次平行测定结果的允许差不超过：样品钙含量大于 1 mg·g^{-1} 时，为 0.15 mg（绝对差）；样品钙含量小于 1 mg·g^{-1} 时，为 0.10 mg（绝对差）。如果平行测定结果符合允许差要求，取其平均值作为结果，保留两位小数。

本方法适用于钙含量不低于 1 mg·g^{-1} 的样品。

思考题

（1）样品灰化时，应注意什么？

（2）溶解草酸钙时使用硫酸，那么用盐酸可以吗？

实验 11.3　加碘食盐的质量检验

一、目的

（1）学习复杂物质分析方法，锻炼解决实际问题的能力。

（2）了解食盐的分析方法。

二、原理

食盐是人们生活中不可缺少的调味品，又是副食品加工中重要的辅料。我国食用盐的历史可以追溯到 5 000 年前。食盐不仅有调味的作用，还具有一定的医用价值和营养价值。据《大明田华本草》记载："食盐通大小便，疗疝气，滋五味。"据李时珍《本草纲目》中所说："百病无不用之。"如治疗虚脱症、脚气、明目坚齿、疮癣痛痒等。人们吃盐是为了吸收其中的钠，它在人体中可产生"渗透压"，能影响细胞内外水分的流通，维持体内水分的正常分布。虽然生命离不开盐，但并非盐吃得越多越好，相反，过多的食盐对人体有害。成年人每天有 10 g 左右的食盐即可满足身体需要，过量食用常会导致一些疾病的产生，食盐摄入量过多是引起高血压病的重要因素。

食盐因其来源不同，可分为海盐、湖盐、池盐、井盐和岩盐（又叫矿盐）。我国的食盐生产以海盐为主，我国已成为世界三大产盐国家之一。自 1986 年起，我国将食用盐全部由大粒原盐改为精细盐，为了提高全民族的身体素质，还在所有食用盐中加入安全剂量的碘酸钾。随着人们生活水平的不断提高，食盐的品种也由过去的生产原盐、洗涤盐和粉碎洗涤盐、精盐发展到今天多品种食用盐，如碘盐、硒盐、锌盐、低钠盐、餐桌盐、保健盐、调味盐等。

食盐的主要成分是氯化钠，还含有少量的钾、镁、钙等物质。

为保证食盐的质量，食盐一直作为专卖品由国家统一销售。我国制定了 GB 5461—2016《食用盐》、GB 2760—2014《食品添加剂使用标准》、GB/T 5009.42—2016《食用盐指标的测定》、GB 14880—2012《食品营养强化剂使用标准》等，规定了食盐的感官指标和理化指标及检验方法。

（1）感官指标：白色、味咸，无可见的外来杂物，无苦味、涩味，无异嗅。

（2）理化指标：理化指标应符合表 11.3.1 的规定。

表 11.3.1　食盐理化指标

项 目		指 标
氯化钠（以干基计）/%		≥97
水不溶物/%	普通盐	≤0.4
	精制盐	≤0.1
硫酸盐（以 SO_4^{2-} 计）/%		≤2
氟（以 F 计）/(mg·kg^{-1})		≤2.5
镁/%		≤0.5
钡（以 Ba 计）/(mg·kg^{-1})		≤15
砷（以 As 计）/(mg·kg^{-1})		≤0.5
铅（以 Pb 计）/(mg·kg^{-1})		≤1
食品添加剂		按 GB 2760 规定
碘化钾、碘酸钾（以碘计）/(mg·kg^{-1})		按 GB 14880 规定

本实验将分别采用沉淀滴定法、重量分析法、比色法、EDTA配位滴定法、碘量法对食盐样品中的氯化钠、水不溶物、硫酸盐、镁、碘化钾5项指标进行检验。

三、仪器与试剂

参见下列各测量项目。

四、步骤

1. 感官检查

（1）将样品撒在一张白纸上，观察其颜色，应为白色或白色带淡灰色或淡黄色，加有抗结剂铁氰化钾的为淡蓝色（因其来源而异），不应含有肉眼可见的外来机械杂质。

（2）约取20 g样品于瓷乳钵中研碎后，立即检查，不应有气味。

（3）约取5 g样品，用100 mL温水溶解，其水溶液应具有纯净的咸味，无其他异味。

2. 水不溶物

试剂：硝酸银溶液（50 g·L^{-1}）。

分析步骤：

（1）预先取ϕ12.5 cm（或ϕ9 cm）新华快速定量滤纸，折叠后置于高型称量瓶中，滤纸连同称量瓶在（100±5）℃烘至恒重。

（2）称取25.00 g样品，置于400 mL烧杯中，加约200 mL水，置沸水浴上加热，时刻用玻璃棒搅拌，使全部溶解。

（3）将（2）中的溶液通过恒重滤纸过滤，滤液收集于500 mL容量瓶中，用热水反复冲洗沉淀及滤纸至无氯离子反应为止（加1滴硝酸银溶液检查，没有发现白色浑浊）。加水至刻度，混匀，此液留作其他项目测定用。

（4）带有水不溶物的滤纸与称量瓶干燥至恒重，首次干燥1 h，以后每次为30 min，取出放入干燥器中30 min后称量，至两次所称质量之差不超过0.001 g为止。

计算：

$$w_1 = \frac{m_1 - m_2}{m_{试样}} \times 100\%$$

式中，w_1为样品中水不溶物的含量，%；m_1为称量瓶和带有水不溶物的滤纸质量，g；m_2为称量瓶加滤纸质量，g；$m_{试样}$为样品质量，g。

结果的表述：保留算术平均值的两位有效数字。允许差相对偏差≤5%。

3. 食盐（以氯化钠计）

（1）原理、试剂与仪器：同实验7.1。

（2）步骤：吸取25.0 mL "2（3）"中的滤液于250 mL容量瓶中，加水至刻度，混匀。再吸取25.0 mL置于250 mL锥形瓶中，加水25 mL、5% K$_2$CrO$_4$ 1 mL，在不断摇动下，用AgNO$_3$标准溶液滴定至溶液呈砖红色，即为终点。量取100 mL水，同时做试剂空白实验。

平行测定3份，计算试样中的氯含量。

（3）计算：

$$w_{NaCl} = \frac{(V_1 - V_2) \times c_{AgNO_3} \times \dfrac{M_{NaCl}}{1\,000}}{m_{试样} \times \dfrac{25}{500} \times \dfrac{25}{250}} \times 100\%$$

式中，w_{NaCl} 为试样中食盐（以氯化钠计）的质量分数；V_1 为试样稀释液消耗硝酸银标准溶液的体积，mL；V_2 为空白试剂消耗硝酸银标准溶液的体积，mL；c_{AgNO_3} 为硝酸银标准溶液的浓度，$mol \cdot L^{-1}$。

4. 硫酸盐（铬酸钡法）

（1）原理。铬酸钡溶解于稀盐酸中，可与样品中的硫酸盐生成硫酸钡沉淀，溶液中和后，多余的铬酸钡及生成的硫酸钡呈沉淀状态，过滤除去，而滤液则含有硫酸根所取代出的铬酸离子，与标准系列进行定量比较。

（2）试剂与仪器。

① 分光光度计。

② 铬酸钡混悬液：称取 19.44 g 铬酸钾与 29.44 g 氯化钡（$BaCl_2 \cdot 2H_2O$），分别溶于 1 000 mL 水中，加热至沸腾。将两液共同倾入 3 000 mL 烧杯内，生成黄色铬酸钡沉淀。待沉淀沉降后，倾出上层液体，然后每次用 1 000 mL 水冲洗沉淀 5 次左右。最后加水至 1 000 mL，成混悬液，每次使用前混匀。

③ 盐酸（1+4）。

④ 氨水（1+2）。

⑤ 硫酸盐标准溶液：准确称取 1.478 7 g 干燥过的无水硫酸钠或 1.814 1 g 干燥过的无水硫酸钾，溶于少量水中，移入 1 000 mL 容量瓶，加水稀释至刻度。此溶液每毫升相当于 1.0 mg 硫酸根。

（3）分析步骤。吸取 10.00～20.00 mL "2（3）"中的滤液，以及 0 mL、0.50 mL、1.0 mL、3.0 mL、5.0 mL、7.0 mL 硫酸盐标准溶液（相当 0 mg、0.50 mg、1.0 mg、3.0 mg、5.0 mg、7.0 mg 硫酸根），分别置于 150 mL 锥形瓶中，各加水至 50 mL。于每瓶中加入 3～5 粒玻璃珠（以防爆沸）及 1 mL 盐酸（1+4），加热煮沸 5 min。再分别加入 2.5 mL 铬酸钡混悬液，煮沸 5 min 左右，使铬酸钡和硫酸盐生成硫酸钡沉淀。

取下锥形瓶放冷，于每瓶内逐滴加入氨水（1+2），中和至呈柠檬黄色为止。

再分别过滤于 50 mL 具塞比色管中（滤液应透明），用水洗涤三次，洗液收集于比色管中，最后用水稀释至刻度，用 1 cm 比色皿，以纯水溶液调节零点，于波长 420 nm 处测吸光度，绘制标准曲线比较。

（4）计算：

$$w_{SO_4^{2-}} = \frac{m_{SO_4^{2-}}}{m_{试样} \times \dfrac{V}{500} \times 1\,000} \times 100\%$$

式中，$w_{SO_4^{2-}}$ 为样品中硫酸盐的质量分数（以硫酸根计）；V 为测定时样品稀释液体积，mL；$m_{SO_4^{2-}}$ 为测定用样品相当硫酸盐的质量，mg；$m_{试样}$ 为样品质量，g。

结果的表述：保留算术平均值的两位有效数字。允许差相对偏差≤10%。

5. 镁

（1）原理。在 pH = 10 的氨性缓冲溶液中，以铬黑 T 为指示剂，用 EDTA 标准溶液滴定钙、镁总量；调节 pH = 12，此时镁以氢氧化物的形式沉淀出，以钙指示剂为指示剂，用 EDTA 标准溶液滴定测得钙量，两者之差即为镁含量。

（2）试剂与仪器。

① EDTA 标准溶液：0.01 mol·L^{-1}，配制及标定同实验 5.1。

② 铬黑 T（EBT）指示剂：1 g 铬黑 T 与 100 g 固体 NaCl 混合、研细，装入广口小试剂瓶，存放于干燥器中。

③ 钙指示剂：0.5 g 钙指示剂与 50 g NaCl 混合研磨，配成固体指示剂，装入广口小试剂瓶，存放于干燥器中。

④ 氨性缓冲溶液（pH = 10）：将 20 g NH$_4$Cl 溶于 300 mL 二次水中，加入 100 mL 氨水，稀释至 1 L，混匀。

⑤ 100 g·L^{-1} NaOH 溶液。

⑥ 10 mL 微量滴定管。

（3）分析步骤。吸取 50 mL 测定水不溶物的滤液，置于 250 mL 锥形瓶中。加入 2 mL 100 g·L^{-1} NaOH 氢氧化钠溶液及约 0.01 g 钙指示剂，搅拌溶解后，立即用 EDTA 标准溶液滴定，至溶液由酒红色变为纯蓝色，即为终点。记录消耗 EDTA 标准溶液的体积 V_1。

再吸取 50 mL 测定水不溶物的滤液，置于 250 mL 锥形瓶中，加 5 mL 氨缓冲溶液及约 5 mg 铬黑 T 混合指示剂，搅拌溶解后，立即以 EDTA 标准溶液滴定，至溶液由酒石红色变为亮蓝色，即为终点。记录消耗 EDTA 标准溶液的体积 V_2。

（4）计算：

$$w_{Mg} = \frac{(V_2 - V_1) \times c_Y \times \dfrac{A_{Mg}}{1\,000}}{m_{试样} \times \dfrac{25}{500}} \times 100\%$$

式中，w_{Mg} 为样品中镁的质量分数；V_1 为滴定钙离子消耗 EDTA 标准溶液的体积，mL；V_2 为滴定钙镁离子消耗 EDTA 标准溶液的体积，mL；c_Y 为 EDTA 标准滴定溶液的浓度，mol·L^{-1}；$m_{试样}$ 为样品质量，g；A_{Mg} 为镁的相对原子质量，g·mol^{-1}。

结果的表述：保留算术平均值的两位有效数字。平行滴定标准滴定液允许差≤0.1 mL。

6. 碘（加碘食盐）

（1）定性：首先定性确定添加剂是碘化钾还是碘酸钾。

① KI 定性。

混合试剂：硫酸（1 + 3），4 滴；亚硝酸钠溶液（5 g/L），8 滴，淀粉溶液（5 g/L），20 mL。临用时混合。

分析步骤：取约 2 g 样品，置于白瓷板上，滴 2 ~ 3 滴混合试剂于样品上，如显蓝紫色，表示有碘化物存在。

② 碘酸钾定性。

原理：碘酸钾为氧化剂，在酸性条件下，易被硫代硫酸钠还原生成碘，遇淀粉显蓝色，如硫代硫酸钠浓度较高时，生成的碘又可和剩余的硫代硫酸钠反应，生成碘离子，使蓝色消失，控制硫代硫酸钠为一定浓度可以建立此定性反应。

显色液配制：淀粉溶液（5 g·L^{-1}），10 mL；硫代硫酸钠（Na$_2$S$_2$O$_3$·5H$_2$O，10 g·L^{-1}），12 滴；硫酸（5 + 13），5 ~ 10 滴。临用时现配。

分析步骤：称取数克样品，滴 1 滴显色液，显蓝色为阳性反应，阴性者不反应（此反应特异）。测定范围：每克盐含 30 μg 碘酸钾（即含 18 μg 碘），立即显浅蓝色；含 50 μg，呈蓝色；含碘越多，蓝色越深。

（2）定量（添加 KI）。

① 原理。样品中的碘化物在酸性条件下用饱和溴水氧化成碘酸盐，加入甲酸钠除去过剩的溴，再加入碘化钾与碘酸钾作用，析出的碘用硫代硫酸钠标准溶液滴定，测定碘离子的含量。其反应式如下：

$$I^- + 3Br_2 + 3H_2O \rightarrow IO_3^- + 6H^+ + 6Br^-$$
$$Br_2 + HCOO^- + H_2O \rightarrow CO_3^{2-} + 3H^+ + 2Br^-$$
$$IO_3^- + 5I^- + 6H^+ \rightarrow 3I_2 + 3H_2O$$
$$I_2 + 2Na_2S_2O_3 \rightarrow 2NaI + Na_2S_4O_6$$

② 试剂。

盐酸：1 mol·L^{-1}。

碘化钾溶液：50 g·L^{-1}，新鲜配制。

饱和溴水：取 25 mL 试剂溴至 100 mL 水中，充分摇匀。

甲酸钠：100 g·L^{-1}溶液。

淀粉指示液：称取 0.5 g 可溶性淀粉，加少量水搅匀后，倒入 50 mL 沸水中，煮沸。临用时现配。

硫代硫酸钠标准溶液：0.1 mol·L^{-1}，配制与标定方法同实验 6.5。临用时准确稀释至 50 倍，浓度为 0.002 mol·L^{-1}。

③ 分析步骤。称取 10.0 g 均匀加碘食盐，称准至 0.1 g，置于 250 mL 碘量瓶中，加 100 mL 水溶解，加 2 mL 1 mol·L^{-1}盐酸和 2 mL 饱和溴水，混匀，放置 5 min，摇动下加入 5 mL 100 g·L^{-1}甲酸钠溶液，放置 5 min 后加 5 mL 50 g·L^{-1}碘化钾溶液，静置约 10 min，用 0.002 mol·L^{-1}硫代硫酸钠标准溶液滴定，至溶液呈浅黄色时，加 5 mL 淀粉指示剂，继续滴定至蓝色恰好消失即为终点。

如盐样含杂质过多，应先取盐样加水 150 mL 溶解，过滤，取 100 mL 滤液至 250 mL 锥形瓶中，然后进行操作。

④ 计算：

$$w_{I_2} = \frac{\frac{1}{12} \times (c_{Na_2S_2O_3} \times V_{Na_2S_2O_3}) \times M_{I_2} \times 1\ 000}{m_{试样}} (mg/kg)$$

式中，w_{I_2} 为样品中碘的质量分数；$V_{Na_2S_2O_3}$ 为测定用样品消耗 Na$_2$S$_2$O$_3$ 标准溶液的体积，mL；$c_{Na_2S_2O_3}$ 为 Na$_2$S$_2$O$_3$ 标准溶液浓度，mol·L^{-1}；$m_{试样}$ 为样品质量，g；M_{I_2} 为 I$_2$ 的摩尔质量，g·mol^{-1}。

结果的表述：保留算术平均值的两位有效数字。平行滴定标准滴定液允许差≤0.1 mL。

思考题

若添加碘酸钾，则碘含量应当如何测定？

实验 11.4　食品中六六六、滴滴涕残留量的测定

一、目的

（1）学习不同样品中农药残留的提取及测定方法。
（2）掌握薄层层析定性和半定量分析方法。

二、原理

样品中六六六、滴滴涕经有机溶剂提取，并经硫酸处理，除去干扰物质，浓缩，点样展开后，用硝酸银显色，经紫外线照射生成棕黑色斑点，与标准比较，可定性和概略定量。

三、仪器和试剂

仪器：
（1）小型粉碎机或小型绞肉机或分样筛。
（2）电动振荡器。
（3）展开槽：内长 25 cm、宽 6 cm、高 4 cm。
（4）喷雾器。
（5）紫外线杀菌灯：15 W。
（6）微量注射器或血色素吸管。

试剂：
（1）氧化铝 G：薄层色谱专用，作为固定相。
（2）1% 硝酸银溶液。
（3）硝酸银显色液：称取硝酸银 0.05 g 溶于数滴水中，加苯氧乙醇 10 mL，用丙酮稀释至 100 mL，加 30% 过氧化氢溶液 10 μL，混合后储于棕色瓶中，放冰箱内保存。
（4）展开剂：丙酮 – 己烷（1∶99）或丙酮 – 石油醚（1∶99）溶液；石油醚，沸程为 30～60 ℃。
（5）无水硫酸钠。
（6）草酸钾。
（7）硫酸。
（8）2% 硫酸钠溶液。
（9）六六六、滴滴涕标准溶液：精密称取甲、乙、丙、丁六六六四种异构体和 p,p′ – 滴滴涕、p,p′ – 滴滴滴、p,p′ – 滴滴伊、o,p′ – 滴滴涕（α – 666、β – 666、γ – 666、δ – 666、p,p′ – DDT、p,p′ – DDD、p,p′ – DDE、o,p′ – DDT）各 10 mg，溶于苯，分别移入 100 mL 容量瓶中，加苯至刻度，混匀，每毫升含农药 100 μg，作为储备液存于冰箱中。
（10）六六六、滴滴涕标准使用液：各吸取 2.0 mL，分别移入 10 mL 容量瓶中，各加苯至刻度，混匀。每毫升相当于农药 20 μg，此浓度适用于薄层色谱法。

四、步骤

1. 提取

（1）粮食：称取 20 g 粉碎并通过 20 目筛的样品，置于 250 mL 具塞锥形瓶中，加 100 mL 石油醚，于电动振荡器上振荡 30 min，滤入 150 mL 分液漏斗中，以 20～30 mL 石油醚分数次洗涤残渣，洗液并入分液漏斗中，以石油醚稀释至 100 mL。

（2）蔬菜、水果：称取 200 g 样品，置于捣碎机中捣碎 1～2 min（若样品中含水分少，可加一定量的水）。称取相当于原样 50 g 的匀浆，加 100 mL 丙酮，振荡 1 min，浸泡 1 h，过滤。残渣用丙酮洗涤 3 次，每次 10 mL，洗液并入滤液，置于 500 mL 分液漏斗中，加 80 mL 石油醚，振摇 1 min，加 200 mL 2% 硫酸钠溶液，振摇 1 min，静置分层，弃去下层。将上层石油醚液经盛有约 15 g 无水硫酸钠的漏斗滤入另一分液漏斗中，再以少量石油醚分数次洗涤漏斗及其内容物，洗液并入滤液中，并以石油醚稀释至 100 mL。

（3）动物油：称取 5 g 炼过的样品，溶于 250 mL 石油醚，移入 500 mL 分液漏斗中。

（4）植物油：称取 10 g 样品，以 250 mL 石油醚溶解，移入 500 mL 分液漏斗中。

（5）乳与乳制品：称取 100 g 鲜乳（乳制品取样量按鲜乳折算），移入 500 mL 分液漏斗中。加 100 mL 乙醇、1 g 草酸钾，猛摇 1 min，加 100 mL 乙醚，摇匀。加 100 mL 石油醚，猛摇 2 min。静置 10 min，弃去下层。将有机溶剂层经盛 20 g 无水硫酸钠的漏斗，小心缓慢地滤入 250 mL 锥形瓶中，再用少量石油醚分数次洗涤漏斗及其内容物，洗液并入滤液中。以脂肪提取器或浓缩器蒸除有机溶剂，残渣为黄色透明油状物。再以石油醚溶解，移入 150 mL 分液漏斗中，以石油醚稀释至 100 mL。

（6）蛋与蛋制品：取鲜蛋 10 个，去壳，全部混匀。称取 10 g（蛋制品取样量按鲜蛋折算）置于 250 mL 具塞锥形瓶中，加 100 mL 丙酮，在电动振荡器上振荡 30 min，过滤。用丙酮洗残渣数次，洗液并入滤液中，用脂肪提取器或浓缩器将丙酮蒸除。在浓缩过程中，溶液变黏稠，常出现泡沫，应注意不使其溢出。将残渣用 50 mL 石油醚移入分液漏斗中。振荡，静置分层。将下层残渣放入另一个分液漏斗中，加 20 mL 石油醚，振摇，静置分层，弃去残渣，合并石油醚，经盛约 15 g 无水硫酸钠的漏斗滤入分液漏斗中，再用少量石油醚分数次洗涤漏斗及其内容物，洗液并入滤液中，以石油醚稀释至 100 mL。

（7）各种肉类及其他动物组织：

方法 1：称取绞碎混匀的 20 g 样品，置于乳钵中，加约 80 g 无水硫酸钠研磨，无水硫酸钠用量以样品研磨后呈干粉状为宜。将研磨后的样品和硫酸钠一并移入 250 mL 具塞锥形瓶中，加 100 mL 石油醚，于电动振荡器上振摇 30 min。抽滤，残渣用约 100 mL 石油醚分数次洗涤，洗液并入滤液中。将全部滤液用脂肪提取器或浓缩器蒸除石油醚，残渣为油状物。以石油醚溶解残渣，移入 150 mL 分液漏斗中，以石油醚稀释至 100 mL。

方法 2：称取绞碎混匀的 20 g 样品，置于烧杯中，加入 40 mL 1:1 过氯酸–冰乙酸混合液，上面覆盖表面皿，于 80 ℃的水浴上消化 4～5 h。将上述消化液移入 500 mL 分液漏斗中，以 40 mL 水洗烧杯，洗液并入分液漏斗。以 30 mL、20 mL、20 mL、20mL 石油醚（或环己烷）分四次从消化液中提取农药。合并石油醚（或环己烷）并使之通过高约 4～5 cm 的无水硫酸钠小柱，滤入 100 mL 容量瓶中，以少量石油醚（或环己烷）洗小柱，洗液并入容量瓶中，然后稀释至刻度，混匀。

2. 净化

（1）于 100 mL 样品石油醚提取液（动、植物油样品除外）中加 10 mL 硫酸（提取液与硫酸体积比为 10∶1）。振摇数下后，将分液漏斗倒置，打开活塞放气，然后振摇 30 s，静置分层。弃去下层溶液，上层溶液由分液漏斗上口倒至另一个 250 mL 分液漏斗中，用少许石油醚洗原分液漏斗后，并入 250 mL 分液漏斗中，加 100 mL 2% 硫酸钠溶液，振摇后静置分层。弃去下层水溶液，用滤纸吸除分液漏斗颈内外的水。然后将石油醚经盛有约 15 g 无水硫酸钠的漏斗过滤，并以石油醚洗涤盛有无水硫酸钠的漏斗数次，洗液并入滤液中。将全部溶液浓缩至 1 mL，进行薄层色谱测定。经上述净化步骤处理过的样液，如在测定时出现干扰，可再以硫酸处理。

（2）于 250 mL 动、植物油样品石油醚提取液中加 25 mL 硫酸，振摇数下后，将分液漏斗倒置，打开活塞放气，然后振摇 30 s，静置分层，弃去下层溶液。再加 25 mL 硫酸，振摇 30 s，静置分层，弃去下层溶液。上层溶液由分液漏斗上口倒于另一个 500 mL 分液漏斗中，用少许石油醚洗原分液漏斗，洗液并入分液漏斗中。加 250 mL 2% 硫酸钠溶液，摇匀，静置分层。以下按（1）"弃去下层溶液"起依法操作。

3. 测定

（1）薄层板的制备。称取氧化铝 G 4.5 g，加 1 mL 1% 硝酸银溶液及 6 mL 水，研磨至成糊状，立即涂在 3 块 5 cm×20 cm 的薄层板上，涂层厚度为 0.25 mm，晾干，于 100 ℃烘 0.5 h，置于干燥器中，避光保存。

（2）点样。离薄层板底端 2 cm 处，用针划一标记。在薄层板上点 10 μL 样液和六六六、滴滴涕标准溶液，一块板可点 3~4 个。中间点标准溶液两边点样液。

（3）展开。在展开槽中预先倒入 10 mL 丙酮–己烷（1∶99）或丙酮–石油醚（1∶99）溶液。将经过点样的薄层板放入槽内。当溶剂前沿距离原点 10~12 cm 时取出，自然干燥。

（4）显色。将展开后的薄层板喷以 10 mL 硝酸银显色液，干燥后距紫外光灯 8 cm 处照 10~20 min，六六六、滴滴涕等全部显现棕黑色斑点。

（5）定性。通过样品斑点与标准斑点比移值的对比进行定性。

（6）定量。通过显色后样品斑点与标准系列斑点颜色深浅的对比进行概略定量。

$$w_{6D} = \frac{m}{m_{试样} \times \dfrac{V_2}{V_1}} (\text{mg} \cdot \text{kg}^{-1})$$

式中，w_{6D} 为样品中六六六、滴滴涕及其异构体或代谢物的单一质量分数，$\text{mg} \cdot \text{kg}^{-1}$；$m$ 为点板样液中六六六、滴滴涕及其异构体或代谢物的单一质量，μg；V_1 为样品浓缩液总体积，mL；V_2 为点板样液的体积，mL；$m_{试样}$ 为样品质量，g。

注：① 食品中六六六的残留量以 4 种异构体总和计，滴滴涕残留量以 p,p′–DDT、p,p′–DDD、p,p′–DDE 及 o,p′–DDT 总和计。

② 依比移值大小，斑点出现的顺序为 p,p′–DDE、o,p′–DDT、p,p′–DDT、α–666、p,p′–DDD、γ–666、β–666、δ–666。

思考题

（1）做好本实验的关键是什么？

（2）影响 R_f 的因素有哪些？

实验 11.5 $Cu^{2+} - C_2O_4^{2-}$ 配合物的合成及组成分析
（无机制备、组成分析）

一、实验目的

（1）掌握有关配合物的制备方法及分离方法。
（2）掌握有关配合物制备、分离及化学分析的基本操作。
（3）掌握 $KMnO_4$ 氧化还原滴定法的各种条件。
（4）掌握配位滴定法测铜的原理和条件。

二、实验原理

在水溶液中，直接用 $CuSO_4 \cdot 5H_2O$ 与 $K_2C_2O_4$ 反应制备 $Cu^{2+} - C_2O_4^{2-}$ 配合物。配合物中 $C_2O_4^{2-}$ 的含量用 $KMnO_4$ 法来测定。配合物中 Cu^{2+} 的含量用 EDTA 配合滴定法或碘量法测定。

三、试剂和仪器

$CuSO_4 \cdot 5H_2O$，$K_2C_2O_4 \cdot H_2O$，$2.5 \ mol \cdot L^{-1} H_2SO_4$，$0.020 \ mol \cdot L^{-1} KMnO_4$，$Na_2C_2O_4$ 基准物，$9 \ mol \cdot L^{-1} \ H_2SO_4$，$C_2H_5OH$，$CH_3COCH_3$，$0.020 \ mol \cdot L^{-1}$ EDTA，$6 \ mol \cdot L^{-1}$ HCl（aq），PAN 指示剂（0.1% 乙醇溶液），ZnO 基准物，氨性缓冲溶液（pH = 10）。

锥形瓶 250 mL，烧杯 50 mL，移液管 5 mL、10 mL，量筒 50 mL，滴定管。

玻璃棒，磁子，冰浴，洗瓶，滤纸，搅拌器，抽滤瓶，布氏漏斗。

四、实验步骤

1. $Cu^{2+} - C_2O_4^{2-}$ 配合物的合成

（1）称取 4.1 g $CuSO_4 \cdot 5H_2O$ 于 50 mL 烧杯中，加 8 mL H_2O 溶解后，将溶液加热到 90 ℃。

（2）称取 12.3 g $K_2C_2O_4 \cdot H_2O$ 固体于 250 mL 锥形瓶中，加 35 mL H_2O 溶解后，也将溶液加热到 90 ℃。在磁力搅拌下将热的 $CuSO_4$ 溶液慢慢滴加到热的 $K_2C_2O_4$ 溶液中。

（3）让上述溶液冷却到室温后，再放入冰水浴中冷却到 10 ℃。减压抽滤，晶体先用冰冷的 H_2O 洗涤两次（每次 8 mL），再依次用乙醇、丙酮各洗涤两次（每次 8 mL）。在 40 ℃ 的烘箱中干燥 1 h。称重并记录数据。

2. 合成产物中 $C_2O_4^{2-}$ 的测定

（1）$0.02 \ mol \cdot L^{-1} KMnO_4$ 溶液的配制与标定。

有关 $KMnO_4$ 溶液配制的细节见相关实验内容。本实验中用到的 $0.02 \ mol \cdot L^{-1} KMnO_4$ 溶液已经配好，每人 300 mL。

准确称取 0.64 ~ 0.70 g $Na_2C_2O_4$ 基准物质，溶解并定容至 100 mL。

移取 25.00 mL $Na_2C_2O_4$ 标准溶液 3 份分别于 250 mL 锥形瓶中，各加入 7 ~ 8 mL $9 \ mol \cdot L^{-1}$ H_2SO_4 及 50 mL 水，加热至 80 ℃ 左右，趁热用 $KMnO_4$ 溶液滴定至溶液显微红色且 0.5 min

内不褪色，即为终点。读取并记录滴定体积。

（2）$C_2O_4^{2-}$ 的测定。

准确称取合成产物 0.20 ~ 0.22 g 3 份分别于 250 mL 锥形瓶中，依次各加入 25 mL H_2O、20 mL 2.5 mol·L^{-1} H_2SO_4，将混合溶液加热到 80 ℃左右（注意观察实验现象，浅蓝色沉淀是什么？），用 0.020 mol·L^{-1} $KMnO_4$ 标准溶液滴定至溶液颜色呈微红色，且 1 ~ 2 min 内不褪色，即为终点。读取并记录滴定体积（若用碘量法测定 Cu^{2+}，切记：混合溶液不能倒掉，继续用碘量法测定 Cu^{2+}）。

3. 碘量法测定配合物中的 Cu^{2+}

（1）0.02 mol·L^{-1} $Na_2S_2O_3$ 溶液的配制与标定。

0.02 mol·L^{-1} $Na_2S_2O_3$ 溶液配制的细节见相关实验内容，每人配制 300 mL。

（2）KIO_3 标准溶液的配制。

准确称取 0.17 ~ 0.18 g KIO_3 基准物于 100 mL 烧杯中，用去离子水溶解并定容为 250 mL。

（3）0.02 mol·L^{-1} $Na_2S_2O_3$ 溶液的标定。

准确移取 KIO_3 标准溶液 25.00 mL 于锥形瓶中，加入 10 mL 10% 的 KI 溶液及 5 mL 1 mol·L^{-1} 的 H_2SO_4 溶液，加水稀释至约 60 mL，立即用待标定的 $Na_2S_2O_3$ 溶液滴定至淡黄色，加入 5 mL 0.5% 的淀粉指示剂，继续滴定至溶液的蓝色刚消失，即为终点。记下所消耗的 $Na_2S_2O_3$ 溶液的体积，并计算其准确浓度。

（4）Cu^{2+} 的测定。

在 "2（2）" 的混合溶液（即上述 $C_2O_4^{2-}$ 的测定终点的混合溶液）中慢慢加 Na_2CO_3 固体（约 6 g）至刚有沉淀出现，然后慢慢滴加 10% HAc（w/V）溶液至沉淀刚好消失（此时体系 pH = 5 左右），最后再加 1 g KI 固体于溶液中，即

$$Na_2CO_3(aq) + CuSO_4(aq) \rightarrow Na_2SO_4(aq) + CuCO_3(s)$$

$$2Cu^{2+}(aq) + 5I^-(aq) \rightarrow 2CuI(s) + I_3^-(aq)$$

于暗处放置 15 ~ 20 min，生成的 I_3^- 用 0.02 mol·L^{-1} $Na_2S_2O_3$ 标准溶液滴定至溶液呈淡黄色，然后加入 5 mL 0.5% 淀粉溶液，并继续滴定至溶液呈浅蓝色，再向其中加入 10 mL 5% NH_4SCN 溶液（或 0.5 ~ 1 g KSCN 固体），摇荡 1 ~ 2 min，用标准 $Na_2S_2O_3$ 溶液继续滴定至蓝色刚好消失，即为终点，记下所消耗 $Na_2S_2O_3$ 溶液的体积。

4. 配位滴定法测定配合物中的 Cu^{2+}

（1）0.02 mol·L^{-1} EDTA 溶液的配制。

称取 4 g EDTA 二钠盐，加入约 200 mL 水，微热溶解后稀释至 500 mL，摇匀后储存于聚乙烯塑料瓶中备用。

（2）0.02 mol·L^{-1} EDTA 溶液的标定。

准确称取 0.38 ~ 0.42 g ZnO 基准物于 100 mL 烧杯中，加入 10 mL 6 mol·L^{-1} HCl 溶解，定容至 250 mL。

移取上述 Zn^{2+} 标准溶液 25.00 mL 3 份分别于锥形瓶中，各加入 20 mL H_2O 及 10 mL pH 为 10 的氨性缓冲溶液，滴加 3 滴 PAN 指示剂，用 EDTA 溶液滴定至溶液由红色（或粉红色）刚变为黄色（有时稍带点橙色），即为终点，读取并记录滴定体积。

（3）Cu^{2+} 的测定。

准确称取合成产物 0.16~0.18 g 3 份分别于 250 mL 锥形瓶中，各加入 20 mL H_2O 溶解，立即加入 10 mL pH 为 10 的氨性缓冲溶液（水溶解后，若久置，则会析出沉淀），摇匀后稍加热（温度要高一点，否则，PAN 指示剂容易僵化，出现灰蓝色，终点变色不敏锐），滴加 3 滴 PAN 指示剂，用 0.02 $mol \cdot L^{-1}$ EDTA 标准溶液滴定至溶液由天蓝色刚变为黄绿色，即为终点，读取并记录滴定体积。

五、数据处理与思考题

（1）根据分析结果（Cu^{2+}、$C_2O_4^{2-}$ 的质量分数）推断所合成配合物的化学式，并画出其可能的配位结构图。

（2）计算得到的配合物的产率。

（3）用 $KMnO_4$ 法测定 $C_2O_4^{2-}$ 要注意哪三"度"？

（4）阐述配位滴定法测 Cu^{2+} 时应用 PAN 指示剂的变色原理。

（5）什么是指示剂的封闭或僵化？

（6）写出合成、测定（包括标定）所涉及的所有反应方程式。

（$CuSO_4 \cdot 5H_2O$ 的摩尔质量为 249.68 $g \cdot mol^{-1}$；$Na_2C_2O_4$ 的摩尔质量为 134.00 $g \cdot mol^{-1}$；$C_2O_4^{2-}$ 的摩尔质量为 88.02 $g \cdot mol^{-1}$；其他元素的相对原子量为：K 39.098 3、C 12.011、H 1.007 9、O 15.999 4、Cl 35.452 7、Cu 63.546。）

实验 11.6 环境友好产品 $Na_2CO_3 \cdot 1.5H_2O_2$ 的制备与分析 （无机制备、组成分析）

一、实验目的

（1）了解 $Na_2CO_3 \cdot 1.5H_2O_2$ 的制备原理和方法。

（2）巩固无机化合物制备的一些基本操作。

（3）进一步了解量气法的应用。

二、实验原理

过碳酸钠（$Na_2CO_3 \cdot 1.5H_2O_2 \cdot H_2O$）是 Na_2CO_3 与 H_2O_2 的加合物，是一种固体放氧剂，可作为纺织造纸等工业的漂白剂、精细化学品生产中的消毒剂、洗涤剂的添加剂及金属表面处理剂的添加剂等。过碳酸钠外观为白色结晶粉末，理论上活性氧的含量约为 14%，相当于 30% 的 H_2O_2 溶液，比过硼酸钠（$NaBO_2 \cdot H_2O_2 \cdot 3H_2O$）中 11% 的活性氧含量要多 3%。同时，合成过碳酸钠的原料易得且无毒性。

20 ℃时，过碳酸钠在水中的溶解度约为 14 g，并自动缓慢地放出氧气，在重金属离子催化作用下，加速放出 O_2。在 110 ℃左右分解：

$$Na_2CO_3 \cdot 1.5H_2O_2 \cdot H_2O \xrightarrow{110℃} Na_2CO_3 + 2.5H_2O + 0.75O_2$$

用 Na_2CO_3 或 $Na_2CO_3 \cdot 10H_2O$ 以及 H_2O_2 为原料，在一定条件下可以合成 $Na_2CO_3 \cdot nH_2O_2 \cdot$

$m\mathrm{H_2O}$（一般 $n = 1.5$，$m = 1$）。合成方法有干法、喷雾法、溶剂法以及湿法（低温结晶法）等多种。本实验采用低温结晶法。反应过程如下。

$\mathrm{Na_2CO_3}$ 水解：

$$CO_3^{2-} + H_2O \rightleftharpoons HCO_3^- + OH^-$$

酸碱中和：

$$H_2O_2 + OH^- \rightleftharpoons HO_2^- + H_2O$$

过氧键转移：

$$HCO_3^- + HO_2^- \rightleftharpoons HCO_4^- + OH^-$$

低温下析出结晶：

$$2NaHCO_3 \cdot H_2O \longrightarrow Na_2CO_3 \cdot 1.5H_2O_2 + CO_2 + 1.5H_2O + 0.25O_2 \uparrow$$

$-4\ ℃$ 左右析出 $Na_2CO_3 \cdot 1.5H_2O_2 \cdot H_2O$ 晶体。

为了提高 $Na_2CO_3 \cdot 1.5H_2O_2 \cdot H_2O$ 的产量和析出速率，可以采用盐析法。由于 NaCl 溶解度基本不随温度降低而减小，在合成反应完成之后，加入适量的 NaCl 固体，即用盐析法促进过碳酸钠晶体大量析出。母液可循环使用，实现污染"零排放"。

由于 $Na_2CO_3 \cdot 1.5H_2O_2 \cdot H_2O$ 易与有机物反应，因此它的晶体与母液不能通过滤纸加以分离，要用砂芯漏斗抽滤或离心分离法分离。

为了增加过碳酸钠的稳定性，在合成过程中，应加入少量稳定剂如 $MgSO_4$、Na_2SiO_3、$Na_4P_2O_7$ 等，也可加入 EDTA 钠盐或柠檬酸钠盐作为配合剂，以掩蔽重金属离子，使它们失去催化 H_2O_2 分解的能力。同时，对产品应尽量除去非结晶水。

产品中的 Na_2CO_3 含量可用酸碱滴定法确定；H_2O_2 的含量可用量气法测定，也可用间接碘量法测定，即将待测样品在弱酸性介质中与过量 KI 反应，定量生成的 I_2 可用 $Na_2S_2O_3$ 标准溶液滴定。

$$H_2O_2 + 2H^+ + 2I^- = I_2 + 2H_2O$$
$$I_2 + 2S_2O_3^{2-} = S_4O_6^{2-} + 2I^-$$

（注：不可在碱性条件下进行测定，否则，I_2 易发生歧化反应。由于产品 $Na_2CO_3 \cdot 1.5H_2O_2 \cdot H_2O$ 是碱性的，故要加入一定量 H_3PO_4，以适当增加介质酸性，以阻止 I_2 发生歧化反应。）

三、试剂和仪器

工业 $Na_2CO_3(s)$，$H_2O_2(30\%)$，NaCl(s，A. R.)，$MgSO_4$(s，A. R.)　$Na_2SiO_3 \cdot 9H_2O$(s，A. R.)，EDTA(s，A. R.)，柠檬酸钠（s，A. R.），无水乙醇，澄清石灰水，H_3PO_4（2 mol · L^{-1}），KIO_3（基准物），KI，淀粉溶液，HCl，酚酞（0.2%），甲基橙（0.2%）等。

四、实验步骤

1. 过碳酸钠的合成

称取工业 Na_2CO_3 10 g，加 40 mL H_2O，加热使之溶解，澄清后过滤，在冰盐浴中冷却到 0 ℃ 待用。

量取 15 mL H_2O_2 于 100 mL 烧杯中，也在冰盐浴中冷却到 0 ℃，依次加入 0.02 g EDTA、

0.05 g $MgSO_4$、0.2 g $Na_2SiO_3 \cdot 9H_2O$，电磁搅拌均匀。再将冷的 Na_2CO_3 溶液通过分液漏斗滴入上述混合溶液中，边滴边搅拌，约 15 min 加完 40 mL Na_2CO_3 溶液（滴加过程中，体系温度不超过 5 ℃），然后使该反应体系在冰盐浴中冷却到 −5 ℃，再边搅拌边缓慢加入 4 g NaCl 固体（约 5 min 加完），此时有大量晶体析出。待晶体析出完全后，用砂芯漏斗减压过滤，依次用澄清石灰水洗涤固体 2 次、用少量无水乙醇洗涤固体 1 次，抽干，得到晶体粉末 $Na_2CO_3 \cdot 1.5H_2O_2 \cdot H_2O$。回收母液（工业生产中，母液可回收循环使用，以降低成本）。

将产品置于表面皿上，在低于 50 ℃ 的真空干燥箱中烘干，得到白色粉末结晶，称量，计算产率。

2. 产品 Na_2CO_3 含量与 H_2O_2 含量（活性氧）的测定

（1）Na_2CO_3 含量的测定：参见工业碱测定相关实验。

（2）H_2O_2 含量（活性氧）的测定：使用间接碘量法。

用减量法准确称取产品过碳酸钠 0.20 ~ 0.30 g 3 份分别于碘量瓶中。先于其中一份中加入 100 mL H_2O，立即加入 6 mL 2 mol·L^{-1} H_3PO_4，再加入 1 g KI 固体摇匀，于暗处放置 10 min，用 $Na_2S_2O_3$ 标准溶液滴定至浅黄色，加入 2 mL 淀粉指示剂，继续滴定至蓝色刚好消失，如 30 s 内不返蓝，说明已到终点，记录滴定体积，并做空白实验。用上述方法平行测定剩余两份试样。计算试样中 H_2O_2 的含量，相对偏差应小于 2%。

五、注意事项

（1）在合成过碳酸钠时，反应体系中切莫引入重金属离子，否则产品稳定性降低。

（2）产品烘干冷却后，密闭放置于干燥处，受潮也会影响其热稳定性。

思考题

（1）试分析 $Na_2CO_3 \cdot 1.5H_2O_2 \cdot H_2O$ 具有洗涤、漂白与消毒作用的原因。

（2）CaO_2 含量的测定可用氧化还原滴定法——$KMnO_4$ 法，那么能否用 $KMnO_4$ 滴定法测定过碳酸钠样品中 H_2O_2 的含量？

实验 11.7　三草酸合铁酸钾的制备及电荷测定
（无机制备、离子交换分离、沉淀滴定法）

一、目的

（1）学习草酸合铁酸钾的制备方法。

（2）掌握络合阴离子电荷数的测定原理。

（3）掌握离子交换分离和沉淀滴定的操作方法。

二、原理

（1）草酸合铁酸钾 $K_3[Fe(C_2O_4)_3] \cdot 3H_2O$ 是一种绿色的单斜晶体，溶于水，不溶于乙醇等有机溶剂。本实验将近沸状态下的草酸钾与三氯化铁反应生成配合物 $K_3[Fe(C_2O_4)_3] \cdot 3H_2O$，在冰水中冷析出绿色晶体：

$$3K_2C_2O_4 + FeCl_3 + 3H_2O \xrightarrow{\triangle} K_3[Fe(C_2O_4)_3] \cdot 3H_2O + 3KCl$$

绿色晶体析出 $\longleftarrow$ 冰水冷却

（2）本实验将离子交换分离与沉淀滴定法相结合来测定络离子 $[Fe(C_2O_4)_3]^{n-}$ 的电荷。当将准确称重的 $K_3[Fe(C_2O_4)_3] \cdot 3H_2O$ 溶于水后，使其通过装有717型苯乙烯强碱性阴离子交换树脂 $R \equiv N^+Cl^-$ 的交换柱时，它能将一定摩尔数的 Cl^- 置换出来：

$$R \equiv N^+Cl^- + X \rightleftharpoons R \equiv N^+X^- + Cl^-$$

收集淋洗液，用标准 $AgNO_3$ 溶液滴定，可以求出 Cl^- 的总摩尔数，于是便求出络合阴离子 $[Fe(C_2O_4)_3]^{n-}$ 的电荷数 n：

$$n = \frac{Cl^- \text{的总摩尔数}}{\text{络合物的摩尔数}}$$

三、实验部分

1. 仪器与试剂

烧杯（100 mL）2只；减压抽滤装置一套；分析天平1台；台秤1台；离子交换柱（ϕ20 mm×400 mm）1支；容量瓶（100 mm）1个；移液管（20 mL）1支；酸式棕色滴定管1支；锥形瓶（250 mm）2个。

草酸钾固体（CP）、$FeCl_3$ 溶液（0.4 g·mL^{-1}）、$AgNO_3$ 标准浓液（0.1 mol·L^{-1}）、5% K_2CrO_4 溶液、国产717型苯乙烯碱性阴离子交换树脂（氯型）。

2. $K_3[Fe(C_2O_4)_3] \cdot 3H_2O$ 的制备

称取12 g草酸钾（$K_2C_2O_4$）固体放入100 mL烧杯中，注入20 mL蒸馏水并加热，使草酸钾全部溶解；在溶液近沸时，边搅拌边注入8 mL $FeCl_3$ 溶液（0.4 g·mL^{-1}）；将此溶液在冰水中冷却即有绿色晶体析出，用布氏漏斗过滤得粗产品。将粗产品溶解在约20 mL热水中，趁热过滤并将滤液在冰水中冷却，待结晶完全后，减压抽滤；用少量冰水洗涤晶体产物，抽滤后在空气中干燥，称重，计算产率。

3. 离子交换法测定络阴离子电荷

1）树脂处理

将国产717型苯乙烯强碱性阴离子交换树脂 $R \equiv N^+Cl^-$ 用水多次洗涤，除去可溶性杂质，再用蒸馏水浸洗（8~12 h），使其充分溶胀。

2）装柱

取一支 ϕ20 mm×400 mm的交换柱，下端用插有一小段玻璃管的胶塞塞住，玻璃管下部通过橡皮管与一支尖嘴玻璃管相接，橡皮管用螺旋夹夹住（控制流出速度）；交换柱固定在铁架台上。管内底部放一团玻璃丝（拦住胶塞孔口），在管中充入蒸馏水至1/3高度，排除柱中以及橡皮管等处的所有空气，然后将泡好的树脂和水搅成糊状，从柱上端倾入（树脂随水一同倾入，防止树脂分层），使树脂自然沉下，同时，将多余的水从下部排出，树脂高度约为20 cm。当上部残留的水达0.5 cm时（切勿使树脂露出水面），在顶部也装入一小团玻璃丝，防止注入溶液时将树脂冲起。在操作过程中，树脂要一直保持在水面下，防止水流干而有气泡进入。如果树脂床中进了空气，会产生缝隙使交换效果降低。在这种情况下，要重新装柱，或用蒸馏水从下端通入柱内进行逆流冲洗，赶走气泡。

3）交换

用蒸馏水淋洗树脂床，当用 $AgNO_3$ 溶液检查淋出液，仅出现轻微浑浊（留作比较）时，即可认为淋洗干净。继续让水面下降至与树脂高度接近一致时，下部即用螺旋夹夹紧。

准确称取 1 g（准至 1 mg）$K_3[Fe(C_2O_4)_3]\cdot 3H_2O$，在小烧杯中用 10～15 mL 的蒸馏水将其溶解，小心将全部溶液转至交换柱内，以 3 mL·min^{-1} 的流速让其流出，且用一个干净的 100 mL 容量瓶收集淋出液。当柱中液面降至与树脂床相齐时，用 5 mL 蒸馏水润洗小烧杯，并转入交换柱内（可重复 2～3 次），也可直接用滴管吸取蒸馏水来将交换柱上部管壁上可能残留的溶液尽可能冲下去。

等容量瓶收集的淋出液接近容量瓶刻度时（约 60～80 mL），用 $AgNO_3$ 溶液检查淋出液，仅当出现轻微浑浊时（与当初蒸馏水淋出液对照），即停止淋洗（若 Cl^- 浓度较大，则需继续淋洗）。

4）滴定

用蒸馏水将容量瓶中的淋出液稀释至刻度，摇匀，准确吸取 20 mL 淋洗液于锥形瓶中，加入 1 mL 5% $KCrO_4$ 溶液作指示剂，用标准 $AgNO_3$ 溶液滴定至出现淡红色不消失止，并重复一次。

4. 数据记录与处理（表 11.7.1）

（1）$K_3[Fe(C_2O_4)_3]\cdot 3H_2O$ 的制备（产率）：

精准称重：g。

产率计算：%。

（2）络合阴离子电荷的测定：

$K_3[Fe(C_2O_4)_3]\cdot 3H_2O$ 称重：g。

$K_3[Fe(C_2O_4)_3]\cdot 3H_2O$ 摩尔数：mol。

表 11.7.1　数据记录与处理

记录数据	第一份	第二份
v_{AgNO_3}		
c_{AgNO_3}		
$[Cl^-]$		
Cl^- 摩尔数		
络合阴离子电荷 n		
n 平均值		

思考题

（1）对比电导法与测电荷数法，阐述本实验方法的优缺点。

（2）若本实验收集淋出液约 80 mL 时，Cl^- 并未完全淋洗干净，对实验结果有什么影响？

实验 11.8　水泥熟料中铁、铝、钙、镁及二氧化硅含量的测定

一、目的

（1）了解水泥熟料的组成及应用。

（2）掌握硫铝酸盐水泥熟料中热氧化硅含量的测定方法。

（3）掌握基于 ICP – AES 电感耦合原子发射光谱分析的多元素含量的同时测定方法。

二、原理

20 世纪 70 年代，中国建筑材料科学研究院自主研究发明了硫铝酸盐水泥，其具有早强高、抗渗透性、气密性好、抗冻性、耐侵蚀、低碱含量和生产能耗低等特点。其作为特种水泥，可以应用于多种建设工程，例如，可以在冬季或高寒地区施工，在海洋工程快速施工抢修现场进行施工，可以用来制作高压输水、输油、输气管路，而且硫铝酸盐水泥对于固化有毒有害等废弃物具有显著的性能。测定水泥熟料的化学成分一般依据 GB/T 205—2020《铝酸盐水泥化学分析方法》。对于二氧化硅的测定，多采用 GB/T 205—2020 规定的硅钼蓝分光光度法（基准法）和 K_2SiF_6 容量法（代用法）。多元素的同时测定或顺序测定多采用原子发射光谱分析方法，它具有灵敏度高、干扰少、线性范围宽等优点，本实验将应用 NaOH 熔融 – ICP – AES 法测定水泥熟料中铁、铝、钙、镁 4 种金属元素。

三、仪器与试剂

水泥熟料，分光光度计，硅酸，钼酸铵，抗坏血酸，碳酸钾 – 硼砂混合熔剂，硝酸（1 + 6），盐酸（1 + 1）。

四、步骤

1. 二氧化硅的测定——比色法（基准法）

1）方法提要

在酸性溶液中，硅酸与钼酸铵生成黄色配合物，再用抗坏血酸将其还原成蓝色配合物，以分光光度计于 660 nm 处测定溶液吸光度。

2）分析步骤

准确称取 0.5 g 水泥熟料（m_s）于铂坩埚中，加入 3 g 碳酸钾 – 硼砂混合熔剂，混匀，再以 1 g 熔剂擦洗玻璃棒，并铺于试样表面。盖上坩埚盖，从低温开始升高温度，在 950 ~ 1 000 ℃熔融 10 min。然后用坩埚钳夹持坩埚旋转，使熔融物均匀地附于坩埚内壁，冷却至室温。将坩埚和盖一并放入已加热至微沸的盛有 100 mL 硝酸（1 + 6）的 300 mL 烧杯中，并继续保持微沸状态，直至熔融物完全溶解，用水洗净坩埚及盖，然后将溶液冷却至室温，移入 250 mL 容量瓶，加水稀释至标线，摇匀。

从溶液 A 中吸取 10.00 mL 试样溶液放入 100 容量瓶中，用水稀释至标线，摇匀后吸取 10.00 mL 溶液放入 100 mL 容量瓶中，用水稀释至约 40 mL。加 5 mL 盐酸（1 + 11）、8 mL 95%（体积分数）乙醇、6 mL 钼酸铵溶液，按表 11.8.1 所列实验温度放置不同时间。

表 11.8.1　温度与放置时间表

温度/℃	放置时间/min
10 ~ 20	30
20 ~ 30	10 ~ 20
30 ~ 35	5 ~ 20

加 20 mL 盐酸（1 + 1）、5 mL 抗坏血酸溶液，用水稀释至标线，摇匀。放置 1 h 后，使用分光光度计、10 mm 比色皿，以水作参比，于 660 nm 处测定溶液的吸光度，在工作曲线上查得二氧化硅的质量（m）。

3）结果的计算与表示

二氧化硅的质量分数 w_{SiO_2} 按公式计算：

$$w_{SiO_2} = \frac{m \times 250}{m_s \times 100} \times 100\%$$

式中，w_{SiO_2} 为二氧化硅的质量分数，%；m 为 100 mL 测定溶液中二氧化硅的质量，mg；m_s 为试样的质量，g；250、100 分别为全部试样溶液与所分取试样溶液的体积，mL。

2. 二氧化硅的测定——氟硅酸钾容量法（代用法）

1）方法提要

试样用氢氧化钾溶剂在镍坩埚中熔融，熔块用硝酸溶解后，加入适量的氟离子，使硅酸形成氟硅酸钾沉淀，经过滤、洗涤及中和残余酸后，加沸水使氟硅酸钾沉淀水解，生成等物质的量的氢氟酸，然后用氢氧化钠标准滴定溶液进行滴定。

2）分析步骤

称取 0.2 g 试样，精确至 0.000 1 g，置于镍坩埚中，加 4 ~ 5 g 氢氧化钾，盖上坩埚盖（留有缝隙），置于电炉上加热熔融 20 ~ 30 min，期间摇动 1 ~ 2 次。取下冷却，向坩埚中加入约 20 mL 水，使熔体全部浸出后，转移到塑料杯中，加入 20 mL 硝酸溶解试样，用温水将熔块提取到 300 mL 塑料杯中，用硝酸（1 + 20）及温水洗净坩埚和盖（此时溶液体积控制在 50 mL 左右），加入 20 mL 硝酸，冷却至 30 ℃ 以下，加入 10 mL 氟化钾溶液，加入适量的氯化钾（KCl），仔细搅拌、压碎大颗粒氯化钾，使其完全饱和，并有少量氯化钾析出（此时搅拌，溶液应该比较浑浊，如氯化钾析出量不够，应再补充加入氯化钾，但氯化钾的析出量不宜过多），在 30 ℃ 以下放置 15 ~ 20 min，其间搅拌 1 次。用中速滤纸过滤，先过滤溶液，固体氯化钾和沉淀留在杯底，溶液滤完后，用氯化钾溶液洗涤塑料杯及沉淀，洗涤过程中使固体氯化钾溶解，洗液总量不超过 25 mL。将滤纸连同沉淀取下，置于原塑料杯中，沿杯壁加入 10 mL 氯化钾 – 乙醇溶液及 1 mL 酚酞指示剂溶液，将滤纸展开，用氢氧化钠标准滴定溶液中和未洗尽的酸，仔细搅动、挤压滤纸并随之擦洗杯壁，直至溶液呈红色（过滤、洗涤、中和残余酸的操作应迅速，以防止氟硅酸钾沉淀水解）。向杯中加入约 200 mL 沸水（预先煮沸并用 NaOH 中和至微红），随后用 NaOH 标准溶液滴定至溶液呈现稳定微红色，且 30 s 内不褪色。

3）结果的计算与表示

二氧化硅的质量分数 w_{SiO_2} 按公式计算：

$$w_{SiO_2} = \frac{T_{SiO_2} \times V_{NaOH}}{m_s} \times 100\%$$

式中，w_{SiO_2}为二氧化硅的质量分数，%；T_{SiO_2}为每毫升氢氧化钠标准滴定溶液相当于二氧化硅的毫克数，$mg \cdot mL^{-1}$；V_{NaOH}为滴定时消耗氢氧化钠标准滴定溶液的体积，mL；m_s为试样的质量，g。

3. ICP – AES 法测定金属元素铁、铝、钙、镁

1）方法提要

采用氢氧化钠熔样，建立了 ICP – AES 法同时测定水泥熟料中多元素的分析方法，具有简便、快速、准确度及精确度良好等特点，可以满足水泥熟料及水泥化学分析的检测要求。

2）实验部分

（1）仪器与试剂。

ICPS – 1000 II 型等离子体原子发射光谱仪；pHS – 2 型酸度计标准溶液：用光谱纯的金属氧化物或盐类配成 1.000 $mg \cdot mL^{-1}$ 铁、铝、镁、钛和锰的单元素标准储备液，然后根据不同元素测定的需要，配制成适当浓度的标准溶液。

氢氧化钠、硝酸、盐酸均为分析纯；水为亚沸蒸馏水。

（2）样品处理。

准确称取 0.1 g 水泥熟料样品，放入预先已熔有 3 g 氢氧化钠的银坩埚中，再用 1 g 氢氧化钠覆盖上面。盖上坩埚盖，置于 650~700 ℃ 的高温炉内熔融 20 min，取出坩埚，冷却。将坩埚放入已盛有 150 mL 水的烧杯中，盖上表面皿，置于小电炉上加热。待熔融物完全浸出后，将坩埚取出，用水冲洗，并以少量（1∶5）（V/V）热盐酸和热水洗净坩埚及盖，洗液并入烧杯中搅拌。一次加入 20 mL 浓盐酸，搅拌，使熔融物完全溶解。加数滴硝酸，加热煮沸，然后冷却至室温，转移至 1 000 mL 容量瓶中，加入适量硝酸，用水定容，溶液的最终酸度控制在 5% 以内。同时配制空白溶液一份，待测。

3）结果的计算与表示

（1）仪器工作参数的优化。

工作参数主要指高频发生器的入射功率、载气压和观察高度。这些参数与元素的物理化学性质有着复杂的关系，一般只能通过实验方法进行选择。取标准溶液，考察载气量及功率的影响，在不同的条件下测背景等效浓度（BEC），以 BEC 同时为最小时的条件为工作条件。

优化条件为：选择射频功率 1 200 W，载气 1.3 $L \cdot min^{-1}$，冷却气 12 $L \cdot min^{-1}$，等离子气 1.2 $L \cdot min^{-1}$，净化气 3.5 $L \cdot min^{-1}$，观察高度 15 mm，积分时间 5 s。取 3 次测量平均值。

（2）酸度的影响。

由于液体的物理性质，尤其是密度、黏度和表面张力均会影响原子发射光谱的信号，而酸度会引起溶液物理性质改变，因此，测试前要考察硝酸、盐酸及硫酸对发射光谱强度的影响。

（3）分析线的选择。

用混合标准溶液在各分析线波长处依次扫描并做对照。根据计算机显示的谱线及背景的轮廓和强度值，选择分析线为：铁 259.940 nm、铝 396.152 nm、镁 279.079 nm、钙

315. 887 nm。

（4）元素间的干扰。

元素间的干扰分为共存元素间的干扰和待测元素间的干扰。考察了水泥中主量元素 Ca、Si 对待测元素的光谱干扰；多谱线 Fe 光谱的光谱重叠干扰；Al 光谱的翼展干扰；Mg 光谱的背景位移；Al 光谱的背景增强位移等系列因素。实验结果表明，主量元素 Ca、Si 对待测元素的测量有轻微的抑制作用，待测元素的干扰主要表现为 Fe 和 Al 的轻度干扰。本实验采用标准溶液的匹配法对上述光谱干扰进行校正。

（5）方法的检出限、准确度及精密度。

通过谱线扫描选择分析线，绘制标准曲线后，选用 10 μg·mL^{-1} 的单元素标准溶液连续测定 11 次，取 3 倍标准偏差所对应的浓度为各元素的测出限。本方法测得的各元素检出限见表 11.8.2。

表 11.8.2　方法的检出限

元素	Fe	Al	Mg	Ca
检出限/(μg·mL^{-1})				

采用本法测定样品 6 次，对样品进行加标回收，不同方法之间的比较实验结果见表 11.8.3。

表 11.8.3　样品分析结果（$n=6$）

样品元素	测定结果/(mg·g^{-1})	加标量/(mg·g^{-1})	加标测定总量/(mg·g^{-1})	回收率/%	RSD/%
Fe					
Al					
Mg					
Ca					

思考题

（1）试比较测定二氧化硅质量分数时，容量分析法和分光光度法测定的准确性。

（2）容量分析法中，氢氧化钠滴定时，加热至沸的作用是什么？

（3）分光光度法中，温度和反应时间对测定结果是否有影响？如何减小误差？

（4）溶液酸度对原子发射光谱中元素的测定有什么影响？

实验 11.9　磷酸锌的制备及产品纯度测定（无机制备、组成分析）

一、目的

（1）学习磷酸锌的两种制备方法。

（2）掌握磷酸锌中锌含量的测定方法。

（3）掌握磷酸锌中磷含量的测定方法。

二、原理

磷酸锌，分子式为$Zn_3(PO_3)_2$，属斜方晶系的片状结晶，具有腐蚀性和潮解性。溶于无机酸、氨水溶液；不溶于乙醇；水中几乎不溶且在水中的溶解度随温度上升而减小。通常以二水、四水、二水和四水混合物的形式存在。加热大于100 ℃时，生成二水合物；加热至190 ℃时，生成一水合物；约250 ℃时，失去结晶水而成无水化合物。磷酸锌属于环保型无公害白色防锈颜料，是目前市场上用量最大的通用型防锈颜料之一，广泛应用于船舶、桥梁、输油管道、钢架结构、汽车集装箱、卷材、工业机械、机床、家用电器及食品用容器等方面的防锈和涂装。此外，磷酸锌可作生产氯化橡胶和合成高分子材料的阻燃剂，以及电子、低温玻璃、透明陶瓷中的黏合烧结添加剂。

目前，国内生产磷酸锌的工艺主要有直接法和复分解法。直接法是以氧化锌和磷酸为原料，采用固－液反应制备磷酸锌，反应方程式如下：

$$3ZnO + 2H_3PO_4 + (n-3)H_2O \rightarrow Zn_3(PO_4)_2 \cdot nH_2O$$

该法工艺简单、无"三废"，是目前生产磷酸锌最常用的方法。因为生产过程较难控制重金属的含量，所以该法对原料品质要求较高；对原料氧化锌的品质要求苛刻。由于反应是固－液反应，生成的磷酸锌易在未反应的氧化锌表面发生包裹现象，氧化锌的转化率低，因此所得产品纯度较低。

直接法操作简单，但由于该反应为沉淀转化反应，新生成的磷酸锌易于以未反应的氧化锌为核将其包裹起来，阻止了氧化锌的进一步反应，导致氧化锌不能完全转化。在传统的加热方法（电炉加热或蒸汽加热）下，即使延长反应时间，溶液最终pH也无法达到4.0以上，洗涤时需用大量的水洗，产品含锌量低。

复分解法是以可溶性锌盐（如$ZnSO_4$、$ZnCl_2$等）与磷酸盐（如钠、钾、铵的磷酸盐或磷酸氢盐）为原料制备磷酸锌，反应方程式如下：

$$3Zn^{2+} + 2PO_4^{3-} + nH_2O \rightarrow Zn_3(PO_4)_2 \cdot nH_2O$$

$$3Zn^{2+} + 4HPO_4^{2-} + nH_2O \rightarrow Zn_3(PO_4)_2 \cdot nH_2O + 2H_2PO_4^-$$

该法生产过程中会产生大量的水溶性盐，产品洗涤困难，所含水溶性物质过高，产品质量不容易控制。

本实验制备采用直接法，即氧化锌与磷酸进行"固－液"相反应制备磷酸锌，加热方式分别为电炉加热和微波加热，其反应原理为：

$$3ZnO(s) + 2H_3PO_4(l) \rightarrow Zn_3(PO_4)_2(s) + 3H_2O$$

微波又称超高频电磁波，波长范围为0.1～10 cm，具有以下特点：

（1）很强的穿透作用，在反应物内、外同时均匀、迅速地加热，热效率高。

（2）在微波场中，反应物的转化能减少，所以反应速度加快。

（3）微波与物质相互作用，并且是独特的非热效应，从而降低反应温度。

一般来说，具有较大介电常数的化合物，如水，在微波作用下会迅速加热，物质在微波作用下产生类似摩擦的作用，使处于杂乱热运动状态的分子获得能量，以热的形式表示出来，介质的温度升高，故可用于化学合成等方面。可以利用微波加热来促使内部氧化锌的进一步反应。

制备所得的磷酸锌中的碳、氮、氢元素含量通常通过元素分析仪测定，锌含量的测定采用 EDTA 滴定法,磷酸根的含量用磷钼酸铵法测定。对于制备所得的磷酸锌产物,可通过钼酸铵分光光度法进行测定,该方法具有显色稳定的特点。其原理为:在酸性介质中,在锑盐存在的条件下,正磷酸盐与钼酸铵反应生成磷钼杂多酸后,立即用抗坏血酸还原,生成蓝色络合物,进行比色测定。

三、仪器与试剂

氧化锌,磷酸,微波炉,钼酸盐溶液,抗坏血酸溶液,磷标准溶液,电炉,真空抽滤系统,布氏漏斗,滤纸,分光光度计,比色皿。

四、实验步骤

1. 磷酸锌的制备

把 2.44 g 氧化锌加入 80 ℃ 的热水中,搅拌 20 min 制成糊状液,冷却至室温,滴加 1.9 g 磷酸溶液,加热反应 15 min 后洗涤,120 ℃烘干得到磷酸锌产品。

称取 2.44 g 氧化锌放入烧杯,加入不同量的磷酸水溶液(约 5% 浓度),搅拌均匀后,盖上表面皿,放入格兰仕微波炉,功率 700 W 下快速加热 5 min,取出冷却至室温,然后抽滤、洗涤,在 120 ℃下烘 45 min,研细,称量,计算产率。

2. 数据与结果分析

实验分为 3 个组,每组两个平行样,固定氧化锌的加入量不变,只改变不同组磷酸的加入量,Ⅰ组为实验课本加入量,Ⅱ组为按化学反应式计算的理论量,Ⅲ组为工业生产磷酸过量为理论系数的 1.05 倍,结果见表 11.9.1。

表 11.9.1 不同原料比例下微波加热法与普通加热法对比实验

实验	Ⅰ组		Ⅱ组		Ⅲ组	
内容	普通加热法	微波法	普通加热法	微波法	普通加热法	微波法
氧化锌/g	2.44	2.44	2.44	2.44	2.44	2.44
磷酸/g	1.90	1.90	2.29	2.29	2.41	2.41
反应时间/min	35	5	35	5	35	5
滤液 pH						
产物质量/g						
产率/%						
外观						
含锌/%						

将原料分别置于微波炉中加热 2 min、5 min 和 10 min,计算产率。

将原料置于微波炉中,比较微波低火、中火、高火辐射 5 min 的产率。

3. EDTA 配位滴定法测定 Zn^{2+} 含量

1)EDTA 的标定

用 $ZnSO_4 \cdot 7H_2O$(分析纯)标定 EDTA 标准溶液。

2）产物中锌含量的滴定

根据预期产物中锌的含量计算出消耗约 20.00 mL EDTA 标准溶液所需的样品量，用分析天平称取相应量的样品于 250 mL 的锥形瓶中，加 20.00 mL 去离子水，滴入 4~5 滴 2 mol·L^{-1} 的 HCl 溶液溶解样品，然后用 1 mol·L^{-1} NaOH 溶液调节其 pH 至 5~7，加入 5.00 mL pH 5.0 的 HAc – NaAc 缓冲溶液，摇匀。用二甲酚橙作指示剂，溶液由紫红色变亮黄色为滴定的终点。根据 EDTA 标准溶液的用量计算样品中锌的含量。

4. 钼酸铵法测磷含量

1）试剂的配置

钼酸盐溶液：将 13 g 钼酸铵溶解于 100 mL 水中，将 0.35 g 酒石酸锑钾溶解于 100 mL 水中，在连续搅拌下将钼酸铵溶液慢慢加入 300 mL 硫酸（体积分数为 50%）中，再加入酒石酸锑钾溶液混合均匀。

抗坏血酸溶液：将 10 g 抗坏血酸溶解于水中，并稀释至 100 mL。

磷标准溶液（0.01 mg/mL）：将在 110 ℃烘干的磷酸二氢钾 0.219 4 g 溶解，加入硫酸（1:1）5 mL，稀释至 1 000 mL，浓度为 0.05 mg/mL。将此溶液 100.0 mL 转移至 500 mL 容量瓶中，用水稀释至刻度。

2）最大吸收波长的选择与标准曲线的绘制

取 100 mL 的比色管 10 只，分别加 0.01 mg/mL 的磷标准溶液 0 mL、4.00 mL、5.00 mL、6.00 mL、7.00 mL、8.00 mL、9.00 mL、10.00 mL、11.00 mL、12.00 mL，分别向各个容量瓶中加入 1 mL 的抗坏血酸溶液，混匀；30 s 后加入 2.00 mL 的钼酸盐溶液，混匀。然后用水将溶液稀释至 100 mL，30 min 后用第 10 号试样对照空白试剂在 600~800 nm 测量其吸光度，按所选波长和对应吸光度值绘制吸收曲线，找到最大吸收波长，在最大波长处测量其他试样的吸光度，按测得的吸光度值和对应的磷含量绘制工作曲线。

3）样品中磷含量的测定

称取 0.2 g 样品于 250 mL 容量瓶中，用去离子水稀释至刻度，混匀。取其 2.00 mL 转移至 100 mL 容量瓶中，加入 1.00 mL 的抗坏血酸溶液，混匀；30 s 后加 2.00 mL 钼酸盐溶液，混合均匀。去离子水稀释至刻度。室温下放置 30 min 后，对照空白试剂在最大波长处测量其吸光度，按测得的吸光度值利用工作曲线求得样品中磷的含量。

思考题

（1）随着磷酸的不断加入，直接加热法与微波加热法中体系 pH 的改变如何？

（2）对比本实验中两种制备方法的优缺点。

（3）固液反应中，生成的磷酸锌包裹在氧化锌表面，将降低氧化锌的转化率，有何改进方法？

（4）硫酸锌的形貌尺寸如何进行分析？有什么方法可以控制所得硫酸锌的形貌尺寸？

第十二章

设计实验

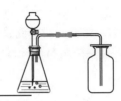

一、目的和意义

本书实验教学体系分为基础训练→综合实验→研究设计型实验三个层次。通过基础训练实验教学，使学生掌握分析化学实验基本理论、典型的分析方法和基本操作技能，并能够正确使用仪器设备，正确采集、记录、处理实验数据和表达实验结果，学会分析化学实验的基本方法，养成良好的科学研究习惯；通过综合实验，针对复杂实际样品将各个单一的分析内容联结起来，使已学过的单元知识与技能得到巩固、充实与提高，培养学生综合运用知识技能分析问题和解决问题的能力，以及分析判断、逻辑推理、得出结论的能力，掌握化学研究的一般方法；在完成基础性、综合性实验的基础上，为了激发学生自主学习的积极性和探索开创精神，培养学生创新思维的能力、独立解决实际问题的能力及组织管理能力，安排研究设计性实验，进行科学研究的初步训练。

党的二十大报告提出，要实现教育强国，科技强国，人才强国，要加快实施创新驱动发展战略，加强基础研究，突出原创，鼓励自由探索。如何培养新一代的基础研究人才并使他们对基础研究充满热忱，如何强化基础研究对科技创新的支撑性和引领性，如何吸引、培养和用好一批战略科学家，都是基础研究要解决的关键问题。本课程在完成基础性、综合性实验的基础上，为了激发学生自主学习的积极性和探索开创精神，培养学生创新思维、创新能力、独立解决实际问题的能力及组织管理能力，安排研究设计性实验，进行科学研究的初步训练。

开设设计性实验的目的在于培养学生独立思考、独立操作、独立解决实际问题的能力。整个实验过程遵循学生为主、教师为辅的原则，即教师提出实验的方向、目的和要求，而实验过程从选题、资料查阅、方案制订、实验开展到论文写作均由学生独立完成，教师作必要的指导和评价。

二、实施步骤

设计性实验是指给定实验目的要求和实验条件，由学生自行设计实验方案并加以实现的实验。主要分五个阶段：

1. 选题

教师提供课题或自行命题。自行命题选题不宜太大，应结合已掌握知识技能及实验室条件，在教师指导下选择 1~3 天内可以完成的实验题目。可以选择针对某分析任务进行分析方法的建立或改进，或利用已建立方法对某实际样品体系的分析检验。鼓励学生对实验条件进行探索性的研究，例如试样的处理，反应的介质、酸度、温度、共存组分的干扰和消除，试剂的用量和指示剂的选择等，从而确定最优实验条件。

2. 文献资料查阅及综述

根据分析目的和要求，通过手册、工具书、文摘、期刊、因特网及其他信息源进行信息检索，查阅研究课题相关文献，对相关课题的研究现状进行全面、系统的调研总结，写出综述。在此基础上拟定自己的研究目标。

3. 实验方案制订

研究目标确定后，结合实验室条件独立设计切实可行的实验方案。方案的内容包括分析方法及简要原理，所用仪器和试剂（含试剂的配制），具体实验步骤（试样的处理和初步测定、标准溶液的配制和标定、条件实验研究、待测组分的测定），实验结果的计算公式及参考资料等。

在此，分析方法的选择至关重要，选择时，应当综合考虑下列因素。

（1）对测定的要求：如成品中常量组分、标准试样和基准物质含量的测定，结果的准确度是主要的；微量组分的测定，灵敏度是主要的；生产过程中的控制分析，测定速度是主要的。应根据测定具体要求选择合适方法。

（2）待测组分的性质：如酸碱性、氧化还原性、配位性能、沉淀性能等，以便选择合适的滴定分析方法。

（3）待测组分的含量：常量组分通常采用滴定分析法和重量分析法，微量组分采用光度法或其他仪器分析方法。

（4）共存组分干扰和消除。

最终，在保证分析结果准确度的前提下，选择简便、快速、经济、环保的分析方法。

实验方案经教师审批后，最终确定。

4. 实验研究

学生独立完成所有实验，包括准备实验、初步实验、正式实验。

准备实验：实验用试剂、仪器、设备的准备等，关乎实验能否顺利开展，须予以足够重视。

初步实验：对于某些待测组分大致含量不清楚的试样，须进行初步测定，以确定取样量、标准溶液的浓度、滴定管的体积等。

正式实验：在实验过程中，必须以严谨的科学态度进行各项实验工作，做好实验数据的记录，同时要充分发挥观察力、想象力和逻辑思维判断力，对实验中出现的各种现象、数据进行分析与评价。发现原实验方案有不完善的地方，应予以改进和完善。

5. 论文写作

实验结束后，按实验的实际做法，根据实验记录进行整理，对所设计的实验方案和实验结果进行评价，并对实验中的现象和问题进行讨论，总结归纳实验规律，以小论文形式完成实验报告。报告大致包括以下各项：

（1）实验题目。

（2）概述（相关研究的概述，列出方法的要点，注明出处，并与后面的参考文献呼应）。

（3）拟定方法的原理。

（4）仪器与试剂。

（5）实验步骤（标定、测定及其他实验步骤）。

（6）数据记录和结果（附上有关计算公式）。

（7）讨论。

（8）参考文献。

6. 成绩评定

论文提交后，组织举行小型报告会讨论交流，由指导教师结合学生实验过程中的表现最终做出成绩评定。这部分内容占总成绩的30%。

三、设计实验参考选题

（1）$NaOH - Na_3PO_4$ 混合液中各组分含量的测定。

（2）$NH_3 - NH_4Cl$ 混合液中各组分浓度的测定。

（3）$HCl - NH_4Cl$ 混合液中各组分浓度的测定。

（4）$Na_2HPO_4 - NaH_2PO_4$ 混合液中各组分浓度的测定。

（5）$HCl - H_3BO_4$ 混合液中各组分浓度的测定。

（6）福尔马林中甲醛含量的测定。

（7）海产品中钙、镁、铁含量的测定。

（8）石灰石或白云石中 CaO 及 MgO 含量的测定。

（9）复方氢氧化铝药片中铝和镁的测定。

（10）铜锡镍合金溶液中铜、锡、镍的连续测定。

（11）鸡蛋壳中钙含量的测定。

（12）保险丝中铅含量的测定。

（13）黄铜中铜、锌含量的测定。

（14）$Mg - EDTA$ 溶液中二组分浓度的测定。

（15）$Fe^{3+} - Al^{3+}$ 溶液中二组分浓度的测定。

（16）$Al^{3+} - Pb^{2+}$ 溶液中二组分浓度的测定。

（17）$Cu^{2+} - Zn^{2+}$ 溶液中各组分浓度的测定。

（18）漂白粉中有效氯含量的测定。

（19）H_2O_2 含量的测定。

（20）铁矿石中 Fe_2O_3 和 FeO 含量的测定。

（21）碘量法测定 $Cu^{2+} - Fe^{2+}$ 溶液中 Cu 浓度的条件实验研究。

（22）$HCl - NaCl - MgCl_2$ 溶液中各组分浓度的测定。

（23）含 NaCl 杂质的 $FeCl_3$ 试样中 Fe、Cl^- 含量的测定。

（24）硅酸盐水泥中 SiO_2、Fe_2O_3、Al_2O_3、CaO、MgO 含量的测定。

（25）铅精矿中铅的测定。

（26）菠菜、洋葱、竹笋等蔬菜中草酸、铁含量的测定。

（27）油菜、香菜等蔬菜中钙、镁、铁含量的测定。

（28）蓖麻油中碘价的测定。

（29）酿造酱油中氨基酸态氮的测定。

（30）水产品及水发食品中残留甲醛检验。

（31）果汁中防腐剂苯甲酸的测定。

（32）苹果中果胶的测定。

（33）食用植物油酸价、过氧化值测定。

（34）酱油质量检验。

（35）松花蛋 pH、游离碱度、总碱度、挥发性盐基氮、铅的测定。

（36）北京市饮用水水源或自来水水质分析。

（37）测定磁介质铁路客票中铁的含量。

（38）阿司匹林药片中乙酰水杨酸含量的测定。

（39）金银花中绿原酸的提取及含量测定。

（40）牛奶中钙含量的测定。

（41）可可豆/红茶/绿茶/菠菜中草酸的测定。

（42）蜂蜜中还原性糖的测定。

（43）橙汁中维生素 C 含量的测定。

（44）大豆中钙、镁含量的测定。

（45）不同水过滤设备去除三种分析物（氟化物、氯化物和硬度）的效率评估。

（46）尿液中葡萄糖含量的测定。

（47）果汁总酸度的测量，评估果实成熟度。

（48）化妆品中甲醛含量的测定。

（49）茶叶中茶多酚含量的测定。

（50）生物柴油皂化值的测定。

第十三章

文献实验选编

13.1　Neutralization Titrations

13.1.1　Preparation and Standardization of NaOH Solutions

Procedure

(a) NaOH solutions. In a clean 100 mL graduated cylinder, put 100 mL of 1 mol $\cdot$ L^{-1} NaOH solution. Pour this solution into a one liter reagent bottle. Add distilled water to the reagent bottle until it is almost (but not totally) full. Shake the resulting solution vigorously.

(b) Standardization NaOH solutions. Into each of three labeled 250 mL Erlenmeyer flasks, weigh out a KHP (Note 1) sample weighing from 0.4 ~ 0.6 grams (Note 2). Dissolve each of the samples in approximately 50 mL of distilled water. Add 3 drops of phenolphthalein solution. Titrate each of these samples to an end point with the NaOH solution (Note 3). Record the volume required for each titration to two decimal places. From this data, you can calculate the molarity of your NaOH (Note 4).

Notes

1. Potassium acid phthalate (KHP) is a solid acid which is available with a purity of almost 100%. Thus, KHP will be used to standardize the NaOH solution.

2. Record each of these weights to 3 decimal places.

3. The endpoint has been reached when the first drop from the buret causes the solution to turn pink and stay pink with 10 seconds of mixing. Near the endpoint, add the NaOH solution dropwise to avoid overshooting.

4. If your calculated molarities for your three trials are not reasonably close to each other (consult your instructor), you should do more trials.

13.1.2　The Percentage of Acetic Acid in Vinegar

Procedure

Put 5.00 mL samples of vinegar in each of two 250 mL Erlenmeyer flask. Add 50 mL of distilled water and 3 drops of phenolphthalein to each flask. Titrate each of the vinegar solutions to the endpoint with your standard NaOH solution. Record the volumes required to two decimal places. From this data, calculate the percentage of acetic acid in vinegar (Note).

Note

Assume the density of vinegar is 1.00 g/mL and that all the acid in vinegar is acetic acid.

13.1.3　Analysis of Aspirin

Aspirin is composed of acetylsalicylic acid (ASA) and an inert substance. In this experiment, you will determine the percentage of ASA in an aspirin tablet.

Procedure

Weigh an aspirin tablet and record its weight to 3 decimal places. Put the tablet in a 250 mL erlenmeyer flask. Using a glass stirring rod, grind the tablet up. Add 30 mL of ethanol and 3 drops of phenolphthalein solution. The endpoint has been reached when the solution first remains pink with 10 seconds of swirling. Record the volume of NaOH solution required to two decimal places. Only one titration is needed (Note). Calculate the percentage of ASA in your aspirin tablet.

Note

This titration should be done rather quickly since there is a side reaction of the NaOH with one part (ester functional group) of ASA (more slowly) besides the reaction with the acidic part (site).

13.1.4　The Molar Mass of An Unknown Diprotic Acid

Procedure

Obtain an unknown acid from your instructor. Record the sample number. Into each of three 250 Erlenmeyer flasks, weigh out an unknown acid sample weighing from 0.15 ~ 0.19 grams. Record these weights to three decimal places. Dissolve each sample in 75 mL of distilled water and add 3 drops of phenolphthalein. Titrate each sample to the endpoint. Record the volume of NaOH solution required for each sample to two decimal places. Calculate the molar mass of the unknown diprotic acid (Note).

Note

If your precision is poor (consult your instructor), do more trials.

(Taken from Anthony J. Pappas, Laboratory Experiments In General Chemistry. Fifteenth Edition. Burgess Publishing Company, 2014.)

13.2　Complexometric Titrations with EDTA

13.2.1　Preparation of Solutions

Procedure

A pH 10 buffer and an indicator solution are needed for these titrations.

(a) Buffer solution, pH 10. Dilute 57 mL of concentrated NH_3 and 7 g of NH_4Cl in sufficient distilled water to give 100 mL of solution.

（b）Eriochrome Black T indicator. Dissolve 100 mg of the solid in a solution containing 15 mL of ethanolamine and 5 mL of absolute ethanol. This solution should be freshly prepared every two weeks; refrigeration slows its deterioration.

13. 2. 2 Preparation of 0. 01 mol $\cdot$ L^{-1} EDTA Standard Solution

Procedure

Dry about 4 g of the purified dihydrate $Na_2H_2Y \cdot 2H_2O$ （Note 1）for 1 h at 80 ℃ to remove superficial moisture. Cool to room temperature in a desiccator. Weigh about 3. 8 g into a 1 L volumetric flask （Note 2）. Use a powder funnel to ensure quantitative transfer; rinse the funnel well with water before removing it from the flask. Add 600 ~ 800 mL of water （Note 3）and swirl periodically. Dissolution may take 15 min or longer. When all the solid has dissolved, dilute to the mark with water and mix well （Note 4）. In calculating the molarity of the solution, correct the weight of the salt for the 0. 3% moisture it ordinarily retains after drying at 80 ℃.

Notes

1. Directions for the purification of the disodium salt are described by W. J. Blaedel and H. T. Knight, Anal. Chem. , 1954, 26 （4）, 741.

2. The solution can be prepared from the anhydrous disodium salt, if desired. The weight taken should be about 3. 6 g.

3. Water used in the preparation of standard EDTA solutions must be totally free of polyvalent cations. If any doubt exists concerning its quality, pass the water through a cation-exchange resin before use.

4. As an alternative, an EDTA solution that is approximately 0. 01 mol $\cdot$ L^{-1} can be prepared and standardized by direct titration against a Mg^{2+} solution of known concentration （using the directions in Section 3）.

13. 2. 3 The Determination of Magnesium by Direct Titration

Procedure

Submit a clean 500 mL volumetric flask to receive the unknown, dilute to the mark with water, and mix thoroughly. Transfer 50. 00 mL aliquots to 250 mL conical flasks, add 1 ~ 2 mL of pH 10 buffer and 3 ~ 4 drops of Eriochrome Black T indicator to each. Titrate with 0. 01 mol $\cdot$ L^{-1} EDTA until the color changes from red to pure blue （Notes 1 and 2）.

Express the results as parts per million of Mg^{2+} in the sample.

Notes

1. The color change tends to be slow in the vicinity of the end point. Care must be taken to avoid overtitration.

2. Other alkaline earths, if present, are titrated along with the Mg^{2+}; removal of Ca^{2+} and Ba^{2+} can be accomplished with （NH_4）$_2CO_3$. Most poly valent cations are also titrated. Precipitation as hydroxides or the use of a masking reagent may be needed to eliminate this source of interference.

13. 2. 4   The Determination of Calcium by Displacement Titration

Discussion

A solution of the magnesium/EDTA complex is useful for the titration of cations that form more stable complexes than the magnesium complex but for which no indicator is available. Magnesium ions in the complex are displaced by a chemically equivalent quantity of analyte cations. The remain in uncomplexed analyte and the liberated magnesium ions are then titrated with Eriochrome Black T as indicator. Note that the concentration of the magnesium solution is not important; all that is necessary is that the molar ratio between Mg^{2+} and EDTA in the reagent be exactly unity.

Procedure

（a）Preparation of the Magnesium/EDTA Complex, $0.1 \ mol \cdot L^{-1}$. To 3.72 g of $Na_2H_2Y \cdot 2H_2O$ in 50 mL of distilled water, add an equivalent quantity （2.46 g） of $MgSO_4 \cdot 2H_2O$. Add a few drops of phenolphthalein, followed by sufficient $0.1 \ mol \cdot L^{-1}$ NaOH to turn the solution faintly pink. Dilute to about 100 mL with water. The addition of a few drops of Eriochrome Black T to a portion of this solution buffered to pH 10 should cause development of a dull violet color. Moreover, a single drop of $0.01 \ mol \cdot L^{-1} \ Na_2H_2Y$ solution added to the violet solution should cause a color change to blue, and an equal quantity of $0.01 \ mol \cdot L^{-1} \ Mg^{2+}$ should cause a change to red. The composition of the original solution should be adjusted with additional Mg^{2+} or H_2Y^{2-} until these criteria are met.

（b）Titration. Weigh a sample of the unknown （to the nearest 0.1 mg） into a 500 mL beaker （note 1）. Cover with a watch glass, and carefully add $5 \sim 10$ mL of $6 \ mol \cdot L^{-1}$ HCl. After the sample has dissolved, remove CO_2 by adding about 50 mL of deionized water and boiling gently for a few minutes. Cool, add a drop or two of methyl red, and neutralize with $6 \ mol \cdot L^{-1}$ NaOH until the red color is discharged. Quantitatively transfer the solution to a 500 mL volumetric flask, and dilute to the mark. Take 50.00 mL aliquots of the diluted solution for titration, treating each as follows: Add about 2 mL of pH 10 buffer, 1 mL of Mg/EDTA solution, and $3 \sim 4$ drops of Eriochrome Black T or Calmagite indicator. Titrate （Note 2） with standard $0.01 \ mol \cdot L^{-1} \ Na_2H_2Y$ to a color change from red to blue.

Report the number of milligrams of CaO in the sample.

Notes

1. The sample taken should contain $150 \sim 160$ mg of Ca^{2+}.

2. Interferences with this titration are substantially the same as those encountered in the direct titration of Mg^{2+} and are eliminated in the same way.

13. 2. 5   The Determination of Hardness in Water

Procedure

Acidify 100.0 mL aliquots of the sample with a few drops of HCl, and boil gently for a few minutes to eliminate CO_2. Cool, add $3 \sim 4$ drops of methyl red, and neutralize with $0.1 \ mol \cdot L^{-1}$

NaOH. Introduce 2 mL of pH 10 buffer, 3 ~ 4 drops of Eriochrome Black T, and titrate with standard 0.01 mol $\cdot$ L^{-1} Na$_2$H$_2$Y to a color change from red to pure blue (Note).

Report the results in terms of milligrams of CaCO$_3$ per liter of water.

Note

The color change is sluggish if Mg^{2+} is absent. In this event, add 1 ~ 2 mL of 0.1 mol $\cdot$ L^{-1} MgY^{2-} before starting the titration (see Section 2.4 for preparation of this solution).

(Taken from Daniel C. Harris, Quantitative Chemical Analysis. Fifth Edition. W. H. Freeman & Company, 1999.)

13.3   Complexometric Titration of Iron, Chromium, and Zinc in An Alloy

13.3.1   Sample Preparation

Procedure

Prepare 100 mL of your working solution by a 10 fold dilution of the test solution provided (Note). Use the 100 mL volumetric flask and distilled water. The Fe^{3+}, Zn^{2+} and Cr^{3+} ions content in the working solution would be within the concentration range of 0.01 ~ 0.03 mol $\cdot$ L^{-1}.

Note

Test solution contains Fe^{3+}, Zn^{2+} and Cr^{3+} ions within the concentration range of 0.1 ~ 0.3 mol $\cdot$ L^{-1}.

13.3.2   Determination of Fe^{3+}

Procedure

Place 10.00 mL of the working solution into a 200 mL Erlenmeyer flask, add about 20 mL of distilled water and adjust the pH to 1.5 by adding about 5 mL of 1 mol $\cdot$ L^{-1} HCl (check the pH value against the indicator paper). Finally, supplement 1 mL of 5% aqueous solution of sulfosalicylic acid (the indicator) and mix thoroughly.

Titrate the flask contents with 0.025 mol $\cdot$ L^{-1} EDTA standard solution until the color changes from violet to yellow-green. Record the volume of the standard solution. Repeat the titration as necessary. Calculate the concentrations of Fe^{3+}.

13.3.3   Determination of Zn^{2+}

Procedure

Adjust the pH of the solution obtained in step 13.3.2 by adding 5 ~ 6 mL of the acetate buffer solution, then add 3 ~ 5 drops of 0.1% PAN solution (the indicator) and mix thoroughly.

Titrate the flask contents with 0.025 mol $\cdot$ L^{-1} EDTA standard solution until the color changes from pink to yellow-green. Record the volume of the standard solution. Repeat the titration as necessary. Calculate the concentrations of Zn^{2+}.

13. 3. 4　Determination of Cr^{3+}

Procedure

Direct titration of Cr^{3+} with EDTA solution is impossible because of the low rate of complex formation. Thus, the method of back titration is used: an excess of EDTA standard solution is introduced, and the unreacted EDTA is titrated with Cu^{2+}.

Supplement an excess of $0.025 \text{ mol} \cdot L^{-1}$ standard solution of EDTA (20 mL) to the solution obtained in step 13. 3. 3, mix thoroughly and boil the mixture for 5 min. Add 3 ~ 5 drops of PAN solution (the indicator) to the cooled mixture and mix thoroughly.

Titrate the flask contents with $0.025 \text{ mol} \cdot L^{-1} \, CuSO_4$ standard solution until the color changes from wine-red to blue-violet. Record the volume of the standard solution. Repeat the titration as necessary. Calculate the concentrations of Cr^{3+}.

13. 4　Titrations with Potassium Permanganate

13. 4. 1　Preparation of $0.02 \text{ mol} \cdot L^{-1}$ Potassium Permanganate

Procedure

Dissolve about 3. 2 g of $KMnO_4$ in 1 L of distilled water. Keep the solution at a gentle boil for about 1 h. Cover and let stand overnight. Remove MnO_2 by filtration (Note 1) through a fine-porosity filtering crucible (Note 2) or through a Gooch crucible fitted with glass mats. Transfer the solution to a clean glass-stopped bottle; store in the dark when not in use.

Notes

1. The heating and filtering can be omitted if the permanganate solution is standardized and used on the same day.

2. Remove the MnO_2 that collects on the fritted plate with $1 \text{ mol} \cdot L^{-1} \, H_2SO_4$ containing a few milliliters of 3% H_2O_2, followed by a rinse with copious quantities of water.

13. 4. 2　Standardization of Potassium Permanganate Solutions

Procedure

Dry about 1. 5 g of primary-standard $Na_2C_2O_4$ at 110 ℃ for at least 1 h. Cool in a desiccator; weigh (to the nearest 0. 1 mg) individual 0. 2 ~ 0. 3 g samples into 400 mL beakers. Dissolve each in about 250 mL of $1 \text{ mol} \cdot L^{-1} \, H_2SO_4$. Heat each solution to 80 ~ 90 ℃, and titrate with $KMnO_4$ while stirring with a thermometer. The pink color imparted by one addition should be permitted to disappear before any further titrant is introduced. Reheat if the temperature drops below 60 ℃. Take the first persistent (≈30 s) pink color as the end point. Determine a blank by titrating an equal volume of the $1 \text{ mol} \cdot L^{-1} \, H_2SO_4$.

Correct the titration data for the blank, and calculate the concentration of the permanganate solution.

13. 4. 3　The Determination of Iron in an Ore

Discussion

The common ores of iron are hematite （Fe_2O_3）, magnetite （Fe_3O_4）, and limonite （$2Fe_2O_3 \cdot 3H_2O$）. Steps in the analysis of these ores are （1） dissolution of the sample, （2） reduction of iron to the divalent state, and （3） titration of iron （Ⅱ） with a standard oxidant.

The Decomposition of Iron Ores. Iron ores often decompose completely in hot concentrated hydrochloric acid. The rate of attack by this reagent is increased by the presence of a small amount of tin （Ⅱ） chloride. The tendency of iron （Ⅱ） and iron （Ⅲ） to form chloro complexes accounts for the effectiveness of hydrochloric acid over nitric or sulfuric acid as a solvent for iron ores.

Many iron ores contain silicates that may not be entirely decomposed by treatment with hydrochloric acid. Incomplete decomposition is indicated by a dark residue that remains after prolonged treatment with the acid. A white residue of hydrated silica, which does not interfere in any way, is indicative of complete decomposition.

The Prereduction of Iron. Because part or all of the iron is in the tricalent state after decompostion of the sample, prereduction to iron （Ⅱ） must precede titration with the oxidant. Perhaps the most satisfactory prereductant for iron is tin （Ⅱ） chloride:

$$2Fe^{3+} + Sn^{2+} \rightarrow 2Fe^{2+} + Sn^{4+}$$

The excess reducing agent is eliminated by the addition of mercury （Ⅱ） chloride:

$$Sn^{2+} + 2HgCl_2 \rightarrow Hg_2Cl_2(s) + Sn^{4+} + 2Cl^-$$

The slightly soluble mercury （Ⅰ） chloride （Hg_2Cl_2） does not reduce permanganate, nor does the excess mercury （Ⅱ） chloride （$HgCl_2$） reoxidize iron （Ⅱ）. Care must be taken, however, to prevent the occurrence of the alternative reaction

$$Sn^{2+} + HgCl_2 \rightarrow Hg(l) + Sn^{4+} + 2Cl^-$$

Elemental mercury reacts with permanganate and causes the results of the analysis to be high. The formation of mercury, which is favored by an appreciable excess of tin （Ⅱ）, is prevented by careful control of this excess and by the rapid addition of excess mercury （Ⅱ） chloride. A proper reduction is indicated by the appearance of a small amount of a silky white precipitate after the addition of mercury （Ⅱ）. Formation of a gray precipitate at this juncture indicates the presence of metallic mercury; the total absence of a precipitate indicates that an insufficient amount of tin （Ⅱ） chloride was used. In either event, the sample must be discard.

The Titration of Iron （Ⅱ）. The reaction of iron （Ⅱ） with permanganate is smooth and rapid. The presence of iron （Ⅱ） in the reaction mixture, however, induces the oxidation of chloride ion by permanganate, a reaction that does not ordinarily proceed rapidly enough to cause serious error. High results are obtained if this parasitic reaction is not controlled. Its effects can be eliminated through removal of the hydrochloric acid by evaporation with sulfuric acid or by introduction of Zimmermann-Reinhardt reagent, which contains manganese （Ⅱ） in a fairly concentrated mixture of sulfuric and phosphoric acids.

The oxidation of chloride ion during a titration is believed to involve a direct reaction between this species and the manganese （Ⅲ） ions that form as an intermediate in the reduction of permanganate ion by iron （Ⅱ）. The presence of manganese （Ⅱ） in the Zimmermann-Reinhardt reagent is believed to inhibit the formation of chlorine by decreasing the potential of the manganese （Ⅲ）/manganese （Ⅱ） couple. Phosphate ion is believed to exert a similar effect by forming stable manganese （Ⅲ） complexes. Moreover, phosphate ions react with iron （Ⅲ） to form nearly colorless complexes so that the yellow color of the iron （Ⅱ）/chloro complexes does not interfere with the end point.

Preparation of Reagents

The following solutions suffice for about 100 titrations.

（a） Tin （Ⅱ） chloride, $0.25 \text{ mol} \cdot \text{L}^{-1}$. Dissolve 60 g of iron-free $SnCl_2 \cdot 2H_2O$ in 100 mL of concentrated HCl; warm if necessary. After the solid has dissolved, dilute to 1 L with distilled water and store in a well-stropped bottle. Add a few pieces of mossy tin to help preserve the solution.

（b） Mercury （Ⅱ） chloride, 5% （w/V）. Dissolve 50 g of $HgCl_2$ in 1 L of distilled water.

（c） Zimmermann-Reinhardt reagent. Dissolve 300 g of $MnSO_4 \cdot 4H_2O$ in 1 L of water. Cautiously add 400 mL of concentrated H_2SO_4, 400 mL of 85% H_3PO_4, and dilute to 3 L.

Procedure

（a） Sample Preparation. Dry the ore at 110 ℃ for at least 3 h, and then allow it to cool to room temperature in a desiccator. Consult with the instructor for a sample size that will require from 25 ~ 40 mL of standard $0.02 \text{ mol} \cdot \text{L}^{-1}$ $KMnO_4$. Weigh samples into 500 mL conical flasks. To each, add 10 mL of concentrated HCl and about 3 mL of $0.25 \text{ mol} \cdot \text{L}^{-1}$ $SnCl_2$ （Note 1）. Cover each flask with a small watch glass or Tuttle flask cover. Heat the flasks in a hood at just below boiling until the samples are decomposed and the undissolved solid —if any —is pure white （Note 2）. Use another 1 ~ 2 mL of $SnCl_2$ to eliminate any yellow color that may develop as the solutions are heated. Heat a blank consisting of 10 mL of HCl and 3 mL of $SnCl_2$ for the same amount of time.

After the ore has been decomposed, remove the excess Sn （Ⅱ） by the dropwise addition of $0.02 \text{ mol} \cdot \text{L}^{-1}$ $KMnO_4$ until the solutions become faintly yellow. Dilute to about 15 mL. Add sufficient $KMnO_4$ solution to impart a faint pink color to the blank; then decolorize with one drop of the $SnCl_2$ solution.

Take samples and blank individually through subsequent steps to minimize air-oxidation of iron （Ⅱ）.

（b） Reduction of Iron. Heat the sample solution nearly to boiling, and make dropwise additions of $0.25 \text{ mol} \cdot \text{L}^{-1}$ $SnCl_2$ until the yellow color just disappears; then add two more drops （Note 3）. Cool to room temperature, and rapidly add 10 mL of 5% $HgCl_2$ solution. A small amount of silky white Hg_2Cl_2 should precipitate （Note 4）.

（c） Titration. Following additon of the $HgCl_2$, wait 2 ~ 3 min. Then add 25 mL of Zimmermann-Reinhardt reagent and 300 mL of water. Titrate immediately with standard $0.02 \text{ mol} \cdot \text{L}^{-1}$ $KMnO_4$ to the first faint pink that persists for 15 ~ 20 s. Do not add the $KMnO_4$ rapidly at any time. Correct the titrant volume for the blank.

Report the percentage of Fe_2O_3 in the sample.

Notes

1. The $SnCl_2$ hastens decomposition of the ore by reducing iron (Ⅲ) oxides to iron (Ⅱ). Insufficient $SnCl_2$ is indicated by the appearance of yellow iron (Ⅲ) /chloride complexes.

2. If dark particles persist after the sample has been heated with acid for several hours, filter the solution through ashless paper, wash the residue with 5 ~ 10 mL of 6 mol · L^{-1} HCl, and retain the filtrate and washings. Ignite the paper and its contents in a small platinum crucible. Mix 0. 5 ~ 0. 7 g of Na_2CO_3 with the residue and heat until a clear melt is obtained. Cool, add 5 mL of water, and then cautiously add a few milliliters of 6 mol · L^{-1} HCl. Warm the crucible until the melt has dissolved, and combine the contents with the original filtrate. Evaporate the solution to 15 mL and continue the analysis.

3. The solution may not become entirely colorless but instead may acquire a faint yellow-green hue. Further additions of $SnCl_2$ will not alter this color. If too much $SnCl_2$ is added, it can be removed by adding 0. 02 mol · L^{-1} $KMnO_4$ and repeating the reduction.

4. The absence of precipitate indicates that insufficient $SnCl_2$ was used and that the reduction of iron (Ⅲ) was incomplete. A gray residue indicates the presence of elementary mercury, which reacts with $KMnO_4$. The sample must be discarded in either event.

5. These directions can be used to standardize a permanganate solution against primary-standard iron. Weigh (to the nearest 0. 1 mg) 0. 2 g lengths of electrolytic iron wire into 250 mL conical flasks and dissolve in about 10 mL of concentrated HCl. Dilute each sample to about 75 mL. Then take each individually through the reduction and titration steps.

(Taken from Daniel C. Harris, Quantitative Chemical Analysis. Fifth Edition. W. H. Freeman & Company, 1999.)

13. 5 Precipitation Titrations

13. 5. 1 Preparation of a Standard Silver Nitrate Solution

Procedure

Use a top-loading balance to transfer the approximate mass of $AgNO_3$ to a weighing bottle (Note 1). Dry at 110 ℃ for about 1 h but not much longer (Note 2), and then cool to room temperature in a desiccator. Weigh the bottle and contents (to the nearest 0. 1 mg). Transfer the bulk of the $AgNO_3$ to a volumetric flask using a powder funnel. Cap the weighing bottle, and reweigh it and any solid that remains. Rinse the powder funnel thoroughly. Dissolve the $AgNO_3$, dilute to the mark with water, and mix well (Note 3). Calculate the molar concentration of this solution.

Notes

1. Consult with the instructor concerning the volume and concentration of $AgNO_3$ to be prepared. The mass of $AgNO_3$ to be taken is approximately 16. 9 g for 1 L 0. 10 mol · L^{-1}.

2. Prolonged heating causes partial decomposition of $AgNO_3$. Some discoloration may occur, even after only 1 h at 110 ℃; the effect of this decomposition on the purity of the reagent is

ordinarily imperceptible.

3. Silver nitrate solutions should be stored in a dark place when not in use.

13. 5. 2　The Determination of Chloride by Titration with an Adsorption Indicator

Discussion

In this titration, the anionic adsorption indicator dichlorofluorescein is used to locate the end point. With the first excess of titrant, the indicator becomes incorporated in the counter-ion layer surrounding the silver chloride and imparts color to the solid. In order to obtain a satisfactory color change, it is desirable to maintain the particles of silver chloride in the colloidal state. Dextin is added to the solution to stabilize the colloid and prevent its coagulation.

Preparation of Solutions

Dichlorofluorescein indicator (sufficient for several hundred titrations). Dissolve 0. 2 g of dichlorofluorescein in a solution prepared by mixing 75 mL of ethanol and 25 mL of water.

Procedure

Dry the unknown at 110 ℃ for about 1 h; allow it to return to room temperature in a desiccator. Weigh replicate samples (to the nearest 0. 1 mg) into individual conical flasks, and dissolve them in appropriate volumes of distilled water (Note 1). To each, add about 0. 1 g of dextrin and 5 drops of indicator. Titrate (Note 2) with $AgNO_3$ to the first permanent pink color of silver dichlorofluoresceinate. Report the percentage of Cl^- in the unknown.

Notes

1. Use 0. 25 g samples for 0. 1 $mol \cdot L^{-1}$ $AgNO_3$ and about half that amount for 0. 05 $mol \cdot L^{-1}$ reagent. Dissove the former in about 200 mL of distilled water and the latter in about 100 mL. If 0. 02 $mol \cdot L^{-1}$ $AgNO_3$ is to be used, weigh a 0. 4 g sample into a 500 mL volumetric flask, and take 50 mL aliquots for titration.

2. Colloidal AgCl is sensitive to photodecomposition, particularly in the presence of the indicator; attempts to perform the titration in direct sunlight will fail. If photodecomposition appears to be a problem, establish the approximate end point with a rough preliminary titration, and use this information to estimate the volumes of $AgNO_3$ needed for the other samples. For each subsequent sample, add the indicator and dextrin only after most of the $AgNO_3$ has been added, and then complete the titration without delay.

13. 5. 3　The Determination of Chloride by a Weight Titration

Discussion

The Mohr method uses CrO_4^{2-} ion as an indicator in the titration of chloride ion with silver nitrate. The first excess of titrant results in the formation of a red silver chromate precipitate, which signals the end point.

Instead of a buret, a balance is employed in this procedure to determine the weight of silver nitrate solution needed to reach the end point. The concentration of the silver nitrate is most conveniently determined by standardization against primary-standard sodium chloride, although direct preparation by weight is also feasible. The reagent concentration is expressed as weight molarity (mmol $AgNO_3$/g of solution).

Preparation of Solutions

（a）Silver nitrate, approximately 0. 1 mmol/g of solution (sufficient for about ten titrations). Dissolve about 4. 5 g of $AgNO_3$ in about 500 mL of distilled water. Standardize the solution against weighed quantities of reagent-grade NaCl as directed in Note 1 of the procedure. Express the concentration as weight molarity (mmol $AgNO_3$/g of solution). When it is not in use, store the solution in a dark place.

（b）Potassium chromate, 5% (sufficient for about ten titrations) . Dissolve about 1. 0 g of K_2CrO_4 in about 20 mL of distilled water.

Note

Alternatively, standard $AgNO_3$ can be prepared directly by weight. To do so, follow the directions in section 4. 1 weighing out a known amount of primary-standard $AgNO_3$. Use a powder funnel to transfer the weighed $AgNO_3$ to a 500 mL polyethylene bottle that has been previously weighed to the nearest 10 mg. Add about 500 mL of water and weigh again. Calculate the weight molarity.

Procedure

Dry the unknown at 110 ℃ for at least 1 h (Note). Cool in a desiccator. Consult with your instructor for a suitable sample size. Weigh (to the nearest 0. 1 mg) individual samples into 250 mL conical flasks, and dissolve in about 100 mL of distilled water. Add small quantities of $NaHCO_3$ until effervescence ceases. Introduce about 2 mL of K_2CrO_4 solution, and titrate to the first permanent appearance of red Ag_2CrO_4.

Determine an indicator blank by suspending a small amount of chloride-free $CaCO_3$ in 100 mL of distilled water containing 2 mL of K_2CrO_4.

Correct reagent weights for the blank. Report the percentage of Cl^- in the unknown.

Dispose of AgCl and reagents as directed by the instructor.

Note

The $AgNO_3$ is conveniently standardized concurrently with the analysis. Dry reagent-grade NaCl for about 1 h. Cool; then weigh (to the nearest 0. 1 mg) 0. 25 g portions into conical flasks and titrate as above.

（Taken from Daniel C. Harris, Quantitative Chemical Analysis. Fifth Edition. W. H. Freeman & Company, 1999. ）

13. 6　Acid Dissociation Constant Determination

To determine the acid dissociation constant of the juice obtained from grocery store limes.

10 ~ 12 grocery store limes, distilled water, citric acid pellets, cheesecloth.

analytical balance, beakers, 50 mL volumetric flasks, 500 mL volumetric flask, spatula, UV spectrophotometer, cuvette, 25 mL measuring cylinders, 10 mL measuring cylinders, micropipette, conductivity meter.

> **SECTION A**

Determination of the citric acid concentration in the squeezed lime juice.

Method

A. Obtaining the concentrated lime juice

(a) Cut the 10 ~ 12 limes into halves.

(b) Squeeze the juice from the limes into a clean dry 150 mL beaker.

(c) Using the cheesecloth/strainer, strain the juice into another clean dry 150 mL beaker. Ensure that none of the pulp passes into the new beaker.

B. Making the citric acid calibration curve (Table 13.5.1)

(a) Using an analytical balance, weigh out 0.096 0 g of citric acid into a 500 mL volumetric flask.

(b) Add distilled water to the flask up to the 500 mL mark.

(c) Mix thoroughly, ensuring that the citric acid is completely dissolved.

(d) Using dilution factors (DF) of 1, 0.75, 0.5, 0.25 and 0.1, make solutions of 1×10^{-4} mol · L^{-1}, 7.5×10^{-5} mol · L^{-1}, 5×10^{-5} mol · L^{-1}, 2.5×10^{-5} mol · L^{-1} and 1×10^{-5} mol · L^{-1} by pipetting the required aliquot volumes into 50 mL volumetric flasks and making the solutions up to the 50 mL mark with distilled water.

Using the formula below, calculate the aliquot volume necessary to make 50 cm^3 solutions of each of the desired molarities and complete the table.

$$V_{aliquot} = DF \times V_{total}$$

Table 13.5.1 Preparation of Citric Acid Standard Solutions for Calibration Curve

Initial Concentration/ ($\times 10^{-4}$ mol · L^{-1})	Dilution Factor (DF)	Aliquot/ cm^3	Water/ cm^3	Final Volume/ cm^3
1	1			50
1	0.75			50
1	0.50			50
1	0.25			50
1	0.10			50

(e) Using the UV spectrophotometer, determine the absorbance/transmittance of each solution and complete the table below (Table 13.5.2).

Table 13.5.2   UV absorbance of citric acid under different concentrations

Molarity/($\times 10^{-4}$ mol $\cdot$ L^{-1})	Absorbance
1	
0.75	
0.5	
0.25	
0.1	

(f) Plot absorbance/transmittance versus concentration to obtain the calibration curve.

C. Determining the citric acid concentration of the lime juice

(a) Micropipette 0.5 mL of the concentrated lime juice into a 50 mL volumetric flask.

(b) Add distilled water to the flask up to the 50 mL mark and mix thoroughly.

(c) Using the UV spectrophotometer, determine the absorbance/transmittance of the diluted lime juice.

(d) Interpolate the citric acid concentration of the dilute lime juice from the calibration curve.

➢ **SECTION B**

Determination of the acid dissociation constant of citric acid found in grocery store limes.

Method

A. Determining the conductivity of the concentrated lime juice

(a) Using the following equations, complete Table 13.5.3 below by choosing 5 aliquot volumes and making the solutions up to the mark with water. One solution should have a dilution factor of 1.

$$V_{aliquot} = DF \times V_{total}$$
$$c = DF \times c_0$$

Table 13.5.3   Conductivity Measurements of Citric Acid

Initial Concentration/ ($\times 10^{-4}$ mol $\cdot$ L^{-1})	Dilution Factor (DF)	Aliquot/ cm^3	Water/ cm^3	Conductivity meter cell capacity/cm^3	Molarity/ cm^3
	1		0		

(b) Starting from the least concentrated to the most concentrated, measure the conductivity of each of the lime juice solutions, and data is filled in Table 13.5.4.

Table 13.5.4　Conductivity changes along with the concentration of citric acid

Molarity/($\times 10^{-4}$ mol $\cdot$ L^{-1})	Conductivity

> **SECTION C**

Calculations

（a）Using the appropriate conversion factor convert conductivity, σ, from μS $\cdot$ cm^{-1} to S $\cdot$ m^{-1}.

（b）With the formula $\Lambda = \dfrac{\sigma}{c}$, calculate the molar conductivity（Λ）in S $\cdot$ m^2 $\cdot$ mol^{-1} for each solution.

（c）Calculate the dissociation degree（α）using the formula $\alpha = \dfrac{\Lambda}{\Lambda^{\circ}}$, where Λ° is the molar conductivity at infinite dilution. The following Table 13.5.5 provides the necessary Λ° values （Note）.

Table 13.5.5　Temperature dependence of molar conductivity（Λ^{0}）in aqueous solution

$T/\text{℃}$	T/K	$\Lambda^{\circ}/(\text{S} \cdot \text{m}^2 \cdot \text{mol}^{-1})$
17	290	0.037 0
18	291	0.037 7
19	292	0.038 3
20	293	0.039 0
21	294	0.039 6
22	295	0.040 2
23	296	0.040 9
24	297	0.041 5
25	298	0.042 2
26	299	0.042 8
27	300	0.043 5

（d）Using the formula $K_{\text{a}} = \dfrac{\alpha^2 c}{1 - \alpha}$, calculate the acid dissociation constant for each lime juice solution.

(e) Determine the average K_a of your five solutions.

Discussion

(a) Explain why it is necessary to determine the concentration of your lime juice.

(b) Why is it necessary to note the temperature at which the conductivity readings are taken?

(c) List three possible sources of error.

Note

Apelbiat A, Barthel J. Conductance Studies on Aqueous Citric Acid [J]. Zeitschrift fur Naturforsch. – Sect. A J. Phys. Sci. 1991, 46 (1 – 2): 131 – 140.

附　　录

附录1　市售酸碱试剂的浓度及密度

试剂	密度/(g·L^{-1})	浓度 c/(mol·L^{-1})	质量分数 w/%
盐酸	1.18~1.19	11.6~12.4	36~38
硝酸	1.39~1.40	14.4~15.2	65.0~68.0
硫酸	1.83~1.84	17.8~18.4	95~98
磷酸	1.69	14.6	85
高氯酸	1.68	11.7~12.0	70.0~72.0
冰醋酸	1.05	17.4	99.7
氢氟酸	1.13	22.5	40
氨水	0.88~0.90	13.3~14.8	25.0~28.0
三乙醇胺	1.124	7.5	—

附录2　常用指示剂

一、酸碱指示剂

指示剂	变色范围 pH	颜色变化	pK_{HIn}	浓度
百里酚蓝	1.2~2.8	红~黄	1.65	1 g·L^{-1}的20%乙醇溶液
甲基黄	2.9~4.0	红~黄	3.25	1 g·L^{-1}的90%乙醇溶液
甲基橙	3.1~4.4	红~黄	3.45	1 g·L^{-1}的水溶液
溴酚蓝	3.0~4.6	黄~紫	4.1	1 g·L^{-1}的20%乙醇溶液或其钠盐水溶液
溴甲酚绿	4.0~5.6	黄~蓝	4.9	1 g·L^{-1}的20%乙醇溶液或其钠盐水溶液
甲基红	4.4~6.2	红~黄	5.0	1 g·L^{-1}的60%乙醇溶液或其钠盐水溶液
溴百里酚蓝	6.2~7.6	黄~蓝	7.3	1 g·L^{-1}的20%乙醇溶液或其钠盐水溶液
中性红	6.8~8.0	红~黄橙	7.4	1 g·L^{-1}的60%乙醇溶液
苯酚红	6.8~8.4	黄~红	8.0	1 g·L^{-1}的60%乙醇溶液或其钠盐水溶液
酚酞	8.0~10.0	无~红	9.1	2 g·L^{-1}的90%乙醇溶液
百里酚蓝	8.0~9.6	黄~蓝	8.9	1 g·L^{-1}的20%乙醇溶液
百里酚酞	9.4~10.6	无~蓝	10.0	1 g·L^{-1}的90%乙醇溶液

二、酸碱混合指示剂

指示剂溶液的组成	变色时 pH	颜色		备注
		酸色	碱色	
一份 1 g·L^{-1}甲基黄乙醇溶液 一份 1 g·L^{-1}次甲基蓝乙醇溶液	3.25	蓝紫	绿	pH = 3.2　蓝紫色 pH = 3.4　绿色
一份 1 g·L^{-1}甲基橙水溶液 一份 2.5 g·L^{-1}靛蓝二磺酸水溶液	4.1	紫	黄绿	—
一份 1 g·L^{-1}溴甲酚绿钠盐水溶液 一份 2 g·L^{-1}甲基橙水溶液	4.3	橙	蓝绿	pH = 3.5　黄色 pH = 4.05　绿色 pH = 4.3　蓝绿色
三份 1 g·L^{-1}溴甲酚绿乙醇溶液 一份 2 g·L^{-1}甲基红乙醇溶液	5.1	酒红	绿	—
一份 1 g·L^{-1}溴甲酚绿钠盐水溶液 一份 1 g·L^{-1}氯酚红钠盐水溶液	6.1	黄绿	蓝绿	pH = 5.4　蓝绿色 pH = 5.8　蓝色 pH = 6.0　蓝带紫 pH = 6.2　蓝紫色
一份 1 g·L^{-1}中性红乙醇溶液 一份 1 g·L^{-1}次甲基蓝乙醇溶液	7.0	蓝紫	绿	pH = 7.0　紫蓝
一份 1 g·L^{-1}甲酚红钠盐水溶液 三份 1 g·L^{-1}百里酚蓝钠盐水溶液	8.3	黄	紫	pH = 8.2　玫瑰红 pH = 8.4　清晰的紫色
一份 1 g·L^{-1}百里酚蓝 50% 乙醇溶液 三份 1 g·L^{-1}酚酞 50% 乙醇溶液	9.0	黄	紫	从黄到绿，再到紫
一份 1 g·L^{-1}酚酞乙醇溶液 一份 1 g·L^{-1}百里酚酞乙醇溶液	9.9	无	紫	pH = 9.6　玫瑰红 pH = 10　紫色
两份 1 g·L^{-1}百里酚酞乙醇溶液 一份 1 g·L^{-1}茜素黄 R 乙醇溶液	10.2	黄	紫	—

三、配位滴定指示剂

名称	配制	用于测定		
		元素	颜色变化	测定条件
酸性铬蓝 K	1 g·L^{-1}乙醇溶液	Ca	红～蓝	pH = 12
		Mg	红～蓝	pH = 10（氨性缓冲溶液）

名称	配制	用于测定		
		元素	颜色变化	测定条件
钙指示剂	与 NaCl 配成 1∶100 的固体混合物	Ca	酒红～蓝	pH > 12（KOH 或 NaOH）
铬天青 S	4 g·L⁻¹ 水溶液	Al	紫～黄橙	pH = 4（醋酸缓冲溶液），热
		Cu	蓝紫～黄	pH = 6～6.5（醋酸缓冲溶液）
		Fe（Ⅱ）	蓝～橙	pH = 2～3
		Mg	红～黄	pH = 10～11（氨性缓冲溶液）
双硫腙	0.3 g·L⁻¹ 乙醇溶液	Zn	红～绿紫	pH = 4.5，50% 乙醇溶液
铬黑 T（EBT）	与 NaCl 配成 1∶100 的固体混合物	Al	蓝～红	pH = 7～8，吡啶存在下，以 Zn²⁺ 回滴
		Bi	蓝～红	pH = 9～10，以 Zn²⁺ 回滴
		Ca	红～蓝	pH = 10，加入 EDTA - Mg
		Cd	红～蓝	pH = 10（氨性缓冲溶液）
		Mg	红～蓝	pH = 10（氨性缓冲溶液）
		Mn	红～蓝	氨性缓冲溶液，加羟胺
		Ni	红～蓝	氨性缓冲溶液
		Pb	红～蓝	氨性缓冲溶液，加酒石酸钾
		Zn	红～蓝	pH = 6.8～10（氨性缓冲溶液）
紫脲酸胺	与 NaCl 配成 1∶100 的固体混合物	Ca	红～紫	pH > 10（NaOH），25% 乙醇
		Co	黄～紫	pH = 8～10（氨性缓冲溶液）
		Cu	黄～紫	pH = 7～8（氨性缓冲溶液）
		Ni	黄～紫红	pH = 8.5～11.5（氨性缓冲溶液）
PAN	1 g·L⁻¹ 乙醇（或甲醇）溶液	Cd	红～黄	pH = 6（醋酸缓冲溶液）
		Co	黄～红	醋酸缓冲溶液，70～80 ℃。以 Cu²⁺ 回滴
		Cu	紫～黄	pH = 10（氨性缓冲溶液）
			红～黄	pH = 6（醋酸缓冲溶液）
		Zn	粉红～黄	pH = 5～7（醋酸缓冲溶液）
PAR	0.5 g·L⁻¹ 或 2 g·L⁻¹ 水溶液	Bi	红～黄	pH = 1～2（HNO₃）
		Cu	红～黄（绿）	pH = 5～11（六次甲基四胺，氨性缓冲溶液）
		Pb	红～黄	六次甲基四胺或氨性缓冲溶液

续表

名称	配制	用于测定		
		元素	颜色变化	测定条件
邻苯二酚紫	$1\ g\cdot L^{-1}$水溶液	Cd	蓝~红紫	pH = 10（氨性缓冲溶液）
		Co	蓝~红紫	pH = 8~9（氨性缓冲溶液）
		Cu	蓝~黄绿	pH = 6~7，吡啶溶液
		Fe（Ⅱ）	黄绿~蓝	pH = 6~7，吡啶存在下，以 Cu^{2+} 回滴
		Mg	蓝~红紫	pH = 10（氨性缓冲溶液）
		Mn	蓝~红紫	pH = 9（氨性缓冲溶液），加羟胺
		Pb	蓝~黄	pH = 5.5（六次甲基四胺）
		Zn	蓝~红紫	pH = 10（氨性缓冲溶液）
磺基水杨酸	$1~2\ g\cdot L^{-1}$水溶液	Fe（Ⅱ）	红紫~黄	pH = 1.5~2
试钛灵	$2\ g\cdot L^{-1}$水溶液	Fe（Ⅱ）	蓝~黄	pH = 2~3（醋酸热溶液）
二甲酚橙 XO	$5\ g\cdot L^{-1}$乙醇（或水）溶液	Bi	红~黄	pH = 1~2（HNO_3）
		Cd	粉红~黄	pH = 5~6（六亚甲基四胺）
		Pb	红紫~黄	pH = 5~6（醋酸缓冲溶液）
		Th（Ⅳ）	红~黄	pH = 1.6~3.5（HNO_3）
		Zn	红~黄	pH = 5~6（醋酸缓冲溶液）

四、氧化还原指示剂

指示剂名称	变色电位 E^0/V	颜色		溶液配制方法
		氧化态	还原态	
二苯胺	0.76	紫	无色	$10\ g\cdot L^{-1}$的浓硫酸溶液
二苯胺磺酸钠	0.85	紫红	无色	$5\ g\cdot L^{-1}$的水溶液
N - 邻苯氨基苯甲酸	1.08	紫红	无色	0.1 g 指示剂加 20 mL 50 $g\cdot L^{-1}$ 的 Na_2CO_3 溶液，用水稀释至 100 mL
邻二氮菲 - Fe（Ⅱ）	1.06	浅蓝	红	1.485 g 邻二氮菲加 0.965 g $FeSO_4$ 溶解，用水稀释至 100 mL（0.025 $mol\cdot L^{-1}$的水溶液）
5 - 硝基邻二氮菲 - Fe（Ⅱ）	1.25	浅蓝	紫红	1.608 g 5 - 硝基邻二氮菲加 0.695 g $FeSO_4$ 溶解，用水稀释至 100 mL（0.025 $mol\cdot L^{-1}$的水溶液）

五、吸附指示剂

名称	配制	用于测定		测定条件
		可测元素（括号内为滴定剂）	颜色变化	
萤光黄	10 g·L^{-1}钠盐水溶液	Cl$^-$，Br$^-$，I$^-$，SCN$^-$（Ag$^+$）	黄绿～粉红	中性或弱碱性
二氯荧光黄	10 g·L^{-1}钠盐水溶液	Cl$^-$，Br$^-$，I$^-$（Ag$^+$）	黄绿～粉红	pH = 4.4～7
四溴荧光黄（暗红）	10 g·L^{-1}钠盐水溶液	Br$^-$，I$^-$（Ag$^+$）	橙红～红紫	pH = 1～2
溴酚蓝	1 g·L^{-1}的20%乙醇溶液①	Cl$^-$，I$^-$（Ag$^+$）	黄绿～蓝	微酸性
二氯四碘荧光黄		I$^-$（Ag$^+$）	红～紫红	加入（NH$_4$）$_2$CO$_3$，且有 Cl$^-$存在
罗丹明 6G		Ag$^+$，（Br$^-$）	橙红～红紫	0.3 mol/L HNO$_3$
二苯胺		Cl$^-$，Br$^-$，I$^-$，SCN$^-$（Ag$^+$）	紫～绿	有 I$_2$ 或 VO$_3^-$ 存在
酚藏花红		Cl$^-$，Br$^-$（Ag$^+$）	红～蓝	

附录 3　元素的相对原子质量表（1989）

按元素符号的字母顺序排列（不包括人工元素）。

元素		原子序数	相对原子质量	元素		原子序数	相对原子质量
符号	名称			符号	名称		
Ac	锕	89	227.027 8	Co	钴	27	58.933 20（1）
Ag	银	47	107.863 2（2）	Cr	铬	24	51.996 1（6）
Al	铝	13	26.981 539（5）	Cs	铯	55	132.905 43（5）
Ar	氩	18	39.948（1）	Cu	铜	29	63.546（3）
As	砷	33	74.921 59（2）	Dy	镝	66	162.50（3）
Au	金	79	196.966 54（3）	Er	铒	68	167.26（3）
B	硼	5	10.811（5）	Eu	铕	63	151.965（9）
Ba	钡	56	137.327（7）	F	氟	9	18.998 403 2（9）
Be	铍	4	9.012 182（3）	Fe	铁	26	55.847（3）

---

① 以 20%乙醇为溶剂，配成 0.1%（w/V）溶液。

续表

元素		原子序数	相对原子质量	元素		原子序数	相对原子质量
符号	名称			符号	名称		
Bi	铋	83	208.980 37 (3)	Ga	镓	31	69.723 (1)
Br	溴	35	79.904 (1)	Gd	钆	64	157.25 (3)
C	碳	6	12.011 (1)	Ge	锗	32	72.61 (2)
Ca	钙	20	40.078 (4)	H	氢	1	1.007 94 (7)
Cd	镉	48	112.411 (8)	He	氦	2	4.002 602 (2)
Ce	铈	58	140.115 (4)	Hf	铪	72	178.49 (2)
Cl	氯	17	35.452 7 (9)	Hg	汞	80	200.59 (2)
Ho	钬	67	164.930 32 (3)	Sb	锑	51	121.757 (3)
I	碘	53	126.904 47 (3)	Sc	钪	21	44.955 910 (9)
In	铟	49	114.82 (1)	Se	硒	34	78.96 (3)
Ir	铱	77	192.22 (3)	Si	硅	14	28.085 5 (3)
K	钾	19	39.098 3 (1)	Sm	钐	62	150.36 (3)
Kr	氪	36	83.80 (1)	Sn	锡	50	118.710 (7)
La	镧	57	138.905 5 (2)	Sr	锶	38	87.62 (7)
Li	锂	3	6.941 (2)	Ta	钽	73	180.947 9 (1)
Lu	镥	71	174.967 (1)	Tb	铽	65	158.925 34 (3)
Mg	镁	12	24.305 0 (6)	Te	碲	52	127.60 (3)
Mn	锰	25	54.938 05 (1)	Th	钍	90	232.038 1 (1)
Mo	钼	42	95.94 (1)	Ti	钛	22	47.88 (3)
N	氮	7	14.006 74 (7)	Tl	铊	81	204.383 3 (2)
Na	钠	11	22.989 768 (6)	Tm	铥	69	168.934 2 (3)
Nb	铌	41	92.906 38 (2)	U	铀	92	238.028 9 (1)
Nd	钕	60	144.24 (3)	V	钒	23	50.941 5 (1)
Ne	氖	10	20.179 7 (6)	W	钨	74	183.85 (3)
Ni	镍	28	58.693 4 (2)	Xe	氙	54	131.29 (2)
Np	镎	93	237.048 2	Y	钇	39	88.905 85 (2)
O	氧	8	15.999 4 (3)	Yb	镱	70	173.04 (3)
Os	锇	76	190.2 (1)	Zn	锌	30	65.39 (2)
P	磷	15	30.973 762 (4)	Zr	锆	40	91.224 (2)
Pa	镤	91	231.058 8 (2)	Rb	铷	37	85.467 8 (3)
Pb	铅	82	207.2 (1)	Re	铼	75	186.207 (1)
Pd	钯	46	106.42 (1)	Rh	铑	45	102.905 50 (3)
Pr	镨	59	140.907 65 (3)	Ru	钌	44	101.07 (2)
Pt	铂	78	195.08 (3)	S	硫	16	32.066 (6)
Ra	镭	88	226.025 4				

注：此表选自 *Pure and Applied Chemistry*，1991，63（7）：978。

附录 4   化合物的相对分子质量表 （1989）

化合物	相对分子质量	化合物	相对分子质量
Ag_3AsO_4	462.53	CO_2	44.01
$AgBr$	187.77	$CO(NH_2)_2$	60.06
$AgCl$	143.35	$CaCO_3$	100.09
$AgCN$	133.91	CaC_2O_4	128.10
Ag_2CrO_4	331.73	$CaCl_2$	110.99
AgI	234.77	$CaCl_2 \cdot 6H_2O$	219.09
$AgNO_3$	169.88	$Ca(NO_3)_2 \cdot 4H_2O$	236.16
$AgSCN$	165.96	CaO	56.08
$Al(C_9H_6NO)_3$	459.44	$Ca(OH)_2$	74.10
$AlCl_3$	133.33	$Ca_3(PO_4)_2$	310.18
$AlCl_3 \cdot 6H_2O$	241.43	$CaSO_4$	136.15
$Al(NO_3)_3$	213.01	$CdCO_3$	172.41
$Al(NO_3)_3 \cdot 9H_2O$	375.19	$CdCl_2$	183.33
Al_2O_3	101.96	CdS	144.47
$Al(OH)_3$	78.00	$Ce(SO_4)_2$	332.24
$Al_2(SO_4)_3$	342.17	$Ce(SO_4)_2 \cdot 4H_2O$	404.30
$Al_2(SO_4)_3 \cdot 18H_2O$	666.46	$CoCl_2$	129.84
As_2O_3	197.84	$CoCl_2 \cdot 6H_2O$	237.93
As_2O_5	229.84	$Co(NO_3)_2$	182.94
As_2S_3	246.05	$Co(NO_3)_2 \cdot 6H_2O$	291.03
$BaCO_3$	197.31	CoS	90.99
BaC_2O_4	225.32	$CoSO_4$	154.99
$BaCl_2$	208.24	$CoSO_4 \cdot 7H_2O$	281.10
$BaCl_2 \cdot 2H_2O$	244.24	$CrCl_3$	158.36
$BaCrO_4$	253.32	$CrCl_3 \cdot 6H_2O$	266.45
BaO	153.33	$Cr(NO_3)_3$	238.01
$Ba(OH)_2$	171.32	Cr_2O_3	151.99
$BaSO_4$	233.37	$CuCl$	99.00
$BiCl_3$	315.33	$CuCl_2$	134.45
$BiOCl$	260.43	$CuCl_2 \cdot 2H_2O$	170.48

化合物	相对分子质量	化合物	相对分子质量
CH_3COOH	60.05	CuI	190.45
CH_3COOHN_4	77.08	$Cu(NO_3)_2$	187.56
CH_3COONa	82.03	$Cu(NO_3)_2 \cdot 3H_2O$	241.60
$CH_3COONa \cdot 3H_2O$	136.08	CuO	79.55
Cu_2O	143.09	HNO_3	63.02
CuS	95.62	H_2O	18.02
$CuSCN$	121.62	H_2O_2	34.02
$CuSO_4$	159.62	H_3PO_4	97.99
$CuSO_4 \cdot 5H_2O$	249.68	H_2S	34.08
$FeCl_2$	126.75	H_2SO_3	82.09
$FeCl_2 \cdot 4H_2O$	198.81	H_2SO_4	98.09
$FeCl_3$	162.21	$Hg(CN)_2$	252.63
$FeCl_3 \cdot 6H_2O$	270.30	$HgCl_2$	271.50
$FeNH_4(SO_4)_2 \cdot 12H_2O$	482.22	Hg_2Cl_2	472.09
$Fe(NO_3)_3$	241.86	HgI_2	454.40
$Fe(NO_3)_3 \cdot 9H_2O$	404.01	$Hg(NO_3)_2$	324.60
FeO	71.85	$Hg_2(NO_3)_2$	525.19
Fe_2O_3	159.69	$Hg_2(NO_3)_2 \cdot 2H_2O$	561.22
Fe_3O_4	231.55	HgO	216.59
$Fe(OH)_3$	106.87	HgS	232.65
FeS	87.92	$HgSO_4$	296.67
Fe_2S_3	207.91	Hg_2SO_4	497.27
$FeSO_4$	151.91	$KAl(SO_4)_2 \cdot 12H_2O$	474.41
$FeSO_4 \cdot 7H_2O$	278.03	KBr	119.00
$FeSO_4 \cdot (NH_4)_2SO_4 \cdot 6H_2O$	392.17	$KBrO_3$	167.00
H_3AsO_3	125.94	KCN	65.12
H_3AsO_4	141.94	K_2CO_3	138.21
H_3BO_3	61.83	KCl	74.55
HBr	80.91	$KClO_3$	122.55
HCN	27.03	$KClO_4$	138.55
$HCOOH$	46.03	K_2CrO_4	194.19

化合物	相对分子质量	化合物	相对分子质量
NH_3COOH	60.052	$K_2Cr_2O_7$	294.18
H_2CO_3	62.03	$K_3Fe(CN)_6$	329.25
$H_2C_2O_4$	90.04	$K_4Fe(CN)_6$	368.35
$H_2C_2O_4 \cdot 2H_2O$	126.07	$KFe(SO_4)_2 \cdot 12H_2O$	503.23
HCl	36.46	$KHC_2O_4 \cdot 12H_2O$	146.15
HF	20.01	$KHC_2O_4 \cdot H_2C_2O_4 \cdot 2H_2O$	254.19
HI	127.91	$KHC_4H_4O_6$	188.18
HIO_3	175.91	$KHC_8H_4O_4$	204.22
HNO_2	47.02	$KHSO_4$	136.18
KI	166.00	$(NH_4)_2HPO_4$	132.06
KIO_3	214.00	$(NH_4)_2MoO_4$	196.01
$KIO_3 \cdot HIO_3$	389.91	NH_4NO_3	80.04
$KMnO_4$	158.03	$(NH_4)_3PO_4 \cdot 12MoO_3$	1 876.35
KNO_2	85.10	$(NH_4)_2S$	68.15
KNO_3	101.10	NH_4SCN	76.13
$KNaC_4H_4O_6 \cdot 4H_2O$	282.22	$(NH_4)_2SO_4$	132.15
K_2O	94.20	NH_4VO_3	116.98
KOH	56.11	NO	30.01
K_2PtCl_6	485.99	NO_2	46.01
$KSCN$	97.18	Na_3AsO_3	191.89
K_2SO_4	174.27	$Na_2B_4O_7$	201.22
$MgCO_3$	84.32	$Na_2B_4O_7 \cdot 10H_2O$	381.42
MgC_2O_4	112.33	$NaBiO_3$	279.97
$MgCl_2$	95.22	$NaCN$	49.01
$MgCl_2 \cdot 6H_2O$	203.31	Na_2CO_3	105.99
$MgNH_4PO_4$	137.32	$Na_2CO_3 \cdot 10H_2O$	286.19
$Mg(NO_3)_2 \cdot 6H_2O$	256.43	$Na_2C_2O_4$	134.00
MgO	40.31	$NaCl$	58.41
$Mg(OH)_2$	58.33	$NaClO$	74.44
$Mg_2P_2O_7$	222.55	$NaHCO_3$	84.01
$MgSO_4 \cdot 7H_2O$	246.49	Na_2HPO_4	141.96

化合物	相对分子质量	化合物	相对分子质量
$MnCO_3$	114. 95	$Na_2HPO_4 \cdot 12H_2O$	358. 14
$MnCl_2 \cdot 4H_2O$	197. 91	$NaHSO_4$	120. 07
$Mn(NO_3)_2 \cdot 6H_2O$	287. 06	$Na_2H_2Y \cdot 2H_2O$	272. 24
MnO	70. 94	$NaNO_2$	69. 00
MnO_2	86. 94	$NaNO_3$	85. 00
MnS	87. 01	Na_2O	61. 98
$MnSO_4$	151. 01	Na_2O_2	77. 98
$MnSO_4 \cdot 4H_2O$	223. 06	$NaOH$	40. 00
NH_3	17. 03	Na_3PO_4	163. 94
$(NH_4)_2CO_3$	96. 09	Na_2S	78. 05
$(NH_4)_2C_2O_2$	124. 10	$Na_2S \cdot 9H_2O$	240. 19
$(NH_4)_2C_2O_2 \cdot H_2O$	142. 12	$NaSCN$	81. 08
NH_4Cl	53. 49	Na_2SO_3	126. 05
NH_4HCO_3	79. 06	Na_2SO_4	142. 05
$Na_2S_2O_3$	158. 12	$SrCO_3$	147. 63
$Na_2S_2O_3 \cdot 5H_2O$	248. 2	SrC_2O_4	175. 64
$NiCl_2 \cdot 6H_2O$	237. 69	$SrCrO_4$	203. 62
$Ni(NO_3)_2 \cdot 6H_2O$	290. 79	$Sr(NO_3)_2$	211. 64
NiO	74. 69	$Sr(NO_3)_2 \cdot 4H_2O$	283. 69
NiS	90. 76	$SrSO_4$	183. 68
$NiSO_4 \cdot 7H_2O$	280. 87	$TlCl$	239. 84
P_2O_5	141. 94	U_3O_8	842. 08
$Pb(CH_3COO)_2$	325. 29	$UO_2(CH_3COO)_2 \cdot 2H_2O$	424. 15
$Pb(CH_3COO)_2 \cdot 3H_2O$	379. 34	$(UO_2)_2P_2O_7$	714. 00
$PbCO_3$	267. 21	$Zn(CH_3COO)_2$	183. 43
PbC_2O_4	295. 22	$Zn(CH_3COO)_2 \cdot 2H_2O$	219. 50
$PbCl_2$	278. 11	$ZnCO_3$	125. 39
$PbCrO_4$	323. 19	ZnC_2O_4	153. 40
PbI_2	461. 01	$ZnCl_2$	136. 29
$Pb(NO_3)_2$	331. 21	$Zn(NO_3)_2$	189. 39
PbO	223. 20	$Zn(NO_3)_2 \cdot 6H_2O$	297. 51

化合物	相对分子质量	化合物	相对分子质量
PbO_2	239.20	SiO_2	60.08
Pb_3O_4	685.60	$SnCl_2$	189.60
$Pb_3(PO_4)_2$	811.54	$SnCl_2 \cdot 2H_2O$	225.63
PbS	239.27	$SnCl_4$	260.50
$PbSO_4$	303.27	$SnCl_4 \cdot 5H_2O$	350.58
SO_2	64.07	SnO_2	150.71
SO_3	80.07	SnS	150.77
$SbCl_3$	228.15	ZnO	81.38
$SbCl_5$	299.05	ZnS	97.46
Sb_2O_3	291.60	$ZnSO_4$	161.46
Sb_2S_3	339.81	$ZnSO_4 \cdot 7H_2O$	287.57
SiF_4	104.08		

附录 5　实验报告示例

实验 4.5　硫酸铵中含氮量的测定（甲醛法）

实验日期：　　　　　　　　　　　　　　年　　月　　日

一、原理

二、简要步骤

三、记录和计算

1. $0.1\ mol \cdot L^{-1}\ NaOH$ 溶液的配制

称取固体 NaOH 2 g，溶解后加纯水至 500 mL，摇匀。

2. $0.1\ mol \cdot L^{-1}\ NaOH$ 溶液的标定

记录项目	序次		
	1	2	3
$m_{KHP+瓶}$（倾出前）/g $m_{KHP+瓶}$（倾出后）/g			
m_{KHP}/g			
V_{NaOH}/mL			
$c_{NaOH}/(mol \cdot L^{-1})$			
$c_{NaOH}/(mol \cdot L^{-1})$			
d_i			
相对平均偏差/%			

3. 铵盐中含氮量测定

记录项目	序次		
	1	2	3
$m_{试样+瓶}$（倾出前）/g $m_{试样+瓶}$（倾出后）/g			
$m_{试样}$/g			
V_{NaOH}终读数/mL V_{NaOH}初读数/mL			
V_{NaOH}/mL			
$w_N = \dfrac{c_{NaOH} \cdot V_{NaOH} \times M_N}{m \times \dfrac{25}{250} \times 1\,000} \times 100\%$			
$\overline{w_N}$			
d_i			
相对平均偏差/%			

四、思考与讨论

主要参考文献

[1] 武汉大学. 分析化学实验 [M]. 4 版. 北京：高等教育出版社，2001.

[2] 华中师范大学，东北师范大学，陕西师范大学，北京师范大学. 分析化学实验 [M]. 3版. 北京：高等教育出版社，2001.

[3] 华中师范大学，东北师范大学，陕西师范大学. 分析化学实验 [M]. 2 版. 北京：高等教育出版社，1987.

[4] 陈焕光，李焕然，张大经，等. 分析化学实验 [M]. 2 版. 广州：中山大学出版社，1998.

[5] 四川大学化工学院，浙江大学化学系. 分析化学实验 [M]. 3 版. 北京：高等教育出版社，2003.

[6] 化学分析基本操作规范编写组. 化学分析基本操作规范 [M]. 北京：高等教育出版社，1984.

[7] 武汉大学. 分析化学 [M]. 5 版. 北京：高等教育出版社，2006.

[8] 华中师范大学，东北师范大学，陕西师范大学，北京师范大学. 分析化学 [M] .3 版. 北京：高等教育出版社，2001.

[9] 彭崇慧，冯建章，张锡瑜，等. 定量化学分析简明教程 [M]. 2 版. 北京：高等教育出版社，1997.

[10] 李克安. 分析化学教程 [M]. 北京：北京大学出版社，2005.

[11] Daniel C Harris. Quantitative Chemical Analysis [M]. Fifth Edition. W. H. Freeman & Company，1999.